高职高专"十一五"规划教材

★ 农林牧渔系列

园林工程测量

YUANLIN GONGCHENG CELIANG

陈 涛　王文焕　主编　　张中慧　主审

化学工业出版社

·北京·

本书为高职高专"十一五"规划教材★农林牧渔系列之一。全书共分为十章，主要内容为测量的基础知识、水准测量、角度测量、距离测量与直线定向、数字化测图与 GPS 应用、测量误差的基本知识、小区域控制测量、地形图测绘与应用、园林道路测量、园林工程施工测量。为了便于学生对所学知识的理解、思考及巩固，本书每章开始都设置有知识目标和技能目标，并根据教学需要在各章设置了相关实例，各章后均附有复习思考题；为提高园林工程测量的实践操作技能，切实做到理论与实践的有机结合，各章还安排有若干操作性强，且具有代表性的实训项目。

本书可作为高等职业技术院校园林技术和园林工程技术专业教材和成人教育园林相关专业教材，也可作为园林行业职业技术培训教材和园林职工自学用书

图书在版编目（CIP）数据

园林工程测量/陈涛，王文焕主编．—北京：化学工业出版社，2009.8（2019.11 重印）
高职高专"十一五"规划教材★农林牧渔系列
ISBN 978-7-122-06396-0

Ⅰ．园… Ⅱ．①陈…②王… Ⅲ．园林-工程测量-高等学校：技术学院-教材 Ⅳ．TU986.2

中国版本图书馆 CIP 数据核字（2009）第 131374 号

责任编辑：李植峰　梁静丽　郭庆睿　　　　文字编辑：张林爽
责任校对：周梦华　　　　　　　　　　　　装帧设计：史利平

出版发行：化学工业出版社（北京市东城区青年湖南街 13 号　邮政编码 100011）
印　　刷：三河市延风印装有限公司
装　　订：三河市宇新装订厂
787mm×1092mm　1/16　印张 14¾　字数 371 千字　2019 年 11 月北京第 1 版第 5 次印刷

购书咨询：010-64518888　　　　　　　　　售后服务：010-64518899
网　　址：http://www.cip.com.cn
凡购买本书，如有缺损质量问题，本社销售中心负责调换。

定　价：27.00 元　　　　　　　　　　　　　　　　　　　　　版权所有　违者必究

"高职高专'十一五'规划教材★农林牧渔系列"
建设委员会成员名单

主 任 委 员　介晓磊
副主任委员　温景文　陈明达　林洪金　江世宏　荆　宇　张晓根
　　　　　　　窦铁生　何华西　田应华　吴　健　马继权　张震云
委　　　员　（按姓名汉语拼音排列）

边静玮	陈桂银	陈宏智	陈明达	陈　涛	邓灶福	窦铁生	甘勇辉	高　婕	耿明杰
官麟丰	谷凤柱	郭桂义	郭永胜	郭振升	郭正富	何华西	胡繁荣	胡克伟	胡孔峰
胡天正	黄绿荷	江世宏	姜文联	姜小文	蒋艾青	介晓磊	金伊洙	荆　宇	李　纯
李光武	李彦军	梁学勇	梁运霞	林伯全	林洪金	刘俊栋	刘　莉	刘　蕊	刘淑春
刘万平	刘晓娜	刘新社	刘奕清	刘　政	卢　颖	马继权	倪海星	欧阳素贞	潘开宇
潘自舒	彭　宏	彭小燕	邱运亮	任　平	商世能	史延平	苏允平	陶正平	田应华
王存兴	王　宏	王秋梅	王水琦	王晓典	王秀娟	王燕丽	温景文	吴昌标	吴　健
吴郁魂	吴云辉	武模戈	肖卫苹	肖文左	解相林	谢利娟	谢拥军	徐苏凌	徐作仁
许开录	闫慎飞	颜世发	燕智文	杨玉珍	尹秀玲	于文越	张德炎	张海松	张晓根
张玉廷	张震云	张志轩	赵晨霞	赵　华	赵先明	赵勇军	郑继昌	朱学文	

"高职高专'十一五'规划教材★农林牧渔系列"
编审委员会成员名单

主 任 委 员　蒋锦标
副主任委员　杨宝进　张慎举　黄　瑞　杨廷桂　胡虹文　张守润
　　　　　　　宋连喜　薛瑞辰　王德芝　王学民　张桂臣
委　　　员　（按姓名汉语拼音排列）

艾国良	白彩霞	白迎春	白永莉	白远国	柏玉平	毕玉霞	边传周	卜春华	曹　晶
曹宗波	陈传印	陈杭芳	陈金雄	陈　璟	陈盛彬	陈现臣	程　冉	褚秀玲	崔爱萍
丁玉玲	董义超	董曾施	段鹏慧	范洲衡	方希修	付美云	高　凯	高　梅	高志花
弓建国	顾成柏	顾洪娟	关小变	韩建强	韩　强	何海健	何英俊	胡凤新	胡虹文
胡　辉	胡石柳	黄　瑞	黄修奇	吉　梅	纪守学	纪　瑛	蒋锦标	鞠志新	李碧全
李　刚	李继连	李　军	李雷斌	李林春	梁本国	梁称福	梁俊荣	林　纬	林仲桂
刘革利	刘广文	刘丽云	刘贤忠	刘晓欣	刘振华	刘振湘	刘宗亮	柳遵新	龙冰雁
罗　玲	潘　琦	潘一展	邱深本	任国栋	阮国荣	申庆全	石冬梅	史兴山	史雅静
宋连喜	孙克威	孙雄华	孙志浩	唐建勋	唐晓玲	陶令霞	田　伟	田伟政	田文儒
汪玉琳	王爱华	王朝霞	王大来	王道国	王德芝	王　健	王立军	王孟宇	王双山
王铁岗	王文焕	王新军	王　星	王学民	王艳立	王云惠	王中华	吴俊琢	吴琼峰
吴占福	吴中军	肖尚修	熊运海	徐公义	徐占云	许美解	薛瑞辰	羊建平	杨宝进
杨平科	杨廷桂	杨卫韵	杨学敏	杨　志	杨治国	姚志刚	易　诚	易新军	于承鹤
于显威	袁亚芳	曾饶琼	曾元根	战忠玲	张春华	张桂臣	张怀珠	张　玲	张庆霞
张慎举	张守润	张响英	张　欣	张新明	张艳红	张祖荣	赵希彦	赵秀娟	郑翠芝
周显忠	朱雅安	卓开荣							

"高职高专'十一五'规划教材★农林牧渔系列"建设单位
（按汉语拼音排列）

安阳工学院	黑龙江农业工程职业学院	曲靖职业技术学院
保定职业技术学院	黑龙江农业经济职业学院	日照职业技术学院
北京城市学院	黑龙江农业职业技术学院	三门峡职业技术学院
北京林业大学	黑龙江生物科技职业学院	山东科技职业学院
北京农业职业学院	黑龙江畜牧兽医职业学院	山东理工职业学院
本钢工学院	呼和浩特职业学院	山东省贸易职工大学
滨州职业学院	湖北生物科技职业学院	山东省农业管理干部学院
长治学院	湖南怀化职业技术学院	山西林业职业技术学院
长治职业技术学院	湖南环境生物职业技术学院	商洛学院
常德职业技术学院	湖南生物机电职业技术学院	商丘师范学院
成都农业科技职业学院	吉林农业科技学院	商丘职业技术学院
成都市农林科学院园艺研究所	集宁师范高等专科学校	深圳职业技术学院
重庆三峡职业学院	济宁市高新技术开发区农业局	沈阳农业大学
重庆水利电力职业技术学院	济宁市教育局	沈阳农业大学高等职业技术学院
重庆文理学院	济宁职业技术学院	
德州职业技术学院	嘉兴职业学院	苏州农业职业技术学院
福建农业职业技术学院	江苏联合职业技术学院	温州科技职业学院
抚顺师范高等专科学校	江苏农林职业技术学院	乌兰察布职业学院
甘肃农业职业技术学院	江苏畜牧兽医职业技术学院	厦门海洋职业技术学院
广东科贸职业学院	金华职业技术学院	仙桃职业技术学院
广东农工商职业技术学院	晋中职业技术学院	咸宁学院
广西百色市水产畜牧兽医局	荆楚理工学院	咸宁职业技术学院
广西大学	荆州职业技术学院	信阳农业高等专科学校
广西职业技术学院	景德镇高等专科学校	延安职业技术学院
广州城市职业学院	丽水学院	杨凌职业技术学院
海南大学应用科技学院	丽水职业技术学院	宜宾职业技术学院
海南师范大学	辽东学院	永州职业技术学院
海南职业技术学院	辽宁科技学院	玉溪农业职业技术学院
杭州万向职业技术学院	辽宁农业职业技术学院	岳阳职业技术学院
河北北方学院	辽宁医学院高等职业技术学院	云南农业职业技术学院
河北工程大学	辽宁职业学院	云南热带作物职业学院
河北交通职业技术学院	聊城大学	云南省曲靖农业学校
河北科技师范学院	聊城职业技术学院	云南省思茅农业学校
河北省现代农业高等职业技术学院	眉山职业技术学院	张家口教育学院
	南充职业技术学院	漳州职业技术学院
河南科技大学林业职业学院	盘锦职业技术学院	郑州牧业工程高等专科学校
河南农业大学	濮阳职业技术学院	郑州师范高等专科学校
河南农业职业学院	青岛农业大学	中国农业大学
河西学院	青海畜牧兽医职业技术学院	

《园林工程测量》编写人员

主　　编　陈　涛
　　　　　　王文焕

副 主 编　贾志成
　　　　　　马小友
　　　　　　彭劲松

参编人员（按姓名汉语拼音排列）
　　　　　　陈　涛（河南科技大学林业职业学院）
　　　　　　贾志成（辽宁农业职业技术学院）
　　　　　　马小友（济宁职业技术学院）
　　　　　　彭劲松（湖南环境生物职业技术学院）
　　　　　　王文焕（黑龙江畜牧兽医职业学院）
　　　　　　姚忠臣（河南科技大学林业职业学院）
　　　　　　游绍彦（长治职业技术学院）
　　　　　　张媛媛（重庆文理学院）

主　　审　张中慧（山西林业职业技术学院）

序

当今,我国高等职业教育作为高等教育的一个类型,已经进入到以加强内涵建设,全面提高人才培养质量为主旋律的发展新阶段。各高职高专院校针对区域经济社会的发展与行业进步,积极开展新一轮的教育教学改革。以服务为宗旨,以就业为导向,在人才培养质量工程建设的各个侧面加大投入,不断改革、创新和实践。尤其是在课程体系与教学内容改革上,许多学校都非常关注利用校内、校外两种资源,积极推动校企合作与工学结合,如邀请行业企业参与制定培养方案,按职业要求设置课程体系;校企合作共同开发课程;根据工作过程设计课程内容和改革教学方式;教学过程突出实践性,加大生产性实训比例等,这些工作主动适应了新形势下高素质技能型人才培养的需要,是落实科学发展观、努力办人民满意的高等职业教育的主要举措。教材建设是课程建设的重要内容,也是教学改革的重要物化成果。教育部《关于全面提高高等职业教育教学质量的若干意见》(教高[2006]16号)指出"课程建设与改革是提高教学质量的核心,也是教学改革的重点和难点",明确要求要"加强教材建设,重点建设好3000种左右国家规划教材,与行业企业共同开发紧密结合生产实际的实训教材,并确保优质教材进课堂。"目前,在农林牧渔类高职院校中,教材建设还存在一些问题,如行业变革较大与课程内容老化的矛盾、能力本位教育与学科型教材供应的矛盾、教学改革加快推进与教材建设严重滞后的矛盾、教材需求多样化与教材供应形式单一的矛盾等。随着经济发展、科技进步和行业对人才培养要求的不断提高,组织编写一批真正遵循职业教育规律和行业生产经营规律、适应职业岗位群的职业能力要求和高素质技能型人才培养的要求、具有创新性和普适性的教材将具有十分重要的意义。

化学工业出版社为中央级综合科技出版社,是国家规划教材的重要出版基地,为我国高等教育的发展做出了积极贡献,曾被新闻出版总署领导评价为"导向正确、管理规范、特色鲜明、效益良好的模范出版社",2008年荣获首届中国出版政府奖——先进出版单位奖。近年来,化学工业出版社密切关注我国农林牧渔类职业教育的改革和发展,积极开拓教材的出版工作,2007年底,在原"教育部高等学校高职高专农林牧渔类专业教学指导委员会"有关专家的指导下,化学工业出版社邀请了全国100余所开设农林牧渔类专业的高职高专院校的骨干教师,共同研讨高等职业教育新阶段教学改革中相关专业教材的建设工作,并邀请相关行业企业作为教材建设单位参与建设,共同开发教材。为做好系列教材的组织建设与指导服务工作,化学工业出版社聘请有关专家组建了"高职高专'十一五'规划教材★农林牧渔系列建设委员会"和"高职高专'十一五'规划教材★农林牧渔系列编审委员会",拟在"十一五"期间组织相关院校的一线教师和相关企业的技术人员,在深入调研、整体规划的基础上,编写出版一套适应农林牧渔类相关专业教育的基础课、专业课及相关外延课程教材——"高职高专'十一五'规划教材★农林牧渔系列"。该套教材将涉及种植、园林园艺、畜牧、兽医、水产、宠物等专业,于2008～2009年陆续出版。

该套教材的建设贯彻了以职业岗位能力培养为中心,以素质教育、创新教育为基础的教育理念,理论知识"必需"、"够用"和"管用",以常规技术为基础,关键技术为重点,先进技术为导向。此套教材汇集众多农林牧渔类高职高专院校教师的教学经验和教改成果，又得到了相关行业企业专家的指导和积极参与，相信它的出版不仅能较好地满足高职高专农林牧渔类专业的教学需求，而且对促进高职高专专业建设、课程建设与改革、提高教学质量也将起到积极的推动作用。希望有关教师和行业企业技术人员，积极关注并参与教材建设。毕竟，为高职高专农林牧渔类专业教育教学服务，共同开发、建设出一套优质教材是我们共同的责任和义务。

介晓磊
2008 年 10 月

本书为高职高专"十一五"规划教材★农林牧渔系列之一。本教材按照高职高专人才培养目标和要求，以能力培养为主线，编写中紧密结合园林工程的特点，力求做到测绘名词规范、定义准确、语言通畅。全书共分为十章，主要内容为测量的基础知识、水准测量、角度测量、距离测量与直线定向、数字化测图与 GPS 应用、测量误差的基本知识、小区域控制测量、地形图测绘与应用、园林道路测量、园林工程施工测量。为了便于学生对所学知识的理解、思考及巩固，本书每章开始都设置有知识目标和技能目标，并根据教学需要在各章设置了相关实例，各章后均附有复习思考题；为提高园林工程测量的实践操作技能，切实做到理论与实践的有机结合，各章还安排有若干操作性强，且具有代表性的实训项目。

本书可作为高等职业技术院校园林技术和园林工程技术专业教材和成人教育园林相关专业教材，也可作为园林行业职业技术培训教材和园林职工自学用书。

本书由陈涛、王文焕主编，参加编写人员的具体分工为：陈涛编写第一章、第二章、第三章，王文焕编写第四章，贾志成编写第五章，马小友编写第六章，游绍彦编写第七章，姚忠臣编写第八章，彭劲松编写第九章，张媛媛编写第十章；全书最后由陈涛统稿。山西林业职业技术学院张中慧审阅了书稿，并提出了宝贵意见，在此表示衷心感谢。

由于编者水平有限，加之时间仓促，本书难免存在一些不足和疏漏之处，敬请广大读者批评指正。

编者

2009 年 5 月

目录

第一章 绪论 ······1

第一节 园林工程测量概述 ······1
一、园林工程测量的概念 ······1
二、园林工程测量的作用 ······2
三、我国测量学科的发展简况 ······2

第二节 地面点位的确定 ······3
一、地球的形状和大小 ······3
二、地面点位的标志 ······4
三、确定地面点位的方法 ······5

第三节 测量工作的基本内容与原则 ······6
一、测量的基本内容 ······6
二、测量的基本原则 ······7
三、对测绘人员的基本要求 ······7

复习思考题 ······7

第二章 水准测量 ······8

第一节 水准测量的原理 ······8

第二节 水准测量仪器工具及其使用 ······9
一、微倾式水准仪与水准尺 ······9
二、自动安平水准仪 ······13
三、电子水准仪 ······14

第三节 普通水准测量的外业工作 ······15
一、水准路线的布设 ······15
二、水准路线的实测 ······16

第四节 普通水准测量的精度要求与内业计算 ······18
一、普通水准测量的精度要求 ······18
二、水准测量的内业计算 ······18

第五节 水准测量的误差分析 ······21
一、水准测量的误差 ······21
二、水准测量的注意事项 ······22

第六节 微倾式水准仪的检验与校正 ······23
一、水准仪应满足的几何条件 ······23

二、水准仪的检验与校正 ································· 23
　实训 2-1　水准仪的构造和使用 ································· 25
　实训 2-2　水准路线测量及内业计算 ································· 27
　实训 2-3　微倾水准仪的检验与校正 ································· 28
　复习思考题 ································· 30

第三章　角度测量 ································· 31

　第一节　角度测量的原理 ································· 31
　　一、水平角的概念与测量原理 ································· 31
　　二、竖直角的概念与测量原理 ································· 32
　第二节　光学经纬仪及其使用 ································· 32
　　一、DJ_6 光学经纬仪的基本构造 ································· 32
　　二、DJ_6 光学经纬仪的基本操作 ································· 34
　第三节　水平角测量 ································· 36
　　一、测回法测量水平角 ································· 36
　　二、方向观测法测量水平角 ································· 38
　第四节　竖直角测量 ································· 39
　　一、竖直度盘的构造 ································· 39
　　二、竖直角的测量 ································· 40
　　三、竖盘指标差 ································· 41
　第五节　角度测量的误差分析 ································· 42
　　一、角度测量的误差 ································· 42
　　二、角度测量的注意事项 ································· 43
　第六节　光学经纬仪的检验与校正 ································· 44
　　一、光学经纬仪应满足的几何条件 ································· 44
　　二、光学经纬仪的检验与校正 ································· 44
　第七节　电子经纬仪及其使用 ································· 47
　　一、电子经纬仪的基本构造与功能 ································· 47
　　二、电子经纬仪的特点 ································· 49
　　三、电子经纬仪的使用 ································· 49
　实训 3-1　DJ_6 光学经纬仪的构造与使用 ································· 51
　实训 3-2　水平角测量 ································· 52
　实训 3-3　竖直角测量 ································· 54
　实训 3-4　DJ_6 光学经纬仪的检验与校正 ································· 55
　复习思考题 ································· 56

第四章　距离测量与直线定向 ································· 58

　第一节　钢尺量距 ································· 58
　　一、钢尺的种类 ································· 58
　　二、直线定线 ································· 59
　　三、钢尺量距的一般方法 ································· 59
　　四、钢尺量距的精密方法 ································· 61

  第二节　视距测量 …………………………………………………………………… 64
   一、视距测量的原理 ………………………………………………………………… 64
   二、视距测量的方法 ………………………………………………………………… 65
   三、视距常数的测定 ………………………………………………………………… 66
  第三节　光电测距 …………………………………………………………………… 67
   一、光电测距的原理 ………………………………………………………………… 67
   二、DCH_3-1 型红外测距仪及其使用 ……………………………………………… 67
  第四节　直线定向 …………………………………………………………………… 69
   一、标准方向的种类 ………………………………………………………………… 69
   二、直线方向的表示方法 …………………………………………………………… 69
   三、夹角的求算 ……………………………………………………………………… 71
  第五节　罗盘仪测量磁方位角 ……………………………………………………… 71
   一、罗盘仪的构造 …………………………………………………………………… 71
   二、罗盘仪测定磁方位角 …………………………………………………………… 72
  实训 4-1　平坦地面钢尺的一般量距 ……………………………………………… 73
  实训 4-2　视距测量 ………………………………………………………………… 74
  实训 4-3　罗盘仪观测磁方位角 …………………………………………………… 75
  复习思考题 …………………………………………………………………………… 76

第五章　数字化测图与 GPS 应用 ……………………………………………… 78

  第一节　电子全站仪的应用 ………………………………………………………… 78
   一、电子全站仪的技术指标及各部件名称 ………………………………………… 78
   二、电子全站仪的键盘功能及信息显示 …………………………………………… 80
   三、电子全站仪的基本操作 ………………………………………………………… 83
   四、电子全站仪的标准测量模式 …………………………………………………… 84
  第二节　用数字化测图软件绘制地形图 …………………………………………… 91
   一、数字化测图概述 ………………………………………………………………… 91
   二、数字化测图软件 ………………………………………………………………… 93
   三、用 CASS7.0 绘制地形图 ……………………………………………………… 94
  第三节　GPS 技术在园林工程测量中的应用 …………………………………… 95
   一、GPS 的组成 …………………………………………………………………… 95
   二、GPS 定位的基本原理 ………………………………………………………… 97
   三、GPS 定位测量的模式 ………………………………………………………… 97
   四、GPS 测量工作 ………………………………………………………………… 97
   五、GPS 技术在园林工作中的应用 ……………………………………………… 100
  实训 5-1　电子全站仪的使用 ……………………………………………………… 101
  实训 5-2　测图软件的使用 ………………………………………………………… 101
  复习思考题 …………………………………………………………………………… 102

第六章　测量误差的基本知识 …………………………………………………… 103

  第一节　测量误差的来源与种类 …………………………………………………… 103
   一、测量误差及其来源 ……………………………………………………………… 103

二、测量误差的种类 ·· 104
第二节　衡量观测值精度的指标 ·· 105
　　一、中误差 ·· 105
　　二、相对误差 ·· 106
　　三、容许误差 ·· 106
第三节　测量误差的传播定律 ·· 107
　　一、倍数函数的中误差 ·· 107
　　二、和差函数的中误差 ·· 108
　　三、线性函数的中误差 ·· 109
　　四、一般函数的中误差 ·· 109
第四节　算术平均值及其中误差 ·· 110
　　一、算术平均值为最或是值 ··· 110
　　二、根据观测值的改正数计算中误差 ··· 111
复习思考题 ··· 112

第七章　小区域控制测量 ·· 114

第一节　控制测量概述 ··· 114
　　一、国家控制网 ··· 114
　　二、城市控制网 ··· 115
　　三、小区域控制网 ··· 115
　　四、图根控制网 ··· 116
第二节　经纬仪导线测量 ·· 116
　　一、导线测量概述 ··· 116
　　二、导线测量的外业工作 ··· 117
　　三、导线测量的内业工作 ··· 118
　　四、导线测量错误的检查 ··· 124
第三节　图根控制点的加密 ··· 125
　　一、支导线法加密控制点 ··· 125
　　二、前方交会法加密控制点 ··· 126
第四节　高程控制测量 ··· 127
　　一、四等水准测量 ··· 127
　　二、三角高程测量 ··· 130
实训　图根控制测量 ·· 132
复习思考题 ··· 134

第八章　地形图测绘与应用 ··· 136

第一节　地形图及其比例尺 ··· 136
　　一、平面图与地形图 ·· 136
　　二、测图比例尺 ·· 137
第二节　地形图图式 ··· 138
　　一、地物符号 ·· 138
　　二、地貌符号 ·· 139

三、注记 …………………………………………………………………… 143
第三节　测图前的准备 …………………………………………………………… 143
　　一、选择绘图纸 …………………………………………………………… 143
　　二、绘制平面坐标格网 …………………………………………………… 144
　　三、展绘控制点 …………………………………………………………… 145
第四节　碎部测量 ………………………………………………………………… 145
　　一、选择碎部点 …………………………………………………………… 146
　　二、经纬仪测图 …………………………………………………………… 147
　　三、绘制地物 ……………………………………………………………… 148
　　四、勾绘地貌 ……………………………………………………………… 149
第五节　地形图的成图 …………………………………………………………… 150
　　一、地形图的拼接与检查 ………………………………………………… 150
　　二、地形图的整饰与清绘 ………………………………………………… 151
　　三、地形图的复制 ………………………………………………………… 152
第六节　地形图的识读 …………………………………………………………… 152
　　一、高斯投影概述 ………………………………………………………… 152
　　二、地形图的分幅与编号 ………………………………………………… 154
　　三、地形图图廓以及图廓外的注记 ……………………………………… 156
第七节　地形图的应用 …………………………………………………………… 159
　　一、地形图的室内应用 …………………………………………………… 159
　　二、地形图的野外应用 …………………………………………………… 162
　　三、测算图形的面积 ……………………………………………………… 164
实训 8-1　经纬仪碎部测量 ……………………………………………………… 167
实训 8-2　地形图的应用与面积测定 …………………………………………… 168
复习思考题 ………………………………………………………………………… 170

第九章　园林道路测量 …………………………………………………………… 171

第一节　园林道路中线测绘 ……………………………………………………… 171
　　一、园林道路的种类 ……………………………………………………… 171
　　二、选定道路中心线 ……………………………………………………… 171
　　三、测量转向角 …………………………………………………………… 172
　　四、设置里程桩 …………………………………………………………… 173
　　五、测设圆曲线 …………………………………………………………… 173
　　六、绘制园林道路中线平面图 …………………………………………… 177
第二节　园林道路纵断面测绘 …………………………………………………… 177
　　一、基平测量 ……………………………………………………………… 177
　　二、中平测量 ……………………………………………………………… 178
　　三、纵断面图的绘制 ……………………………………………………… 179
　　四、纵向设计 ……………………………………………………………… 180
第三节　园林道路横断面测绘 …………………………………………………… 183
　　一、确定横断面的方向 …………………………………………………… 183
　　二、横断面测量的方法 …………………………………………………… 184

三、横断面图的绘制……………………………………………………………………185
　第四节　路基设计与土石方计算………………………………………………………185
　　一、路基设计………………………………………………………………………………185
　　二、土石方计算……………………………………………………………………………188
　第五节　园林道路路基测设……………………………………………………………189
　　一、路基边桩的测设………………………………………………………………………189
　　二、路基边坡的测设………………………………………………………………………191
　实训9-1　园林道路中线测量……………………………………………………………192
　实训9-2　园林道路纵断面测量…………………………………………………………193
　实训9-3　园林道路横断面测量…………………………………………………………195
　复习思考题…………………………………………………………………………………196

第十章　园林工程施工测量　　199

　第一节　施工测量的基本工作…………………………………………………………199
　　一、水平角的测设…………………………………………………………………………199
　　二、水平距离的测设………………………………………………………………………200
　　三、高程的测设……………………………………………………………………………200
　　四、坡度线的测设…………………………………………………………………………200
　　五、平面点位的测设………………………………………………………………………202
　第二节　园林建筑工程施工测量………………………………………………………203
　　一、施工控制测量…………………………………………………………………………203
　　二、园林建筑物的定位……………………………………………………………………204
　　三、园林建筑物的测设……………………………………………………………………206
　　四、基础施工测量…………………………………………………………………………207
　　五、墙体施工测量…………………………………………………………………………208
　第三节　挖湖与堆山工程施工测量……………………………………………………209
　　一、挖湖施工测量…………………………………………………………………………209
　　二、堆山施工测量…………………………………………………………………………210
　第四节　场地平整工程施工测量………………………………………………………211
　　一、平整成水平地面………………………………………………………………………211
　　二、平整成具有坡度的地面………………………………………………………………214
　第五节　园林绿化工程施工测量………………………………………………………215
　　一、花坛的测设……………………………………………………………………………215
　　二、园林绿地的测设………………………………………………………………………216
　第六节　园林工程竣工测量……………………………………………………………217
　　一、竣工测量………………………………………………………………………………217
　　二、编绘竣工总平面图……………………………………………………………………217
　　三、竣工总平面图的附件…………………………………………………………………219
　实训　水平角、水平距离和高程的测设………………………………………………219
　复习思考题…………………………………………………………………………………220

参考文献　　221

第一章　绪　论

知识目标
　　1. 了解测量学的概念、学科分类及其发展趋势，熟悉园林工程测量的作用、任务和教学目标。
　　2. 了解水准面、大地水准面和参考椭球的概念，进而熟悉地球的形状和大小。
　　3. 了解测量工作的基本内容，熟悉测量工作的基本原则和基本要求。

技能目标
　　1. 能够运用平面坐标和高程确定地面点的位置。
　　2. 能够使用临时性标志或永久性标志对地面点进行标定。

第一节　园林工程测量概述

一、园林工程测量的概念

（一）测量学及其分类

　　测量学是研究如何测定地面点的平面位置和高程，然后将地球表面的地形和其他信息测绘成图，以及确定地球的形状和大小的科学。根据研究范围和对象不同，测量学的发展已经形成了许多分支学科，当前大致可分为以下几类。

　　1. 普通测量学

　　它是研究地球表面小区域内测绘工作的基本理论、技术、方法和应用的学科，为测量学的基础。它将测区当作平面看待，不考虑地球曲率的影响，主要研究小区域的控制测量、地形图测绘和一般工程施工测量问题。

　　2. 大地测量学

　　它是研究在大区域范围内如何建立大地控制网，测定地球形状、大小和地球重力的理论、技术与方法的学科，必须考虑地球曲率的影响。大地测量学主要为专业性测量、地图的编制以及研究地球有关的问题提供依据。由于空间科学技术的发展，常规的大地测量已发展到人造卫星大地测量，测量对象也由地球表面扩展到空间星球，由静态发展到动态，因此大地测量学又分为常规大地测量学和卫星大地测量学。

　　3. 工程测量学

　　它是着重研究各种工程建设在踏查勘测、规划设计、施工放样、竣工测量和运营管理阶段所进行测量工作的理论、方法和技术的学科。工程测量学的应用领域非常广阔，园林工程测量即为测量技术在园林工程建设中的具体应用。

　　4. 摄影测量学

　　它是研究利用摄影或遥感的手段获取被测物体的各种信息，然后对信息进行处理、量测和判释，以确定物体的形状、大小和空间位置，并判断其性质的学科。根据摄影方式的不同，摄影测量学又可分为地面、航空、水下以及航天等几种测量类型。

5. 地图制图学

它是研究地图及其制作的理论、原理、工艺技术和应用的学科。其任务是编制和生产不同比例尺的地图。

（二）园林工程测量的任务与教学目标

1. 园林工程测量的任务

（1）测绘　测绘就是测绘地形图，是指使用测量仪器和工具，按照一定的测量方法，通过测量和计算，把地球表面局部地区的地物和地貌按规定的比例尺缩绘成图或制成数据信息，为园林规划设计和科学管理提供技术资料。

（2）测设　测设也称为施工放样，是指利用测量仪器和工具，把图纸上已规划设计好的园林工程或建筑物的位置以及地形处理情况在地面上准确标定出来，作为施工的依据。

2. 园林工程测量的教学目标

园林工程测量的内容包括普通测量学和工程测量学的基本范畴，园林工程及相关专业的学生、技术人员在学习完本课程后，应掌握普通测量的基础知识和基本技能，能正确使用测量仪器和工具，具有小范围平面图的测绘、园林工程的测量与施工放样等实际技能；同时，还需要学会地形图的识别与应用，能利用地形图解决园林工程建设中的一些基本问题。简言之，园林工程测量的教学目标包括测图、用图和放样三个方面。

二、园林工程测量的作用

园林工程测量在城乡建设规划、农林牧渔的发展、环境保护以及地籍管理等国民经济建设中具有不可替代的作用。诸如，在进行公园规划设计或园林绿地规划设计、园林苗圃的布局与建立设计之前，必须了解设计区域的地面高低起伏、坡向和坡度变化情况及道路、水系、房屋、管线、植被等地物的分布情况，以便合理地进行山、水、植物、园路、园林建筑的综合规划和设计，而这些资料信息，通常是在测绘工作者绘制而成的地形图、平面图和断面图上获得。

在园林工程规划设计时，若要把规划设计的结果标绘到地形图或平面图上成为规划设计图，必须具备规划区域的图面资料和测绘成果，方能保证工程的合理选址、选线，进而设计得出经济的方案；园林道路、场地平整等园林工程还需要详细的专项工程测量，以便进行细部设计。

在园林工程施工过程中，要把设计图上的园林建筑物和挖湖、堆山等各项园林工程位置准确地标定在实际地面，这就需要使用有关测量仪器，按照一定的方法精确地进行施工放样测量。为了保证园林工程完工后，能够正常地运营或因日后改建、扩建、维修的需要，有时还需进行竣工测量，编绘竣工图。

三、我国测量学科的发展简况

测量学是一门古老的学科，它是在人类征服自然和改造自然的过程中产生、发展起来的。测绘科学在我国有着悠久的历史，早在公元前21世纪夏禹治理黄河水患时，就已发明了"准、绳、规、矩"四种测量工具和方法；到了战国时代，我国率先发明了指示南北方向的"司南"，至宋代时演变为指南针，目前仍是测定磁方位角的简便仪器；公元3世纪，制图学家裴秀便组织编制了地图集《禹贡地域图》十八篇，并由此创立了"制图六体"，即分率（比例尺）、准望（方位）、道里（距离）、高下（地势起伏）、方邪（倾斜角度）、迂直（河流、道路的曲直），这是世界上最早的制图规范；公元1708~1719年，我国先后在全国测定了630个测绘点，编制出当时最详细的地图《皇舆全览图》。

新中国成立后，我国不仅逐级组建了测绘管理机构和科研院所，而且还设置了大批测绘院校或众多有关测绘的专业；同时，在全国范围内颁布了各种测量规范，统一了坐标系统和高程系统，建立了大地控制网、国家水准网、基本重力网和卫星多普勒网；生产了系列的光学测量仪器，研制出各种测程的光电测距仪、卫星激光测距仪和解析测图仪等先进仪器，完成了国家大地网和水准网的整体平差，测绘出了国家基本图，并配合国民经济建设进行了大量的测绘工作。

近年来，随着电子计算机、微电子技术、激光技术、3S技术的应用，测量仪器已趋于小型化、自动化、高精度化、智能化，常规的光学经纬仪、光学水准仪和电磁波测距仪正逐渐被电子全站仪、电子水准仪所替代，GPS接收机也已逐步成为工程测量中一种通用的定位仪器；测量学理论得到了重大突破和进展，测量学科已发展为从一维、二维到三维、四维，从点信息到面信息获取，从静态到动态，从后处理到实时处理，从人眼观测操作到机器人自动寻找目标观测，从高空到地面、地下以及水下，从人工量测到无接触遥测，从周期观测到持续测量，测量精度也已从毫米级发展到微米乃至纳米级。

第二节　地面点位的确定

一、地球的形状和大小

测量工作是在地球表面进行的，测量时所选择的基准面直接与地球的形状和大小有关。经研究，地球是一个两极略扁、赤道微凸且近似于椭球的球体。地球的自然表面是一个极其复杂而又不规则的曲面，有高山、丘陵、平原、凹地、湖泊和海洋等；在大陆上，世界最高点珠穆朗玛峰的海拔高度为8844.43m；在海洋中，最低点为太平洋西部的马里亚纳海沟，它低于平均海平面11034m，如果把珠穆朗玛峰放在沟底，峰顶将不能露出水面。由于地球表面不规则，它不可能用数学公式来表达，也无法对它进行运算，因此，在地球科学的领域中，必须寻找一个大小和形状都很接近地球的数学表面来代替它。

地球表面虽然起伏很大，但对于整个地球来说，还是微不足道的，考虑到海洋面积占地球表面的71%，陆地面积仅占29%，故地球总的形状可以认为是被海水包围的球体。假定将静止的海水面延伸到大陆内部，形成一个包围整个地球的封闭曲面，那么这个海水面称为水准面。由于海水面受到潮汐变化的影响，海水会时高时低，所以水准面有无数个，其中与平均海水面重合的一个水准面称为大地水准面。大地水准面虽然比地球的自然表面规则得多，但是仍不能用一个数学公式来表示，为了便于测绘成果的计算，通常选择一个其大小和形状同大地水准面极为接近的旋转椭球来代替，即以一个椭圆绕它的短轴旋转而成的椭球体，称为地球参考椭球体，如图1-1所示。地球参考椭球能代表地球的形状和

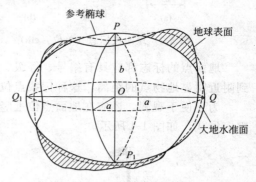

图 1-1　地球参考椭球

大小，其表面可作为测量与制图的基准面，并可在这个椭球面上建立大地坐标系。

随着空间科学的发展，可以越来越精确地测定参考椭球体的参数。根据1975年国际大地测量与地球物理联合会推荐的椭球元素值，我国于1980年在西安建立了国家大地原点，其参考椭球体的参数为：

长半轴　$a = 6378140$m

短半轴　$b = 6356755.3$m

$$扁率 \quad f=\frac{a-b}{a}=\frac{1}{298.257}$$

由于参考椭球体的扁率很小，在普通测量学和一般工程测量所研究的小区域测绘工作中，可以取参考椭球的平均半径所得的圆球来代替参考椭球，其半径为：

$$R=\frac{a+a+b}{3}=6371\text{km}$$

二、地面点位的标志

测量的实质就是确定地面点的位置，在测量工作中，对三角点、导线点和水准点等重要的点位必须进行实地标定，以便明确表示它们的位置，并作为后续测量任务的基础。用于标定地面点的标志，其种类和形式较多，根据用途及需要保存的期限长短，可分为永久性标志和临时性标志两种。

永久性标志一般采用石桩或混凝土桩，桩顶刻上"+"字或将铜、铸铁、瓷片等做成的标志镶嵌在标石顶面内，以标志点位，标石的大小及埋设要求在测量规范中均有详细的说明，如图1-2（a）所示；如点位处在硬质的柏油或水泥路面上时，也可用长5～20cm、粗1cm左右、顶部呈半球形且刻划"+"字的粗铁钉打入地面。

临时性标志，可用长约20～30cm、顶面4～6cm见方的木桩打入土中，桩顶钉一小钉或用红油漆画一个"+"字表示点位，如图1-2（b）所示；如遇到岩石、桥墩等固定的地物，也可在其上凿个"+"字作为标志。

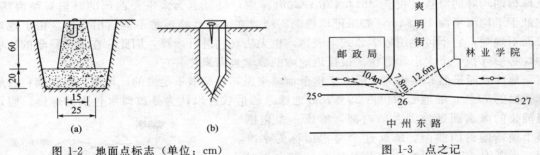

图1-2 地面点标志（单位：cm） 　　　 图1-3 点之记

地面点的标志都应具有编号、等级、所在地以及委托保管情况等，并绘制有草图，注明到附近明显地物点的距离，这种记载点位情况的资料称为点之记，如图1-3所示。

为了便于观测，还应在地面点位上竖立瞄准用的标志，一般有标杆、测钎、吊垂球和觇牌等形式，如图1-4所示。

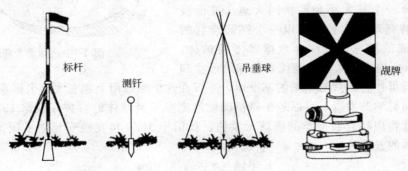

图1-4 瞄准的标志

三、确定地面点位的方法

(一) 地面点的坐标

在测量工作中,点的空间位置通常是用地面点在基准面上投影的坐标和它的高程来确定的。

1. 大地地理坐标系

大地地理坐标系表示地面点投影在地球参考椭球面上的位置,用大地经度 L 和大地纬度 B 表示,这种以经度 L 和纬度 B 来表示点位坐标的方式称作点的地理坐标。

如图 1-5 所示,N 表示地球北极,S 表示南极,O 表示地球中心;通过椭球中心并与椭球旋转轴垂直的平面称为赤道平面,赤道平面与地球表面的交线称为赤道;过地面上一点 A,并通过椭球旋转轴的平面称为子午面,其中通过英国伦敦城东南格林尼治天文台原址的子午面称为首子午面,子午面与椭球面的交线称为子午线。

图 1-5 中,A 点的大地经度就是通过该点的子午面与首子午面所夹的二面角,用 L 表示;从首子午线算起,向东称为东经 $0°\sim180°$,向西为西经 $0°\sim180°$。图 1-5 中,A 点的大地纬度是该点的法线(与椭球面垂直的线)与赤道平面的交角,用 B 表示;从赤道算起,向北称为北纬 $0°\sim90°$,向南称为南纬 $0°\sim90°$。

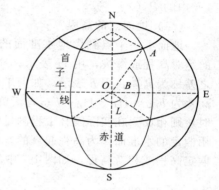

图 1-5 大地地理坐标系

除大地地理坐标系外,还有天文地理坐标系,又称天文坐标,它是用天文经度和天文纬度表示地面点投影在大地水准面上的位置。我国常用的大地坐标系有以下几种。

(1) 1954 年北京坐标系 采用前苏联克拉索夫斯基 1940 年椭球作为参考椭球,在东北黑龙江边境上同前苏联大地网联测,作为我国天文大地网的起算数据,推算出北京点的坐标,并定名为"1954 年北京坐标系"。

(2) 1980 年西安坐标系 其椭球参数选用 1975 年国际大地测量与地球物理联合会第 16 届大会的推荐值,简称 IUGG-75 地球椭球参数或 IAG-75 地球椭球;其大地原点设在陕西省泾阳县永乐镇,位于西安市西北方向约 60km,故称 1980 年西安坐标系,又简称西安大地原点。

(3) WGS-84(World Geodetic System, 1984)坐标系 为美国国防部研制确定的"1984 世界坐标系",它是一个协议地球参考系,坐标系原点在地球质心,为 GPS 系统所采用的坐标体系。

目前,我国应用的地形图使用 1954 年北京坐标系,WGS-84 坐标系与 1954 年北京坐标系之间有几十米至一百多米的误差,并随区域不同,差别也不同;经粗略统计,WGS-84 坐标系与 1954 年北京坐标系的坐标在我国西部相差 70m 左右、东北部 140m 左右、南部 75m 左右、中部 45m 左右,所以,在使用控制点成果时,一定要注意坐标系的统一。

2. 假定平面直角坐标系

大地水准面虽是曲面,但当测区面积不大时(半径小于 10km 范围),一般不必考虑地球的曲率影响,可以用测区的切平面代替椭球面作为基准面,并在切平面上建立假定平面直角坐标系,此测区称为小区域,如图 1-6 所示。在假定平面直角坐标系中,规定过测区原点的南北方向为纵轴 X,X 轴向北为正,向南为负;以东西方向为横轴,记为 Y 轴,Y 轴向东为正,向西为负;象限按顺时针排列编号。这些规定与数学上的平面直角坐标系相比,X 轴与 Y 轴互换,象限排列也不同,其原因是测量学中的角度是以子午线北方向开始,按顺时针方向旋转到某直线的夹角,对坐标系作变换后,能使三角学中的公式直接运用到测量上。为了避免在测区内出现负值坐标,一般将坐标原点设在测区的西南角外;建立坐标系后,测区内各点的位置都可以用统一的坐标 (x,y) 来表示,如图 1-6 中的 $P(x_P, y_P)$。

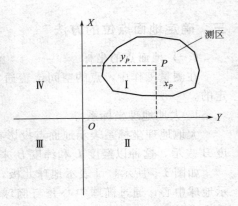

图 1-6　假定平面直角坐标系

(二) 地面点的高程

地面上一个点到大地水准面的铅垂距离称为该点的绝对高程或海拔,用 H 表示;地面上两点间的高程之差称为高差,用 h 表示。如图 1-7 所示,A、B 两点的绝对高程分别是 H_A 和 H_B,两点的高差为 $h_{AB} = H_B - H_A$;h_{AB} 有正负之分,当其为负值时,说明 B 点低于 A 点,当其为正值时,则相反。在实际园林工程测量中,有些测区引用绝对高程较困难,为便于测量,可以采用假定的水准面作为高程起算的基准面,则地面上一点到假定水准面的铅垂距离称为该点的假定高程或相对高程,如图 1-7 中的 H'_A、H'_B。

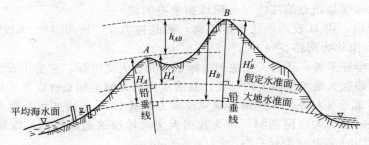

图 1-7　高程与高差

为了能建立全国统一的高程起算基准,我国在山东青岛设立了验潮站,测定出 1950~1956 年间的黄海平均海水面,并以此平均海水面包围地球进而形成了大地水准面,也就是我国计算绝对高程的基准面,其高程为零;凡以此基准面起算的高程称为"1956 年黄海高程系",自 1959 年开始使用;为测量使用方便,1956 年在验潮站附近的观象山建立了国家水准原点,并推算出青岛水准原点的高程为 72.289m。

20 世纪 80 年代,我国又根据青岛验潮站 1952~1979 年间的历年潮汐观测资料,确定了新的黄海平均海水面作为高程基准面,国家水准原点的高程随之变更为 72.260m,称为"1985 年国家高程基准",自 1987 年开始在全国统一使用。

第三节　测量工作的基本内容与原则

一、测量的基本内容

地面上的地物和地貌虽然千差万别,但其形状总是由自身的特征点构成线和面,也就是说,只要在实地测绘出地物和地貌特征点的位置,它们的形状和大小就能在图上得到正确反映。

如图 1-8 所示，A、B 为地面上的两点，若 A 点在水平面上的投影位置 a 已知，要确定 B 点的平面位置 b，除需丈量 A、B 的水平距离 D_{ab} 之外，还要测出图上 a、b 连线的方向与坐标北方向之间的水平夹角 α；另外，在图 1-8 中，A、B 两点往往不等高，当已知 A 点的高程 H_A 时，还要测算出 A、B 的高差 h_{AB}，才能得到 B 点的高程 H_B，进而确定 B 点的空间位置。

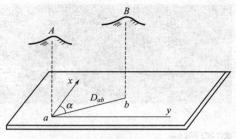

图 1-8 测量工作基本内容

由此可知，距离、角度和高差是确定点位关系的三个要素，因此，距离测量、角度测量与高程测量就是测量工作的基本内容。

二、测量的基本原则

在测量工作中，误差是不可避免的，甚至有时会产生错误。譬如测图时，若从某一点开始逐点累推施测，而不加以控制和检核，则前一点的误差就会传递给后一点，误差就会累积起来，最终可能达到不能容许的程度。

为了防止测量误差的积累，提高测量精度，在实际测量工作中，必须遵循"在布局上，应从整体到局部；在精度上，应由高级到低级；在次序上，应当先控制测量后碎部测量"的原则。因此，在具体进行图面资料测绘时，应首先在测区范围内选取一定数量具有控制作用的点，并用测量仪器和相应的方法精确地测出其位置，即控制测量；然后，再根据控制点的位置，测定其周围一定范围内的地物和地貌，即碎部测量。另外，在测量作业中还规定，当前一步工作未经校核时，不允许进行下一步的测绘，这样也能有效地避免误差的累积和传递。

三、对测绘人员的基本要求

测量工作是一项科学严谨的工作，测绘成果是各项园林工程建设的基础资料，因此，在外业观测和内业计算过程中，测绘人员必须做到操作规范、记录认真、随时检查、步步校核，若发现错误或有不符合精度要求的观测数据，应查明原因，及时返工重测，绝不允许随意涂改、伪造数据。

测量工作多以小组等集体形式进行，任务繁琐且连续性很强，因此，每个成员都要听从指挥、踏实肯干，既要能独当一面，又要具有团结协作精神；在操作精密仪器时，应严格按照操作规程进行，养成爱护仪器工具、正确使用测绘仪器的良好习惯。

复习思考题

1. 园林工程测量的两个基本任务是什么？举例说明它们在实际测量中有什么区别和联系？
2. 解释水准面与大地水准面、相对高程与绝对高程的含义，并举例说明绝对高程和相对高程在实际园林工作中的意义。
3. 地面点位标志的种类有哪些？举例说明大地地理坐标系表示地面点位的方法。
4. 举例说明测量工作的基本内容以及应遵循的原则。

第二章 水准测量

知识目标

1. 了解高程控制网的等级划分情况,熟悉水准测量原理,掌握水准仪在一个测站上观测两点间高差的程序。
2. 熟悉微倾式水准仪、自动安平水准仪、电子水准仪的基本构造,掌握这三类水准仪在测量原理、操作使用等方面的相同点与不同点。
3. 熟悉普通水准测量的精度要求,掌握测站校核和水准路线校核在校核方式、限差范围等方面的相同点与不同点。

技能目标

1. 熟悉水准尺的种类及其数字注记形式,掌握连续水准测量即复合水准测量的方法,能熟练地操作微倾式水准仪、自动安平水准仪,并准确地在水准尺上进行读数。
2. 能够根据测区实际情况,合理地布设水准路线,熟练地对附合水准路线、闭合水准路线、支水准路线实施外业观测,并进行测量成果的整理。
3. 能全面地分析水准测量误差产生的原因,进而对该测量误差予以减小或消除。
4. 根据微倾式水准仪应满足的几何条件,能够对其主要轴线关系进行检验,并正确使用各种校正工具,熟练地对微倾式水准仪进行校正。

第一节 水准测量的原理

水准测量是利用水准仪所提供的水平视线,通过读取竖立在地面两点上的水准尺读数,来测定两点间的高差,然后根据已知点的高程推算出未知点的高程,因此,水准测量的实质就是测量高差。

如图 2-1 所示,地面上有两点 A 和 B,设已知 A 点的高程为 H_A,若能测定出 A、B 两点之间的高差 h_{AB},则 B 点的高程 H_B 就可由高程 H_A 和高差 h_{AB} 推算出来。为此,在 A、B 两点上分别竖立一根尺子,并在其间安置一台能提供水平视线的仪器,即水准仪,各自在 A、B 两点的尺子上读取读数 a、b,则 A、B 两点间的高差 h_{AB} 为:

$$h_{AB} = a - b \tag{2-1}$$

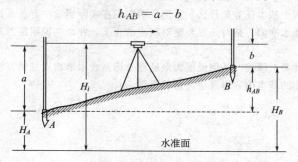

图 2-1 水准测量的原理

若测定高差的工作是从已知高程点 A 向待测点 B 方向进行的,则称 A 点为后视点,其读数 a 称后视读数;B 点则称为前视点,读数 b 为前视读数。当读数 $a>b$ 时,高差为正值,说明地面上 B 点高于 A 点;反之,当读数 $a<b$ 时,则高差为负值,说明 B 点低于 A 点。

测得高差 h_{AB} 后,由图 2-1 并结合公式 (2-1) 可知,待测点 B 的高程 H_B 为

$$H_B = H_A + h_{AB} = H_A + (a-b) \tag{2-2}$$

公式 (2-2) 是直接利用高差推算高程的方法,称为高差法。

根据图 2-1,公式 (2-2) 也可书写成:

$$H_B = (H_A + a) - b = H_i - b \tag{2-3}$$

式中,H_i 为水准仪的水平视线高程。

公式 (2-3) 是利用视线高程来计算 B 点高程的,称为视线高程法。当安置一次仪器需要测出多个前视点的高程时,应用视线高程法比较简便。

第二节 水准测量仪器工具及其使用

水准测量的仪器为水准仪,其配套工具有水准尺和尺垫。水准仪按其精度分为 $DS_{0.5}$、DS_1、DS_3 和 DS_{10} 四个等级,其中 D、S 分别为"大地测量"和"水准仪"汉语拼音的第一个字母;下标数字表示该类仪器能达到的精度指标,即每千米往、返测得高差平均值的中误差,以毫米计。

园林工程水准测量一般使用 DS_3 型水准仪,也称微倾式水准仪,而自动安平水准仪、电子水准仪、激光水准仪均具有操作简单、速度快、精度高、效率高等优点,目前也常用于各级水准测量。

一、微倾式水准仪与水准尺

(一) 微倾式水准仪的构造

如图 2-2 所示为国产 DS_3 型水准仪的外观和各部件名称,它主要由望远镜、水准器和基座三部分组成。

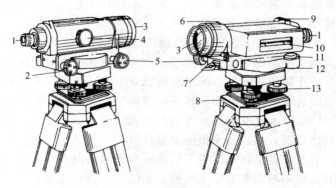

图 2-2 DS_3 型微倾水准仪

1—目镜;2—微倾螺旋;3—物镜;4—对光螺旋;5—微动螺旋;6—准星;7—制动螺旋(扳钮);8—三脚架;9—缺口(照门);10—水准管;11—圆水准器;12—圆水准器校正螺丝;13—脚螺旋

1. 望远镜

望远镜用于精确瞄准目标,并用来在水准尺上清晰地读取读数。图 2-3 为内对光望远镜

的剖面图，它主要由物镜、目镜、调焦透镜、调焦螺旋和十字丝分划板等构成。

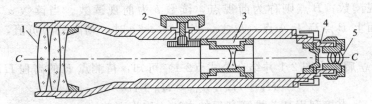

图 2-3　内对光望远镜剖面图
1—物镜；2—调焦螺旋；3—调焦透镜；4—十字丝分划板；5—目镜

物镜由一组复合透镜组成，它与调焦透镜一起使远处的目标成像在十字丝平面上，形成缩小的实像。旋转调焦螺旋可使不同距离目标的成像清晰地落于十字丝分划板上，称为物镜对光或调焦。目镜的作用是将物镜所成的实像连同十字丝一起放大成虚像；转动目镜调焦螺旋，可使十字丝清晰，称为目镜对光。

十字丝分划板为一圆形平板玻璃，上面刻有相互垂直的细线，竖的一根称为纵丝，中间的一根长横线称为横丝，也叫中丝。纵丝用以精确瞄准水准尺，中丝用来读取水准尺上的读数。在中丝的上、下等距处，还刻有两根短横丝，称为视距丝，可用于视距测量。图 2-4 为十字丝分划板的几种形式。

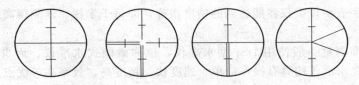

图 2-4　十字丝分划板的形式

如图 2-3 所示，通过望远镜物镜光心与十字丝交点的连线 CC 称为视准轴。观测时的视线就是视准轴的延长线，当视准轴处于水平状态时，通过十字丝交点看出的视线就是水准测量原理中的水平视线。

2. 水准器

水准器分为圆水准器和管水准器两种，用来整平仪器并指示视准轴是否处于水平位置，是观测者判断水准仪置平与否的重要部件。

（1）圆水准器　如图 2-5 所示，圆水准器顶部玻璃的内表面为一圆球面，中央刻有一个小圆圈，其圆心即为圆水准器的零点。通过零点与球面曲率中心的连线称为圆水准器轴，用 $L'L'$ 表示。当气泡位于小圆圈中央时，圆水准器轴处于铅直位置。若圆水准器轴平行于仪器竖轴，则仪器竖轴也竖直了。由零点向外辐射的方向上，每 2mm 圆弧所对应的圆心角值称为圆水准器分划值。DS_3 型水准仪圆水准器的分划值一般为 $8'/2mm \sim 10'/2mm$。圆水准器的分划值较大，灵敏度较低，只能用于粗略整平仪器。

（2）管水准器　管水准器又称水准管，它是一个将纵向内表面磨成一定半径的圆弧面的玻璃管，管内也装有乙醚溶液，并有一个气泡，如图 2-6（a）所示。

水准管上一般刻有间隔为 2mm 的分划线，两端分划线的中心称为管水准器的零点，通过零点作圆弧面的纵向切线 LL 称为水准管轴。由于气泡较液体轻，而恒处于管内最高位置，当气泡的中心与水准管零点重合时，称为气泡居中，如图 2-6（b）所示，此时水准管轴处于水平状态。若水准管轴平行于视准轴，则视准轴也处于水平状态。

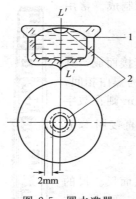
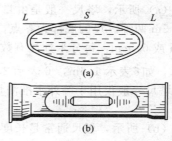

图 2-5　圆水准器　　　　图 2-6　管水准器（水准管）
1—胶合面；2—气泡

水准管上相邻两分划间的圆弧所对应的圆心角值称为水准管分划值，其大小与水准管圆弧半径成反比，半径越大，分划值越小，水准管的灵敏度就越高。DS_3 型水准仪管水准器的分划值一般为 $20''/2mm$。由于管水准器的精度较高，因而用于精确整平仪器。

DS_3 型水准仪水准管的上方装有符合棱镜系统，如图 2-7（a）所示。借助棱镜的反射作用，把气泡两端的影像转移到安置在望远镜旁的水准管观察镜内。若两个半边的气泡影像互相错开时，表示水准管气泡不居中，如图 2-7（b）所示；当转动微倾螺旋使气泡两端的影像符合成一个圆弧时，表示气泡已居中，如图 2-7（c）所示。这种水准管上面因装有符合棱镜装置，故称为符合水准器。它能把气泡偏离零点的距离放大一倍，从而提高了气泡居中的精度。

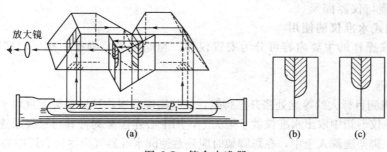

图 2-7　符合水准器

3. 基座

基座位于仪器下部，主要由轴座、脚螺旋和连接板等组成。仪器上部通过竖轴插入轴座内，由基座承托，并利用中心连接螺旋和连接板将仪器与三脚架连接。调节三个脚螺旋，可使圆水准器的气泡居中，此时仪器竖轴大致竖直，达到粗略整平的目的。

除上述部件外，仪器上还装有制动螺旋、微动螺旋和微倾螺旋。拧紧制动螺旋时，仪器固定不动，此时转动微动螺旋，使望远镜在水平方向上作微小移动，用来精确瞄准水准尺。微倾螺旋可使望远镜在竖直面内上下微动，由于望远镜和管水准器固连，且视准轴平行于管水准轴，所以圆水准器气泡居中后，转动微倾螺旋使管水准器气泡影像符合，即可利用水平视线读数。

（二）水准尺

水准尺是水准测量时与水准仪配套使用的标尺，一般用优质木材、铝合金或玻璃钢等伸缩性小、不易变形的材料制成，精密水准尺则用铟钢制成。常用的水准尺有塔尺和板尺两种，如图 2-8 所示。

1. 塔尺

如图 2-8（a）所示，塔尺一般是由二节或三节套接而成，其全长有 3m 和 5m 两种。尺的底部为零点，尺上分划为黑白相间，每格高为 1cm 或 0.5cm，每分米处注有数字，超过 1m 则在数字上加红点表示，如 6̇ 表示 1.6m，6̈ 表示 2.6m；也有直接用 1.6、2.6 表示的。塔尺一般仅用于等外水准测量。

2. 板尺

如图 2-8（b）所示，板尺通常是长度为 3m 的双面尺。尺的两面均为每隔 1cm 刻一分划，每分米处有数字注记，形式大致与塔尺相同。尺的一面是黑白相间，称为黑面尺；另一面是红白相间，称为红面尺。双面尺应两根配对使用，黑面尺的底端起始数都为"0.000m"；而红面尺的起始数字，一根为 4.687m，另一根为 4.787m，起始数相差 0.1m，以供测量校核用。双面尺一般用于三、四等级水准测量。

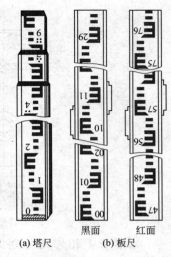

(a) 塔尺　　(b) 板尺

图 2-8　水准尺

在水准测量过程中，为防止水准尺下沉，常常使用尺垫；尺垫一般由铸铁或铁板制成，中间有一个突起的圆顶，下部有三个尖脚，如图 2-9 所示。测量时，将尺垫的尖脚踩入地下，然后将水准尺立于突起的圆顶上即可。

另外，水准仪还配有专用三脚架，用以安置仪器，由木质或金属制成，一般可伸缩，便于携带及调整仪器高度，使用时用中心连接螺旋与仪器固紧。

图 2-9　尺垫

（三）微倾式水准仪的使用

DS_3 水准仪操作的主要内容可分为安置仪器、粗略整平、瞄准水准尺、精确整平与读数等步骤。

1. 安置仪器

在距离两观测目标大约等远处张开三脚架，使其高度适当，目估架头大致水平，并牢固地架设在地面上。从仪器箱中取出水准仪放于架头上，用中心连接螺旋将其与三脚架连接起来。地面松软时，应将三脚架腿踩入土中，在踩脚架时应注意使圆水准器气泡尽量靠近中心。

2. 粗略整平

粗略整平简称粗平，就是通过调节仪器的脚螺旋让圆水准器气泡居中，以达到仪器竖轴铅直、视准轴粗略水平的目的。如图 2-10（a）所示，气泡偏离中心在 a 位置，先用双手按箭头所指方向相对地转动脚螺旋 1 和 2，使气泡移到两脚螺旋连线的中间，如图 2-10（b）所示的 b 位置，然后再单独转动脚螺旋 3，使气泡居中。

在粗平过程中，气泡移动的方向与左手大拇指转动脚螺旋的方向是一致的。用双手同时操作两个脚螺旋时，应以左手大拇指的转动方向为准，同时向内或向外旋转。

按上述方法反复操作几次，直到视准轴

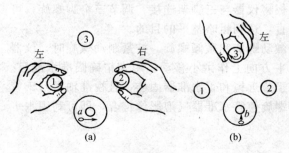

图 2-10　粗略整平

在任何方向时,圆水准器气泡都居中。

3. 瞄准水准尺

① 目镜调焦。使望远镜对到远处明亮的地方,转动目镜调焦螺旋,直到十字丝清晰为止。

② 粗略瞄准。松开制动螺旋,转动望远镜,利用镜筒上部的照门和准星连线瞄准水准尺,然后拧紧制动螺旋。

③ 物镜调焦。转动物镜调焦螺旋,使水准尺成像清晰。

④ 消除视差。交替调节目镜螺旋和物镜调焦螺旋,尤其要仔细调节物镜调焦螺旋,直到眼睛上、下移动而读数不变为止。

⑤ 精确瞄准。转动微动螺旋,使十字丝的纵丝贴近水准尺像的边缘或中央。

4. 精平与读数

为使视准轴处于水平状态,读数前应缓慢而均匀地转动微倾螺旋(注意:微倾螺旋转动的方向与左半边气泡影像移动的方向一致),当水准管的两个半边气泡影像吻合在一起时,表明已精确整平,应立即用十字丝横丝对水准尺进行读数。读数时,水准尺必须竖直,读数应从小到大读,直接读米、分米、厘米,估读到毫米,然后报出完整的读数;读完数后,检查符合水准气泡影像仍然吻合,将结果记入手簿;否则,再次精平,重新读数。如图 2-11 读数为 0.860m。

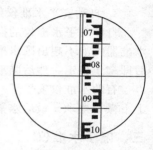

图 2-11 水准尺的读数

二、自动安平水准仪

1. 自动安平水准仪的基本结构

自动安平水准仪的特点是没有水准管和微倾螺旋,在用圆水准器将仪器粗平后,借助补偿装置的作用,使视准轴在 1～2s 内自动处于水平状态。如图 2-12 为国产 DSZ_3 型自动安平水准仪的结构剖面。

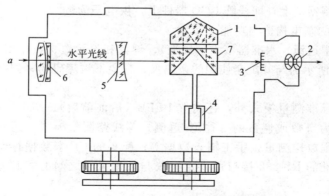

图 2-12 DSZ_3 型自动安平水准仪的结构剖面

1—固定屋脊棱镜;2—目镜;3—十字丝分划板;4—空气阻尼器;5—对光透镜;6—物镜;7—悬吊直角棱镜

2. 自动安平的基本原理

自动安平水准仪的类型虽然很多,但都是在望远镜镜筒中安设一个叫做补偿器的装置管代替符合水准器。自动安平的基本原理如图 2-13 所示,当视线水平时,十字丝中心为 c,在水准尺上的读数为 a;望远镜有微小倾角 α($\alpha \leqslant 10'$)时,视线不水平,十字丝中心变为 c',此时尺上读数为 a'。为了在视线不水平时也能读到水平视线时的数值,在十字丝分划板与调焦透镜（对光透镜）之间安装了一个光学补偿器 E，通过 E 使水平视线偏转一个小角度 β，并恰好通过 c'，从 c' 就可看到水平视线的读数了。

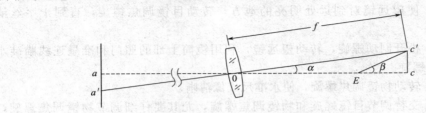

图 2-13　自动安平原理

3. 自动安平水准仪的使用

自动安平水准仪的操作方法与微倾水准仪略有不同，即首先用脚螺旋粗略整平（一般为水准器气泡不超出圆水准器面板上的小圆圈范围），补偿器就产生自动安平效用，待 1～2s 后即趋于稳定，然后瞄准水准尺，在无需"精平"下就可以在水准尺上进行读数。

有的水准仪安置了一个揿钮，可检查补偿器是否起作用；读数前按一下揿钮，若标尺像上下微微摆动，最后水平丝回复到原来位置上，则补偿器处于正常工作状态。

三、电子水准仪

1. 电子水准仪的基本原理

电子水准仪又称数字水准仪，它是以传统的自动安平水准仪为基础，在望远镜光路中增加了分光镜和探测器（CCD），并采用条码标尺和数字图像处理技术进行标尺自动读数的高精度水准测量仪器。

电子水准仪采用了原理上相差较大的相关法（如徕卡 NA3002/3003）、几何法（如蔡司 DiNi10/20）和相位法（如拓普康 DL101C/102C）三种自动电子读数方法，但无论采用那种方法，目前照准标尺和调焦仍需目视进行。在人工瞄准和调焦之后，标尺条码一方面被成像在望远镜分化板上，供目视观测；另一方面，通过望远镜的分光镜，标尺条码又被成像在光电传感器（又称探测器）上，即线阵 CCD 器件上，供电子读数。

2. 电子水准仪的基本构造与功能

电子水准仪由望远镜、水准器（水平气泡）、键盘和显示窗、数据卡、水平微动螺旋等部件组成。图 2-14 所示为与其配套使用的条码尺，只要不被障碍物（如树枝等）遮挡30%，就可进行测量。

电子水准仪除标准测量模式外，还内置 BFFB（后前前后）、BBFF（后后前前）及测站数为奇数或偶数的（往测/返测）等线路测量模式；还可进行中间点测量，高程放样测量，手工输入数据等；配备的 CF 卡数据存储系统可存储数据；标准的 RS-232 接口可供水准仪与数据采集之间的实时通信或数据输出。

3. 电子水准仪的特点

电子水准仪是集电子光学、图像处理、计算机技术于一体的当代最先进的水准测量仪器，与传统水准仪相比，它读数客观真实，不存在误读、误记问题，没有人为读数误差；其视线高和视距读数都是采用大量条码分划图像经处理后取平均而得出来的，因此削弱了标尺分划误差的影响，多数仪器都具有进行多次读数取平均的功能，可以减小外界环境条件的影响，测量精度高；测量时只要将望远镜瞄准目标，按动仪器上的测量按钮，标尺读数就会

图 2-14　条码尺

自动显示在显示屏上；由于读数的自动化，即便是不太熟练的操作者也能进行高精度测量，测量作业方便；测量中无需读数、报数、听记以及现场计算，同时避免了人为出错的重测数量，因而加快了作业速度、减轻了劳动强度，测量速度快；使用时只需调焦和按键就可以自动读数，便于电子手簿的记录、检核及处理，并能将测量数据输入计算机进行后处理，很容易实现水准测量内、外业的一体化，测量效率高。

4. 电子水准仪的使用

电子水准仪操作简单，先调脚螺旋使圆水准器气泡居中，再用望远镜照准条码尺，调焦后按测量键，仪器便可自动读取、记录、计算和校核观测数据，还可通过专用传输电缆将观测数据下载到计算机进行数据处理。

此外，还有激光水准仪，它是在 DS_3 型水准仪上增加一套半导体激光发射系统，为 DS_3 型水准仪提供了一套可见的红色水平激光束，广泛用于隧道挖掘、管道铺设、水坝工程等精度要求较高的大型工程。

第三节 普通水准测量的外业工作

一、水准路线的布设

（一）水准点

为了科学研究、工程建设以及测绘地形图的需要，我国已在全国范围内建立了统一的高程控制点，组成了高程控制网，并分成一、二、三、四共四个等级。从精度上来说，一等最高，四等最低，低一级受高一级控制。由于这些高程控制点的高程都是用水准测量的方法测定的，所以也称为水准点，用 BM 表示。

（二）水准路线的形式

在水准测量中，将安置水准仪的位置称为测站。水准测量时设站观测经过的路线称为水准路线。根据已有水准点位置和测量需要以及测区条件，水准路线可布设成单一路线状、网状及环状等，单一线状一般有如图 2-15 所示的几种形式。

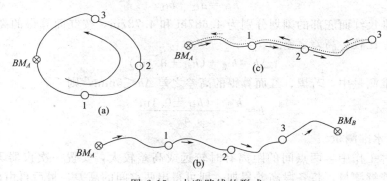

图 2-15 水准路线的形式
(a) 闭合水准路线；(b) 附合水准路线；(c) 支水准路线

1. 闭合水准路线

如图 2-15 (a) 所示，从一个已知高程的水准点 BM_A 出发，沿环行路线测定1、2、3等待定高程点的水准测量，最后仍回到起始水准点 BM_A，这种水准路线称为闭合水准路线。当测区附近只有一个已知水准点，测区为块状区域时采用此形式。

2. 附合水准路线

如图 2-15 (b) 所示，从一个已知高程的水准点 BM_A 出发，沿待定高程的1、2、3等点进行水准测量，最后连测到另一个已知高程的水准点 BM_B，这种水准路线称为附合水准路线。一般线路施工时采用此形式。

3. 支水准路线

如图 2-15（c）所示，从一个已知高程的水准点 BM_A 出发，沿待定高程点 1、2、3 等进行的水准测量，既不闭合到原水准点 BM_A，也不附合到另一个已知水准点，这种水准路线称为支水准路线。当要求精度不高或补充测量时采用此形式。

具体选用那种形式，需根据已知水准点位置与数量、测区情况、施工任务等决定。

二、水准路线的实测

为进一步满足园林工程勘测设计与施工和直接满足小范围地形测量的需要，以国家水准测量的三、四等水准点为起始点，再布设的水准测量称为普通水准测量，也称等外水准测量。

（一）一个测站的水准测量与校核

如图 2-15（a）所示，欲测量出 BM_A、1 两点的高差 h_{A1}，若 A 点高程 H_A 已知，那么，在 A、1 两点之间设置一个测站即可得到 1 点的高程。对于一个测站水准测量观测结果的检验校核，可采用改变仪器高法或双面尺法进行。

1. 改变仪器高法

在同一个测站上，用不同的仪器高度两次测定 A、B 的高差，即第一次测量后，改变仪器高度 10cm 以上，再进行第二次测量。两次所测得的高差应相等，等外水准测量其不符值应不大于 $\pm 6mm$，然后取两次高差的平均值作为该测站高差的结果。

2. 双面尺法

在同一个测站上仪器高度不变，即视线高度不变，用双面水准尺按"后黑→前黑→前红→后红"的观测顺序分别测出 A、B 两点之间的黑、红面高差。

按黑面读数，得高差为：

$$h_{黑} = a_{黑} - b_{黑}$$

按红面读数，得高差为：

$$h_{红} = a_{红} - b_{红}$$

因一对水准尺红面底部的刻划分别为 4.687m 和 4.787m，按红面算得的高差应 $\pm 0.1m$ 后再与黑面高差比较。高差之差为：

$$\Delta h = h_{黑} - (h_{红} \pm 0.1m)$$

在等外水准测量中，若黑、红面算得的高差之差 $\Delta h \leqslant 6mm$，则

$$h = \frac{h_{黑} + (h_{红} \pm 0.1m)}{2}$$

（二）连续水准测量

在实际园林工作中，两点间的距离有时较远或高差较大，安置一次仪器无法测出其高差，必须分段连续测量，将各段高差累加，即可得出两点间的高差，最后再由已知点高程推算出待测点的高程，这种水准测量称为连续水准测量或复合水准测量。

如图 2-16 所示，欲测量出 A、B 两点的高差 h_{AB}，必须在 A、B 两点间选择若干个临时立尺点，如 $1,2,3,\cdots,n$。施测时，首先在 A 点和路线前进方向选定的临时立尺点 1 上，分别竖立水准尺，然后将水准仪安置于距两点约等距离处，并粗略整平；紧接着便瞄准 A 点上的水准尺，消除视差，精平后读取后视读数 a_1；转动望远镜瞄准 1 点上的水准尺，同法读取前视读数 b_1。

同理，按图 2-16 中的箭头方向，将 A 点的水准尺转移并竖立于 2 点，同时把 1 点上的水准尺的尺面翻转过来面对仪器，由第一测站中的前视点变成第二测站的后视点。水准仪搬站到

1、2两点之间,依上述方法观测第二测站,如此继续施测,直测至终点 B 为止。由此可知,整个连续水准测量的观测程序,实际上是"一个测站的水准测量"工作的重复、连续作业。

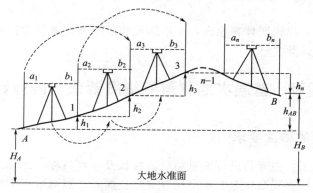

图 2-16 连续水准测量

假若共安置了 n 次水准仪,每安置一次仪器可测得一个高差 h_i,则

$$h_1 = a_1 - b_1$$
$$h_2 = a_2 - b_2$$
$$\cdots\cdots$$
$$h_n = a_n - b_n$$

将上述各式等号两端分别相加,即得 A、B 两点间的高差,即

$$h_{AB} = \sum h = \sum a - \sum b \tag{2-4}$$

由公式(2-4)可知,A、B 两点高差等于两点间各段高差的代数和,也等于后视读数之和减去前视读数之和。

在图 2-16 中,立尺点 1,2,3,…,$(n-1)$ 称为转点,它既有后视读数,又有前视读数,转点在水准测量中起传递高程的作用。

【例2-1】表2-1为某一测段连续水准测量的观测记录,已知 A 点高程 $H_A=50.258\mathrm{m}$,求 B 点的高程 H_B 为多少?

解:将 A 点高程填入表2-1,然后进行计算与校核。

表 2-1 普通水准测量手簿

路线名称_____ 仪器型号_____ 日期_____ 天气_____

测站	点号	水准尺读数/m		高差/m		高程/m	备注
		后视	前视	+	−		
Ⅰ	A	1.864		0.628		50.258	高程已知
	1		1.236			50.886	
Ⅱ	1	1.785		0.373			
	2		1.412			51.259	
Ⅲ	2	1.694		0.330			
	3		1.364			51.589	
Ⅳ	3	1.679		0.132			
	4		1.547			51.721	
Ⅴ	4	0.869			0.554		
	B		1.423			51.167	
校核计算		$\sum a = 7.891$	$\sum b = 6.982$	1.463	0.554	$H_{终} - H_{始}$	
		$\sum a - \sum b = +0.909$		$\sum h = +0.909$		$= +0.909$	

为了保证高差计算的正确性，应在每页测量记录手簿下方进行校核计算，即

$\sum a$(后视读数总和)$-\sum b$(前视读数总和)$=\sum h$(各段高差总和)$=H_{终}$(终点高程)$-H_{始}$(始点高程)。

若上述三项相等，仅说明计算无误，而不能反映观测和记录有无错误；若不相等，说明计算有错，需要重新计算。

第四节　普通水准测量的精度要求与内业计算

一、普通水准测量的精度要求

水准测量的内业工作主要是进行测量结果的校核及各点高程的计算。在水准测量中，由于存在水准仪检校后仍有残余误差、水准尺含有尺长误差、观测过程中气泡不居中、观测者视觉感觉受限引起的读数误差、水准尺倾斜以及风力等外界自然环境条件的影响等，使测得的高差也总是存在误差。为了提高测量成果的可靠性，在研究误差产生的原因及总结实践经验的基础上，规定了水准测量高差闭合差的容许范围，即精度要求，以 $f_{h容}$ 表示。如果测量的误差小于容许误差，就认为精度符合要求，成果可用，否则需查明原因，重新观测。

普通水准测量的高差闭合差容许值为

$$f_{h容}(\text{mm})=\pm 40\sqrt{L} \quad \text{（一般适合于平坦地区）} \tag{2-5}$$

或

$$f_{h容}(\text{mm})=\pm 10\sqrt{n} \quad \text{（一般适合于山区）} \tag{2-6}$$

式中，L 为水准路线的长度，以 km 为单位；n 为测站数。

二、水准测量的内业计算

在连续水准测量中，尽管采用改变仪器高法、双面尺法等观测方法，各测站两次高差之差不超过±6mm 时，取平均值可以保证本测段的观测精度，但立尺点移动的错误以及各测站产生的误差在结果中积累，使整个水准路线误差有可能超限，因此，还必须对整个水准路线的成果进行计算与校核。

（一）附合水准路线的计算与校核

由于附合水准路线两端水准点高程 $H_{始}$、$H_{终}$ 已知，所以其高差为固定值。即

$$\sum h_{理}=H_{终}-H_{始}$$

1. 高差闭合差的计算

因测量误差的存在，实测的高差之和 $\sum h_{测}$ 不等于理论值 $\sum h_{理}$，其差值称为高差闭合差，以 f_h 表示，则

$$f_h=\sum h_{测}-\sum h_{理}=\sum h_{测}-(H_{终}-H_{始}) \tag{2-7}$$

若高差闭合差在容许范围内，即 $|f_h|\leqslant |f_{h容}|$，便可以进行闭合差的调整和高程计算。

2. 高差闭合差的调整与改正后高差的计算

在同一水准路线上，可以认为观测条件是基本相同的，各测站所产生误差的可能性相等。因此，高差闭合差的调整原则是：将闭合差反符号，按与测站数或距离成正比例分配。各测段的高差改正数按下式计算

$$\left. \begin{array}{l} v_i=-\dfrac{f_h}{\sum n}\times n_i \\[2mm] v_i=-\dfrac{f_h}{\sum L}\times L_i \end{array} \right\} \tag{2-8}$$

或

式中，$\sum n$ 为测站数总和；$\sum L$ 为水准路线总长度，以 km 为计；n_i 为某测段测站数；L_i 为某测段水准路线长度，以 km 为计。

各测段高差观测值与其改正数的代数和，即为各测段改正后的高差。各测段改正后的高差总和应等于理论高差，若计算时因进位使两者产生差值，应在测站数较多或水准路线较长的测段进行调整。

3. 高程计算

根据起点高程和各测段调整后的高差，即可得各待测点高程，最后算得的终点高程应与已知高程相等，否则，说明计算有误，应重新计算。

【例 2-2】图 2-17 为附合水准路线，两个已知水准点 BM_A、BM_B 的高程分别为 $H_A=50.117 \text{m}$，$H_B=55.496 \text{m}$，求 1、2、3 点的高程各为多少？

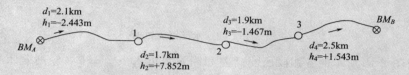

图 2-17　附合水准路线

解：将图 2-17 所示的各测段所测高差和距离填入表 2-2 中，经高差闭合差的检核及调整，可计算得出 1、2、3 点的高程。要求在整个计算过程中，改正数总和应与高差闭合差数值相等，符号相反；改正后高差的总和应等于两已知点间的高差；终点高程的计算值应等于已知值。

表 2-2　附合水准路线成果的计算

点号	距离/km	观测高差/m	改正数/m	改正后高差/m	高程/m	备注
BM_A	2.1	−2.443	−0.027	−2.470	50.117	已知高程
1	1.7	+7.852	−0.022	+7.830	47.647	
2	1.9	−1.467	−0.025	−1.492	55.477	
3	2.5	+1.543	−0.032	+1.511	53.985	
BM_B					55.496	已知高程
$\sum$	8.2	+5.485	−0.106	+5.379		
辅助计算	\multicolumn{6}{l}{$f_h=\sum h_{测}-\sum h_{理}=\sum h_{测}-(H_{终}-H_{始})=5.485\text{m}-(55.496\text{m}-50.117\text{m})=+106\text{mm}$ $f_{h容}=\pm 40\sqrt{L}=\pm 40\sqrt{8.2}\text{mm}=\pm 115\text{mm}$ 因 $	f_h	<	f_{h容}	$，故符合测量精度要求。}

（二）闭合水准路线的计算与校核

闭合水准路线高差闭合差的限差、闭合差的调整、待测点高程的推算均与附合水准路线基本相同，但闭合水准路线高差总和在理论上应等于零，即 $\sum h_{理}=0$，由于测量不可避免存在误差，$\sum h_{测}\neq 0$，则高差闭合差为：

$$f_h=\sum h_{测}-\sum h_{理}=\sum h_{测} \tag{2-9}$$

【例2-3】图2-18为闭合水准路线的外业数据,BM_A为已知水准点,其高程为$H_A=150.118m$,试计算待测点1、2、3的高程各为多少?

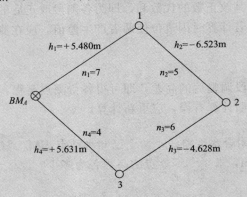

图2-18 闭合水准路线数据

解:将图2-18所示的各测段所测高差和测站数填入表2-3中,经高差闭合差的检核及调整,可计算得出1、2、3点的高程。

表2-3 闭合水准路线成果的计算

点号	测站数/个	观测高差/m	改正数/m	改正后高差/m	高程/m	备注
BM_A	7	+5.480	+0.013	+5.493	150.118	已知高程
1	5	-6.523	+0.009	-6.514	155.611	
2	6	-4.628	+0.011	-4.617	149.097	
3	4	+5.631	+0.007	+5.638	144.480	
BM_A					150.118	计算无误
Σ	22	-0.040	+0.040	0.000		
辅助计算	$f_h=\sum h_{测}-\sum h_{理}=-0.040m=-40mm$ $f_{h容}=\pm10\sqrt{n}mm=\pm10\sqrt{22}mm=\pm47mm$ 因$|f_h|\leqslant|f_{h容}|$,故符合测量精度要求。					

(三) 支水准路线的计算与校核

如图2-19所示,为由已知水准点BM_A开始的一条支水准路线,沿路线往测1、2、3点后,又返测至BM_A。往、返测实际上也是一条闭合水准路线,理论上讲,往测高差总和$\sum h_{往}$与返测高差总和$\sum h_{返}$,应绝对值相等而符号相反。即

$$\sum h_{往}+\sum h_{返}=0$$

如果往、返测高差的代数和不等于零,便产生了高差闭合差f_h,即

$$f_h=\sum h_{往}+\sum h_{返} \qquad (2-10)$$

高差闭合差的容许值仍按公式(2-5)或公式(2-6)计算,但公式中L为支水准路线往返总长度的千米数,n为往返测站总数。

当$|f_h|\leqslant|f_{h容}|$时,则分段取往返测高差绝对值的平均值,符号则以往测高差为准,以此作为该测段改正后的高差,然后再从起点沿往测方向推算其他各待测点高程。

【例 2-4】 图 2-19 为支水准路线的外业数据，BM_A 为已知水准点，其高程为 $H_A = 50.369\text{m}$，试计算待测点 1、2、3 的高程各为多少？

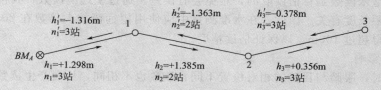

图 2-19 支水准路线数据

解： 将图 2-19 所示的各测段所测高差和测站数填入表 2-4 中，经高差闭合差的检核及调整，可计算得出 1、2、3 点的高程。

表 2-4 支水准路线成果的计算

点号	测站数/个	往测高差/m	返测高差/m	平均高差/m	高程/m	备注
BM_A	3+3	+1.298	−1.316	+1.307	50.369	已知高程
1					51.676	
2	2+2	+1.385	−1.363	+1.374	53.050	
3	3+3	+0.356	−0.378	+0.367	53.417	
Σ	16	+3.039	−3.057			
辅助计算	\multicolumn{6}{l}{$f_h = \sum h_往 + \sum h_返 = (+3.039\text{m}) + (-3.057\text{m}) = -0.018\text{m} = -18\text{mm}$ $f_{h容} = \pm 10\sqrt{n}\text{mm} = \pm 10\sqrt{16}\text{mm} = \pm 40\text{mm}$ 因 $	f_h	<	f_{h容}	$，故符合测量精度要求}

第五节 水准测量的误差分析

一、水准测量的误差

分析水准测量误差产生的原因，目的是为了防止和减小各类误差，提高水准测量的观测精度。水准测量的误差主要来源于仪器结构的不完善、观测者感觉器官的鉴别能力有限以及外界自然条件的影响等方面。

(一) 仪器工具的误差

1. 仪器校正后的残差

水准仪虽然经过严格的检验与校正，但仍然存在着残余误差，如视准轴和水准管轴之间仍会残留一个微小的夹角。因此，即使管水准器气泡严格居中了，但视线也仍会有稍许倾斜，从而产生读数误差。观测时，尽可能使前、后视距离相等，就可减少或消除该项误差。

2. 水准尺的误差

水准尺刻划不准确、弯曲变形、尺底磨损或使用过程中粘上较厚的泥土等，都会给读数带来误差。因此，应对水准尺进行检验，质量差的尺子不能用于测量作业。

(二) 观测过程的误差

1. 整平误差

水准测量的主要条件是视线水平，但管水准器气泡居中与否完全凭肉眼观察，由于人的视觉辨别能力有限，从而产生管水准器气泡居中误差。该项误差的存在，导致视线偏离水平位置，并由此带来读数误差。

2. 读数误差

水准尺的毫米读数是目估读取的，难免会有误差。通过望远镜读数，其精度与望远镜的放大倍数和视距长度有关。因此，在水准测量中应使用望远镜放大倍数在20倍以上的水准仪，且视距不得超过100m，以保证估读精度。

3. 视差的影响

存在视差时，眼睛与目镜的相对位置不同，读数也不相同，从而产生读数误差，因此读数前必须消除视差。

4. 水准尺倾斜的影响

水准测量中，水准尺前后倾斜时读取的读数总是大于尺子竖直时的正确读数，且视线高程越高，产生的读数误差也越大。因此，在野外作业遇到高差大和读数大时，应特别注意扶直水准尺。装有圆水准器的尺子，应使气泡居中后再进行读数。

（三）外界环境的影响所带来的误差

1. 仪器、水准尺下沉的影响

仪器安置在土质较松软的地面上时，会发生缓慢下沉现象，致使在一个测站内，仪器水平视线高程慢慢变小，使前视读数减少，从而产生高差误差。因此，测量时应选择坚实的地面安置仪器，并通过熟练操作，缩短观测时间，以减弱仪器下沉对高差的影响。

水准尺发生下沉时，仪器由一站读完其前视读数到下一站读取它的后视读数的时间内，若水准尺下沉了某数值，则下一站的后视读数会因此增大该数值，从而引起高差误差。在水准测量时，若使用尺垫或选择坚实的地面设置转点，或采用往返观测并取两次高差绝对值的平均值作为观测值，可以减少水准尺下沉对高差的影响。

2. 地球曲率及大气折光的影响

大地水准面为一个曲面，只有当水准仪的视线与之平行时，才能测出两点间的真正高差，而水准仪的视线却是水平的，因此，地球曲率对仪器的读数也有一定影响。另外，靠近地面的空气由于上、下层温度存在差异，空气密度也不同，当光线通过密度不同的介质时，会产生折射现象，使水准仪的视线向上或向下弯曲，且几乎不会与大地水准面平行，也会对读数产生影响。减少地球曲率和大气折光影响的方法，一是观测时前、后视距离要相等，使读数中存在的误差在高差计算时相抵消；二是由于接近地面的空气密度变化较大，光线折射现象明显，因此规定视线必须高出地面0.3m或0.5m以上。

3. 大气温度和风力的影响

温度的变化不仅引起大气折光的变化，而且当烈日照射水准管时，由于受热不匀，气泡会向温度高的方向移动。因此，在进行水准测量时要撑伞遮住仪器，以免阳光直射，从而减弱温度对观测精度的影响。另外，大风可使水准尺竖立不稳，水准仪难以置平，此时应尽可能停止测量。

二、水准测量的注意事项

水准测量工作并不复杂，但连续性很强，稍有疏忽就容易出错，并且只要有一个环节出现问题，就可能造成局部甚至全部返工。因此，无论是观测者、立尺者还是记录者，都必须十分认真、密切配合，以保证观测质量。在测量时，除应注意"水准测量的误差"中涉及的问题外，在每次读数前，管水准器气泡一定要严格居中，在精平与读数的前后，手不要按在脚架上；读数后要检查精平，如有明显变化，应再次精平重新读数；在待测点和已知高程点上不能放置尺垫；未读后视读数之前，不得碰动后视尺垫；未读转点前视读数，仪器不得迁站；工作中间停测时，应选择稳固、易寻找的固定点作为转点，并测出其前视读数；所有计算必须进行检核,未经检核的计算结果不能使用。

第六节 微倾式水准仪的检验与校正

一、水准仪应满足的几何条件

水准仪的主要轴线如图 2-20 所示:VV 为仪器竖轴,LL 为水准管轴,$L'L'$ 为圆水准器轴,CC 为视准轴。在水准测量时,水准仪只有准确地提供一条水平视线,才能测出两点间的正确高差。为此,DS_3 型水准仪在构造上应满足圆水准器轴平行于仪器竖轴($L'L'/\!/VV$)、十字丝的横丝垂直于仪器竖轴 VV、视准轴平行于水准管轴($CC/\!/LL$)等条件。

水准仪在出厂时,上述条件已经过严格检校而得到满足,但由于长期使用和搬运过程中受到震动或碰撞,可能使某些部件松动,主要轴线间的几何关系会发生改变,从而影响到测量结果的精度,故测量作业前应对仪器进行检验和校正。

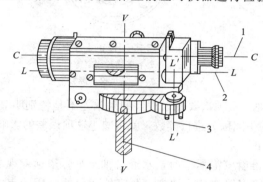

图 2-20 水准仪的主要轴线
1—视准轴;2—水准管轴;3—圆水准器轴;4—竖轴

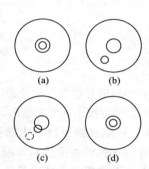

图 2-21 圆水准器的检验与校正

二、水准仪的检验与校正

(一)圆水准器轴平行于仪器竖轴的检验与校正

如果圆水准器轴平行于仪器竖轴,那么,当圆水准器气泡居中时,仪器的竖轴处于铅垂方向,这样仪器转到任何位置,圆水准器气泡都应居中。

1. 检验方法

安置好仪器后,转动脚螺旋使圆水准器气泡居中,如图 2-21(a)所示。然后将仪器绕竖轴旋转 180°,这时如果气泡仍然居中,说明条件满足;如气泡不居中,如图 2-21(b)所示,则需进行校正。

2. 校正方法

先转动脚螺旋使气泡向中央位置移动其偏离的一半,如图 2-21(c)所示,气泡由虚线位置移到实线位置,然后,用校正拨针拨动圆水准器底下的校正螺钉,使气泡居中,如图 2-21(d)所示。校正工作一般难以一次完成,需反复检校 2~3 次,直至仪器旋转到任何位置,圆水准器气泡均处在居中位置为止。

(二)十字丝横丝垂直于仪器竖轴的检验与校正

当仪器整平后,十字丝横丝垂直于仪器竖轴,即当竖轴竖直时十字丝横丝应水平,此时,用横丝的任何部位在水准尺上都可读出相同的数值。

1. 检验方法

将仪器粗略整平后,在望远镜中用十字丝横丝的一端瞄准一个清晰的固定目标点 A,如图 2-22(a)所示,然后用微动螺旋使望远镜缓缓转动。如果 A 点始终在十字丝横丝上移动,如图 2-22(b)所示,说明横丝与仪器竖轴垂直,不需要校正。若 A 点偏离了横丝,如图 2-22(c)所示,则需要进行校正。

2. 校正方法

由于十字丝装置形式各有不同,故校正的方法也有差别,对于图 2-23 的形式,则应先卸下目镜的外罩,用螺丝刀把四个十字丝环固定螺钉稍微松开,再转动十字丝分划板,使横丝与图 2-22(c)中所示的虚线重合或平行,最后再拧紧这四个十字丝环固定螺钉即可。

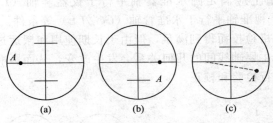

图 2-22 十字丝横丝的检验

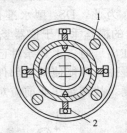

图 2-23 校正十字丝
1—十字线环固定螺钉;
2—十字丝校正螺钉

十字丝横丝垂直于仪器的竖轴对水准仪来说是一项次要的条件,如果误差不是特别明显时,一般不必进行校正,在观测时,只要利用横丝的中间部分进行读数,就可减小这项误差的影响。

(三)视准轴平行于水准管轴的检验与校正

若望远镜的视准轴与水准管轴平行,当水准管气泡居中时,水准管轴水平,望远镜视准轴也处于水平位置。水准仪具备这一条件后,不管安置在什么地方,测定地面上两个固定点之间的高差必然相等。假若水准仪不满足此条件,即使水准管气泡居中,望远镜的视准轴不是向上倾斜就是向下倾斜,读数就包含有误差,且水准尺距离仪器越远,读数误差也就越大。

1. 检验方法

在不同位置安置两次仪器,分别测量地面上两固定点间的高差,然后对两次测得的高差进行比较,就可以检验望远镜的视准轴与水准管轴是否平行。

① 如图 2-24 所示,在地面上选择相距 100m 的两点 A、B,并在其上放置尺垫;将水准仪安置于两点的中央,精平后,对 A、B 两点上竖立的水准尺进行读数。当水准管气泡居中时,即使望远镜视准轴不水平(如向上倾斜),但由于仪器安置在两水准尺的等距离处,所产生的读数误差(图 2-24 中的 x)相同,这时在 A 尺上的实际读数是 $a+x$,在 B 尺上的实际读数是 $b+x$,A、B 两点的高差为 $h_{AB}=(a+x)-(b+x)=a-b$,其值与视准轴水平时(图 2-24 中的虚线)测得的正确高差一致。

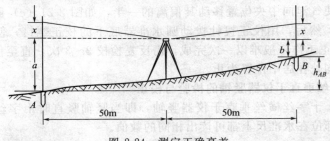

图 2-24 测定正确高差

为了防止错误和提高观测精度，可在仪器原来的位置改变一下仪器高度，再进行一次观测，如果两次测得的高差的差数不超过±6mm，则取其平均值作为 A、B 两点的高差。

② 把仪器搬到 B 尺的外侧 C 处，使望远镜的物镜尽量靠近 B 尺（一般在3m以内），如图 2-25 所示。

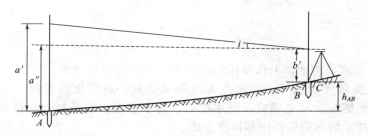

图 2-25 视准轴平行于水准管轴的检验

整平仪器后，读取近尺 B 的读数为 b'，读得远尺 A 的读数为 a'。这时望远镜视准轴虽然仍旧向上倾斜，但是仪器与 B 尺非常接近，所以在 B 尺上产生的读数误差极其微小，可以不予考虑，故认为读数 b' 是正确的；A 尺距离仪器较远，视准轴倾斜时，A 尺读数 a' 中含有的误差也较大，所以 a' 是不正确的读数，所得高差 $h'_{AB}=a'-b'$ 与仪器在中央时测得的高差必然不相同。

有了正确的高差 h_{AB} 和 B 尺上正确读数 b'，就可以计算视准轴水平时（如图 2-25 中的虚线）远尺 A 上的正确读数 $a''=h_{AB}+b'$。这时，如果把望远镜视准轴对准 A 尺上的 a'' 数值，视准轴就处于水平位置了。实际检验时，经过上述计算，如 $a'=a''$，说明视准轴平行于水准管轴；否则两者存在夹角 i，$i=\dfrac{|a'-a''|}{D_{AC}}\times\rho$（其中 D_{AC} 为 A、C 两点间的水平距，$\rho=206265''$），对于 DS$_3$ 水准仪来说，当 i 角大于 $20''$ 时方需校正。

2. 校正方法

水准仪在 C 点不动，转动微倾螺旋，使十字丝横丝对准 A 尺上的 a'' 数值，这时视准轴便处于水平位置，但是水准管气泡已不居中了。此时，用校正拨针根据气泡偏离的情况，拨动水准管一端的上下两个校正螺钉，使它们一松一紧，直到水准管气泡恢复居中，即水准管轴恢复至水平位置，从而满足了望远镜视准轴平行于水准管轴的条件。

拨动校正螺钉时，应先松后紧，以免损坏螺钉。校正后，可变动仪器高再进行一次检验，直到仪器在 C 点观测并计算出的 i 角值符合要求为止。实际上，无论校核几次，视准轴和水准管轴都不可能达到严格平行，因此，水准测量时应力求前、后视距离尽量相等，以消除该项误差。

实训 2-1 水准仪的构造和使用

一、实训目的

熟悉微倾式水准仪、自动安平水准仪和电子水准仪的基本构造，初步掌握其操作方法。

二、实训内容

1. 熟悉 DS$_3$ 微倾式水准仪、自动安平水准仪和电子水准仪的一般构造和主要部件的名称、作用以及操作方法。

2. 重点练习 DS$_3$ 微倾式水准仪的安置、粗平、瞄准、精平和读数及高差计算的方法。

三、仪器及工具

按 5～6 人为一组，每组配备：DS$_3$ 微倾式水准仪 1 台，自动安平水准仪 1 台，电子水准仪 1 台，配套水准尺各 2 根，尺垫 2 个，记录板 1 块（含记录表格）；自备铅笔、小刀、计算器等。

四、方法提示

1. 在具有一定高差的地面上选择相距 80～100m 的 A 和 B 两点。
2. 将水准仪安置于距离 A、B 两点大致等远之处；对照仪器实物，认识准星和照门（缺口）、目镜调焦螺旋、对光螺旋、圆水准器、管水准器、水平制动和微动螺旋、微倾螺旋、脚螺旋等，并了解它们的作用和操作方法。
3. 转动脚螺旋使圆水准气泡居中，仪器即粗略整平。
4. 转动目镜调焦螺旋，使十字丝清晰。
5. 利用准星和照门粗略瞄准后视点 A 处的水准尺。
6. 转动对光螺旋使目标成像清晰，转动微动螺旋使十字丝纵丝贴靠水准尺像中央，并注意消除视差。
7. 微倾式水准仪需转动微倾螺旋使水准管气泡居中，读取后视读数并记录；自动安平水准仪在补偿器处于工作状态后便可读数；电子水准仪则直接按测量键即可。
8. 按 5～7 项的顺序读取 B 点的前视读数并记录。

五、注意事项

1. 水准尺要竖直立于观测点上，并使尺面正对仪器。
2. 读数时要注意水准管气泡是否精确居中、视差是否被消除；要用中丝进行读数，为了避免将上、下丝误读成中丝，可在读完中丝读数后再读上、下丝读数，用上、下丝读数的平均值检核中丝。

六、实训报告

要求每人必须上交实训报告一份，具体内容见表 2-5 所示。

表 2-5　水准仪的构造与使用实训记录

班组_____ 观测者_____ 记录者_____ 日期_____

1. 对照水准仪实物并结合自己的操作体会,简述微倾式水准仪的准星和照门、目镜调焦螺旋、对光螺旋、圆水准器、管水准器、制动和微动螺旋、微倾螺旋的作用及其使用方法。

2. 对光、消除视差的步骤是:转动_____使_____清晰,再转动_____螺旋使_____清晰。如发现_____现象,说明存在_____,则必须再转动_____,直至_____面和_____面重合。

3. 用 DS$_3$ 微倾式水准仪进行水准测量时,除了使_____气泡居中外,读数前还必须转动_____螺旋,使_____气泡居中,才能读数。

4. 简述微倾式水准仪的使用步骤,并比较其与自动安平水准仪、电子水准仪在操作上的不同之处。

5. DS$_3$ 微倾式水准仪观测练习记录:

仪器编号	后视读数/m	前视读数/m	高差/m	备　注

实训 2-2　水准路线测量及内业计算

一、实训目的

掌握水准路线测量的观测、记录方法和水准路线外业数据整理的方法。

二、实训内容

1. 每两个小组各自独立施测一条 3～4 点的闭合水准路线，假定起点高程为 150.000m。
2. 计算闭合水准路线的高差闭合差，并进行高差闭合差的调整和高程计算。

三、仪器及工具

按 5～6 人为一组，每组配备：DS_3 水准仪 1 台，自动安平水准仪 1 台，配套水准尺 2 根，尺垫 2 个，记录板 1 块（含记录表格）；自备铅笔、小刀、计算器等。

四、方法提示

1. 对施测区域踏查后，选定一条 3～4 点组成的闭合水准路线。设定待测点 $1,2,3,\cdots,n$，转点 $TP_1, TP_2, \cdots, TP_n$，要使两相邻待测点间的测站数不等。
2. 两组分别在距离起点（已知高程点）与转点 TP_1 大致等距离处安置水准仪，瞄准后视点（起点）上的水准尺、消除视差，精平后读取后视读数 a_1；瞄准前视点 TP_1 上的水准尺，同法读取前视读数 b_1，分别记录并计算其高差 h_1。两组比较高差值，若互差不大于±6mm，可继续下一测站测量，超出此值时，应检查原因并重测。
3. 将水准仪搬至转点 TP_1 与转点 TP_2 的约等距离处进行安置，同上述方法在转点 TP_1 读取后视读数 a_2、在转点 TP_2 上读取前视读数 b_2，分别记录并计算其高差 h_2。
4. 同法继续进行施测，经过所有的待测高程点后回到起点。若相邻两待测高程点间的距离较短且高差不大时，可将水准尺直接竖立在待测点上而不必设置转点。
5. 检核计算。即计算后视读数总和 $\sum a$，前视读数总和 $\sum b$，高差的总和 $\sum h$，检核 $\sum a - \sum b = \sum h$ 是否成立；若不成立，说明计算过程中有错误，应重新计算。
6. 将各测段高差及测站数或距离记入水准路线计算表的相应栏中，若计算出的高差闭合差不大于其容许误差，即可计算高差的改正数和改正后的高差，最后计算各待测点的高程。

五、注意事项

1. 中丝读数一律记四位数，即米、分米、厘米和毫米。
2. 在起点和待测点上不能放置尺垫；观测前一定要弄清水准尺的分划和注记形式；读数时扶尺者一定要将水准尺立直，观测者要切记精平和消除视差。
3. 仅读完后视读数，不能动仪器；读完前视读数，前视尺上的尺垫不能动。
4. $\sum a - \sum b = \sum h$ 只能检核计算过程中有无错误，而不能说明测量数据的正误。

六、实训报告

每个测量组需上交水准测量外业记录表一份，每人上交水准路线成果计算表一份，样式分别见表 2-6、表 2-7 所示。

表 2-6 水准测量外业记录（实训）

仪器型号与编号_____ 班组_____ 观测者_____ 记录者_____ 日期_____

测站	点号	水准尺读数/m		高差/m		高程/m	备注
		后视	前视	+	−		
校核计算		$\sum a=$	$\sum b=$	$\sum h=$			
		$\sum a - \sum b=$					

表 2-7 水准路线成果计算（初训）

班组_____ 计算者_____ 日期_____

点号	距离/km	测站数/个	观测高差/m	改正数/mm	改正后高差/m	高程/m	备注
$\sum$							
辅助计算							

实训 2-3 微倾水准仪的检验与校正

一、实训目的

掌握微倾水准仪的检验方法，熟悉其校正方法，进一步理解水准仪测量高程的原理。

二、实训内容

每个组完成一台 DS_3 水准仪的检验与校正，内容为圆水准器轴平行于竖轴的检验与校正、十字丝横丝垂直于竖轴的检验与校正、视准轴平行于水准管轴的检验与校正。

三、仪器及工具

按 5～6 人为一组，每组配备：DS_3 水准仪 1 台，水准尺 2 根，尺垫 2 个，钢尺 1 副，校正工具 1 套，记录板 1 块（含记录表格）；自备铅笔、小刀、计算器等。

四、方法提示

1. 一般性的检验，首先检验三脚架是否牢固，安置仪器后，再检查制动和微动螺旋、微倾螺旋、对光螺旋、脚螺旋等是否有效，望远镜的十字丝、物象是否清晰等；同时了解水准仪各主要轴线以及它们之间的相互关系。

2. DS_3 水准仪的各项检验与校正方法，参见本教材中的有关叙述。

五、注意事项

1. 仪器检验与校正的步骤应按顺序进行，不得颠倒；每项工作要反复进行数次，才能达到满意的结果。

2. 各项检验工作可由学生自己完成，但必须在弄清校正原理和方法的基础上才能校正，校正工作需要在教师的指导下进行；拨动校正螺钉时，要先松后紧，松紧适当；校正完毕后，校正螺钉应处于稍紧状态。

六、实训报告

每个测量组需上交水准仪的检验与校正报告一份，样式见表2-8所示。

表 2-8　微倾水准仪的检验与校正（实训）

仪器型号与编号_____　班组_____　检验者_____　记录者_____　日期_____

1. 一般性的检验结果：三脚架_____，制动与微动螺旋_____，微倾螺旋_____，对光螺旋_____，脚螺旋_____，望远镜十字丝_____成像_____。

2. 水准仪的主轴线有_____，它们之间正确的几何关系是_____。

3. 在对圆水准器轴与仪器竖轴是否平行的检校过程中，请用虚圆圈绘出下列情况时的气泡位置：A. 仪器整平后；B. 仪器旋转180°后；C. 校正时，先转动_____使气泡向中央移动其偏离的_____；D. 用_____调整_____，使气泡恢复_____，E. 仪器再转180°检验时。

　　A　　　　B　　　　C　　　　D　　　　E

4. 在对十字丝横丝与仪器竖轴是否垂直的检校过程中，请在右图中绘出十字丝横丝与目标点的位置关系。

5. 对视准轴与水准管轴是否平行的检校记录：

水准仪位置	项　目	第一次	第二次	备　注
在 A、B 的中点上观测高差	A 点尺上读数 a_1			
	B 点尺上读数 b_1			
	$h = a_1 - b_1$			
	平均高差 h_{AB}			
在 B 点的外侧附近 C 点上检校	A 点尺上读数 a'			
	B 点尺上读数 b'			
	$h'_{AB} = a' - b'$			
	正确读数 $a'' = h_{AB} + b'_2$			
	$i = \dfrac{\lvert a' - a'' \rvert}{D_{AC}} \times \rho$			

复习思考题

1. 若 A 为后视点，B 为前视点，当后视读数 $a=1.213$m，前视读数 $b=1.478$m 时，求算 A、B 两点间高差为多少？若 A 点高程为 150.167m，试问 B 点的高程为多少？

2. 水准测量中，在已知水准点和待测点上能否使用尺垫？倘若一对水准尺所使用的尺垫高度不等，试分析，这会影响高程测量的结果吗？

3. 图 2-26 所示为一附合水准路线的外业观测数据，当 $H_A=99.865$m，$H_B=110.582$m 时，试求算 1、2、3 点的高程各为多少？

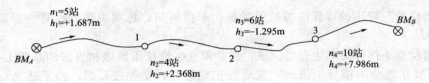

图 2-26　附合水准路线（习题）

4. 图 2-27 所示为一闭合水准路线的外业观测数据，求算该图中 1、2、3、4 点的高程各为多少？

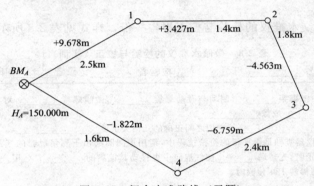

图 2-27　闭合水准路线（习题）

5. 已知 A、B 两点间的距离为 80m，现将一台 DS_3 微倾水准仪安置在离 A、B 两点的等距离处，测得 A 点的尺上读数 $a=1.422$m，B 尺上读数 $b=1.218$m；然后将仪器搬至 B 尺外侧 C 处，并使望远镜物镜尽量靠近 B 尺，整平仪器后，又读取 B 尺读数 $b'=1.564$m，A 尺读数 $a'=1.793$m。试问，该水准仪的水准管轴是否与视准轴平行？若不平行，当水准管气泡居中时，视准轴是向上倾斜，还是向下倾斜？如何校正？

第三章 角度测量

知识目标
1. 了解水平角、竖直角的概念,熟悉水平角测量原理和竖直角测量原理。
2. 熟悉光学经纬仪、电子经纬仪的基本构造,掌握这两类经纬仪在测量原理、操作使用等方面的相同点与不同点。

技能目标
1. 掌握测回法、方向观测法的测量步骤,能够熟练地利用光学经纬仪测算水平角。
2. 掌握光学经纬仪测量竖直角的方法步骤,能够正确计算竖直角和竖盘指标差。
3. 能够利用电子经纬仪进行角度测量工作。
4. 能全面地分析角度测量误差产生的原因,进而对该测量误差予以减小或消除。
5. 根据光学经纬仪应满足的几何条件,能够对其主要轴线关系进行检验,并正确使用各种校正工具,熟练地对光学经纬仪进行校正。

第一节 角度测量的原理

一、水平角的概念与测量原理

1. 水平角的概念

水平角是指地面上相交的两条直线投影到同一水平面上所夹的角度,或指分别过相交的两条直线所作的竖直面间所夹的二面角。如图3-1所示,A、O、B 为地面上任意三点,将它们分别沿垂线方向投影到水平面 P 上,便得到相应的垂足 A_1、O_1、B_1 各点,则水平面上 O_1A_1 与 O_1B_1 的夹角 β,即为地面上 OA 与 OB 两条直线之间的水平角,其角值范围为 $0°\sim360°$。

2. 水平角测量原理

水平角测量用于确定地面点的平面位置。如图3-1所示,将 O 作为测站点,A、B 为目标点,为了测出水平角 β 的大小,设想在过 O 点的铅垂线上任一点 O_2 处,安置一个按顺时针注记的全圆量角器(称为水平度盘),使其中心与 O_2 重合,并置成水平状态;另有一个照准设备,能分别瞄准 A 点和 B 点,则度盘与过 OA、OB 的两竖直面相交,交线分别为 O_2a_2 和 O_2b_2,显然 O_2a_2、O_2b_2 在水平度盘上可得读数,设分别为 a、b,则圆心

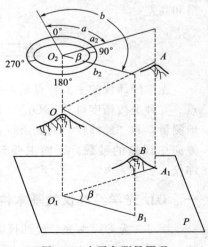

图 3-1 水平角测量原理

角 $\beta=b-a$，即为水平角 $\angle A_1O_1B_1$ 的值。

二、竖直角的概念与测量原理

1. 竖直角的概念

在同一竖直面内，某一倾斜视线与水平线之间的夹角称为竖直角，测量上也称为倾斜角，或简称竖角，用 θ 表示。当倾斜视线在水平线之上时，竖直角为正值，称仰角，如图 3-2 中，$\theta_1=+7°41'$；当倾斜视线在水平线之下时，竖直角为负值，称俯角，如图 3-2 中，$\theta_2=-12°32'$。竖直角的角值范围是 $0°\sim\pm90°$。

在同一竖直面内，视线与铅垂线的天顶方向之间的夹角称为天顶角，也叫天顶距，用 Z 表示，角值范围是 $0°\sim180°$；如图 3-2 中，视线 OA 的天顶角为 $82°19'$。

2. 竖直角测量原理

如图 3-2 所示，假设在过 O 点的铅垂面内，安置一个具有刻度分划的垂直圆盘，并使它的中心过 O 点，该盘称为竖直度盘；通过瞄准设备和读数装置可分别获得目标视线的读数和水平视线的读数，则竖直角 $\theta=$ 目标

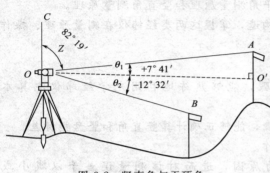

图 3-2 竖直角与天顶角

视线读数－水平视线读数。

与水平角一样，竖直角的角值也是度盘上两个方向的读数之差，但不同之处在于这两个方向必有一个是水平方向；经纬仪在设计及生产时，能够提供这一固定方向，即视线水平时，竖盘读数为 90°的整倍数。竖直角测量用于将倾斜距离转化为水平距离或确定两点间的高差；在竖直角测量时，只需读取目标点一个方向值，即可求算出竖直角。值得注意的是，在过 O 点的铅垂线上不同的位置安置竖直度盘时，各个位置观测所得到的竖直角是不同的。

由角度测量的原理可知，用于观测角度的仪器应具备带有刻度的水平度盘、竖直度盘以及照准装置、读数设备等，并要求照准装置能够瞄准高低不同、左右不一的目标点，能形成一个竖直面，且该竖直面还能绕铅垂线 O_1O_2（如图 3-1）在水平方向上旋转。经纬仪则是根据这些要求而制成的一种测量角度的仪器，它可测量水平角和竖直角，也可间接测量水平距离和高差。

第二节　光学经纬仪及其使用

光学经纬仪的主要特点是采用玻璃度盘和光学测微装置，故有读数准确和使用方便等优点。其种类按精度可分为 DJ_{07}、DJ_1、DJ_2、DJ_6 和 DJ_{15} 等若干级别，其中 D、J 分别为"大地测量"和"经纬仪"的汉语拼音的第一个字母，下标数字表示仪器的精度，即一测回水平方向中误差的秒数。下面主要介绍在园林工程测量和地形测量中最为常用的 DJ_6 光学经纬仪。

一、DJ_6 光学经纬仪的基本构造

图 3-3 为 DJ_6 型光学经纬仪的外观，它在样式上具有代表性；DJ_6 型光学经纬仪由照准部、水平度盘和基座三大部分组成，如图 3-4 所示。

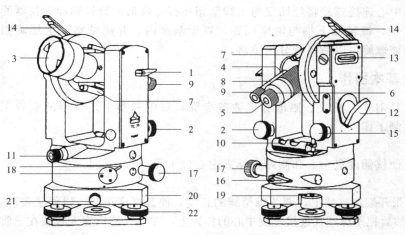
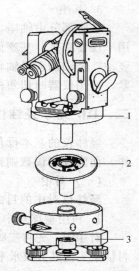

图 3-3 DJ₆ 型光学经纬仪

1—望远镜制动螺旋（扳钮）；2—望远镜微动螺旋；3—物镜；4—物镜调焦螺旋；5—目镜；
6—目镜调焦螺旋；7—光学瞄准器；8—度盘读数显微镜；9—度盘读数显微镜调焦螺旋；
10—照准部管水准器；11—光学对中器；12—度盘照明反光镜；13—竖盘指标管水准器；
14—竖盘指标管水准器观察反射镜；15—竖盘指标管水准器微动螺旋；16—水平方向
制动螺旋（扳钮）；17—水平方向微动螺旋；18—水平度盘变换螺旋与保护卡；
19—基座圆水准器；20—基座；21—轴套固定螺旋；22—脚螺旋

图 3-4 DJ₆ 型光学经纬仪分解图

1—照准部；2—水平度盘；3—基座

1. 照准部

照准部主要由望远镜、支架、旋转轴、水平制动及微动螺旋、竖直制动及微动螺旋等组成。利用望远镜和水平、竖直制动及微动螺旋，可以精确瞄准目标。

望远镜是照准部的主要部件，其构造与水准仪的望远镜基本相同，但为了便于瞄准，经纬仪的十字丝分划板和水准仪稍有一些区别。经纬仪的望远镜与横轴固连在一起，安置于支架上，它可绕仪器横轴在竖直面内作仰俯转动，并由竖直制动螺旋（扳钮）和竖直微动螺旋控制，其视准轴所扫过的面为竖直面。另外，为了扩大瞄准的视野及方便瞄准，在望远镜上还设有准星、缺口等，用以粗略瞄准。

仪器的竖轴处于管状竖轴轴套内，可使整个照准部绕仪器竖轴作水平旋转，仪器上设有水平制动螺旋（扳钮）和水平微动螺旋，用来控制水平方向的转动。

2. 水平度盘

水平度盘是由光学玻璃制成的圆盘，其边缘全圆周按顺时针方向刻有 0°～360°的分划，度盘最小分划值为 30′，用于测量水平角。水平度盘与一金属的空心轴套结合，套在竖轴轴套的外面，并可自由转动。水平度盘的下方有一个固定在水平度盘旋转轴上的金属复测盘。复测盘配合仪器外壳上的复测扳钮，可使水平度盘与照准部结合或分离；扳下复测扳钮，复测装置的簧片便夹住复测盘，使水平度盘与照准部结合在一起，仪器处于非工作状态，当旋转仪器时，水平度盘也随之转动，读数不变；扳上复测扳钮，其簧片便与复测盘分开，水平度盘也和照准部脱离，当仪器旋转时，水平度盘则静止不动，此时仪器处于工作状态。带复测装置的经纬仪有时也称复测经纬仪。

有的经纬仪没有复测装置，而是设置一个水平度盘变位手轮，在水平角测量过程中，如需要改变度盘位置，可转动该手轮，水平度盘即随之转动。为了避免观测过程中不慎碰到度盘变位手轮，特设置一个护盖，待调好度盘后应及时将其盖住。这种经纬仪也称方向经纬仪。

3. 基座

基座部分由轴座、轴座固定螺旋、脚螺旋、底板和三角压板等组成。其中，三个脚螺旋用于仪器整平；基座借助中心连接螺旋将经纬仪与三脚架相连接。仪器的旋转轴即为仪器的竖轴，竖轴插入竖轴轴套中，该轴套下端与轴座固连，置于基座内，并用轴座固定螺旋固紧，使用仪器时切勿松动该螺旋，以防仪器分离坠落。

二、DJ$_6$光学经纬仪的基本操作

经纬仪的基本操作包括对中、整平、瞄准和读数等步骤，对中和整平是仪器的安置工作，而瞄准和读数则是观测工作。

（一）对中

经纬仪对中的目的是使仪器度盘中心和测站点标志中心位于同一铅垂线上。

1. 利用垂球对中

对中时，先将三脚架张开架在测站上，调节脚架腿的长度，使其高度适宜，以便于观测，目估架头使其大致水平；然后把垂球挂在连接螺旋中心的挂钩上，并把连接螺旋大致放在三脚架头的中心，进行初步对中。如果偏离较大，可平移三脚架，使垂球尖粗略对准测站点的中心，随后将三脚架的脚尖踩入土中，此时，仍要保持架头的大致水平。从仪器箱中取出经纬仪放于三脚架架头上，左手扶住仪器支架，右手旋紧中心连接螺旋。待垂球停止摆动后，如其尖端与测站点间有较小的偏离，可稍旋松连接螺旋，两手扶住仪器基座，在架头上移动仪器，使垂球尖准确地对准测站点中心，最后再将连接螺旋旋紧。用垂球对中的误差应小于3mm。

2. 利用光学对中器对中

有的经纬仪装有光学对中器，对中时，使三脚架架头大致水平并目估初步对中；转动光学对中器目镜螺旋，使地面测站点的影像清晰；旋转脚螺旋，使测站点的影像位于对中器的圆圈中心；伸缩三脚架使圆水准气泡居中，再旋转脚螺旋使水准管气泡精确居中；检查测站点是否位于圆圈中心，若相差很小，可稍旋松连接螺旋，在架头上移动仪器，使其精确对中。用光学对中器对中的精度为1mm。

（二）整平

经纬仪整平的目的是使仪器的竖轴铅垂，从而使水平度盘和横轴处于水平位置，竖直度盘位于铅垂面内。整平时，先松开水平制动螺旋或扳钮，转动仪器，使水准管大致平行于任意两个脚螺旋，如图3-5（a）所示；根据气泡移动方向与左手大拇指移动方向相一致的原则，两手同时向内（或向外）转动A、B两个脚螺旋，使气泡居中；然后将仪器旋转90°，如图3-5（b）所示，再旋转第三个脚螺旋C，使气泡居中。按此方法反复操作几次，直至水准管在任何部位，气泡偏离中央不超过一格为止。

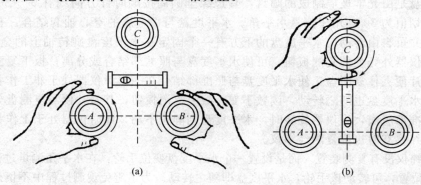

图3-5　整平

用光学对中器对中时，因对中与整平会互相影响，应反复进行，直至两者都满足要求为止。

（三）瞄准

松开水平制动螺旋和望远镜制动螺旋，将望远镜朝向明亮的背景（如白墙、天空等），转动目镜螺旋，使十字丝清晰；旋转仪器，通过望远镜上的照门和准星粗略对准目标，拧紧水平及望远镜制动螺旋；转动物镜对光螺旋，使目标成像清晰，并消除视差；转动水平微动螺旋和望远镜微动螺旋，使十字丝精确对准目标。

测量水平角时，应尽量瞄准目标的基部，且每次都应照准目标的同一部位；当目标宽于十字丝双丝距时，宜用单丝平分，如图3-6（a）所示；当目标窄于双丝距时，宜用双丝夹住，如图3-6（b）所示。观测竖直角时，一般用十字丝横丝的中心部分与目标点上标尺的顶部相切，如图3-6（c）所示。

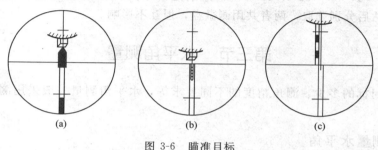

图3-6 瞄准目标

（四）读数

读数前应熟悉仪器的读数装置和读数方法，在读数显微窗内分清水平度盘与竖直度盘。DJ_6光学经纬仪的水平度盘和竖直度盘的分划线通过一系列的棱镜和透镜作用，显示在望远镜旁的读数显微镜内，观测者用读数显微镜可读取读数。由于测微装置的不同，DJ_6光学经纬仪的读数方法可分为下面两种类型。

1. 分微尺测微器及其读数方法

采用分微尺测微器读数装置的光学经纬仪，结构简单、读数方便，且具有一定的读数精度。它通过一系列的棱镜和透镜作用，在读数显微镜内，可以看到水平度盘和竖直度盘的分划以及相应的分微尺像，如图3-7所示。度盘最小分划值为$1°$，分微尺上把度盘为$1°$的弧长分为60格，所以分微尺上最小分划值为$1'$（每$10'$作一注记），可估读至$0.1'$（即$6''$）。

读数时，打开并转动反光镜，使读数窗内亮度适中。调节读数显微镜目镜，使度盘和分微尺分划线清晰，然后，"度"可从分微尺中的度盘分划线上的注字直接读得，"分"则用度盘分划线作为指标，在分微尺中直接读出，并估读到$0.1'$，两者相加，即得度盘读数。

如图3-7所示，水平度盘的读数为$214°+54'48''=214°54'48''$；竖盘读数为$79°+05'30''=79°05'30''$。

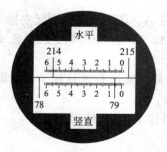

图3-7 分微尺测微器读数窗视场

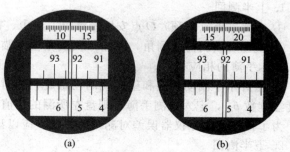

图3-8 单平板玻璃测微器读数窗视场

2. 单平板玻璃测微器及其读数方法

如图3-8所示为单平板玻璃测微器的读数窗视场，读数窗内可以清晰地看到测微盘（上）、竖直度盘（中）和水平度盘（下）的分划像。度盘为整度注记，每度分为两格，最小分划值为30′；测微盘把度盘上30′弧长分为30大格，一大格为1′（每5′作一注记），每一大格又分为三个小格，每小格20″，不足20″的部分可估读，一般可估读到1/4小格（即5″）。

读数时，打开并转动反光镜，调节读数显微镜的目镜，然后转动测微轮，使一条度盘分划线精确地平分双线指标，则该分划线的读数即为读数的整度数部分，不足30′的小数再从测微盘上读出，并估读到5″，两者相加，即得度盘读数。

如图3-8（a）所示，水平度盘读数为$5°30′+11′55″=5°41′55″$；在图3-8（b）中，竖直度盘读数为$92°+17′45″=92°17′45″$。应注意的是，每次水平度盘读数和竖直度盘读数都应调节测微轮，然后分别读取，两者共用测微盘，但互不影响。

第三节 水平角测量

根据观测目标的多少、测角精度的不同要求等，水平角测量一般采用测回法和方向观测法。

一、测回法测量水平角

竖直度盘在望远镜视准方向的左侧，称为盘左，也称正镜；竖直度盘在视准方向的右侧则称盘右，也叫倒镜。测回法多用于观测只有两个方向的单个水平角。

如图3-9所示，A、O、B分别为地面上的三个点，欲测出OA与OB两方向间的水平角β，可按下列步骤进行观测。

图3-9 测回法测量水平角

1. 上半测回

① 在测站点（角顶）O点安置经纬仪，对中、整平，并在A、B两点上分别竖立标杆。

② 观测者面向待观测角，以经纬仪盘左位置瞄准左边目标A，读取水平度盘读数$a_左$，记入观测手簿的相应栏内。

③ 松开水平制动螺旋和望远镜制动螺旋，顺时针转动仪器，瞄准右边目标B，读取水平度盘读数$b_左$，记入观测手簿；则盘左所测的角值为$\beta_左=b_左-a_左$。

为了检核及消除仪器误差对测角的影响，应以盘右位置再作下半个测回的观测。

2. 下半测回

松开水平制动螺旋和望远镜制动螺旋，纵转望远镜成盘右位置，首先瞄准右边目标B，

得水平度盘读数 $b_右$，记入手簿；然后，逆时针方向转动仪器，瞄准左边目标 A，得水平度盘读数 $a_右$，同样记入手簿；此过程完成了下半测回，盘右时水平角值为 $\beta_右 = b_右 - a_右$。

上、下半测回合称为一个测回。计算角值时，均用右边目标读数 b 减去左边目标读数 a，若不够减时，应加上 $360°$ 再减。用 DJ_6 光学经纬仪测量水平角时，上、下两个半测回所测角值之差 f_β 不超过 $±40″$ 时，则取盘左、盘右两次角值的平均值作为一测回的测角结果。即

$$\beta = \frac{\beta_左 + \beta_右}{2} \tag{3-1}$$

若两个半测回的不符值超过 $±40″$ 时，则该水平角应重新观测。在园林工程中，当测角精度要求较高时，需要观测 n 个测回，为了减小度盘刻划不均匀的误差，第一测回应将起始目标的读数调至 $0°00′00″$ 附近，其他各测回间应按 $\frac{180°}{n}$ 的差值变换度盘起始位置。

用 DJ_6 光学经纬仪观测时，各测回角值之差不得超过 $±24″$，然后再取各测回平均值作为最后成果。

【例 3-1】 如图 3-9 所示，使用 DJ_6 光学经纬仪测量水平角，其观测数据已记录于表 3-1，试求算水平角 β 的大小。

解：根据表 3-1 的观测数据，在第一个测回中，

$$\beta_左 = b_左 - a_左 = 147°12′30″ - 0°01′12″ = 147°11′18″$$
$$\beta_右 = b_右 - a_右 = 327°12′54″ - 180°01′48″ = 147°11′06″$$

因 $\beta_左 - \beta_右 = 147°11′18″ - 147°11′06″ = +12″ < +40″$，故由公式（3-1）可得

$$\beta_1 = \frac{147°11′18″ + 147°11′06″}{2} = 147°11′12″$$

同理，可计算出第二个测回中 $\beta_2 = 147°11′06″$

又因 $\beta_1 - \beta_2 = 147°11′12″ - 147°11′06″ = +6″ < +24″$，则

$$\beta = \frac{\beta_1 + \beta_2}{2} = 147°11′09″$$

采用测回法测量水平角时，其观测数据的记录、计算格式见表 3-1 所示。

表 3-1　水平角（测回法）测量手簿

仪器型号_____　观测者_____　记录者_____　日期_____

测站	目标	竖盘位置	水平度盘读数	半测回角值	一测回角值	各测回平均值	备注
1	2	3	4	5	6	7	8
O	A	左	0°01′12″	147°11′18″	147°11′12″	147°11′09″	
	B		147°12′30″				
	A	右	180°01′48″	147°11′06″			
	B		327°12′54″				
O	A	左	90°02′36″	147°11′06″	147°11′06″		
	B		237°13′42″				
	A	右	270°02′24″	147°11′06″			
	B		57°13′30″				

二、方向观测法测量水平角

若在一个测站上需要观测三个及三个以上方向，即需观测多个角度时，可采用方向观测法。该方法是以某个方向为起始方向，依次观测其余各个目标相对于起始方向的方向值，则每一水平角就是组成该角的两个方向值之差。

如图 3-10 所示，O 为测站点，A、B、C、D 为四个观测目标点，欲测定 O 到各目标方向之间的水平角，其观测步骤如下。

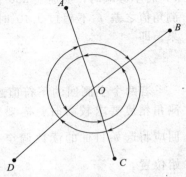

图 3-10 方向观测法测量水平角

（一）测站观测

① 将经纬仪安置于测站点 O 上，对中、整平后，选择一通视良好、成像清晰的目标 A 作为起始方向（又称零方向），用盘左位置瞄准 A，并将水平度盘读数调至略大于 $0°$ 读数的 a_1 处，如 $0°01'00''$ 位置；松开水平制动螺旋，顺时针方向转动仪器，依次照准目标 B、C、D 各点，分别读取水平盘读数，如分别为 b_1、c_1、d_1；继续顺时针旋转仪器，再次瞄准起始方向 A 并读数，如读数为 a'_1，这一步称为归零。

以上完成了上半测回，将所观测的数据记入观测手簿的相应栏目内。归零的目的是检查在观测的过程中，水平度盘是否发生变动。两次瞄准零方向的读数之差，称为半测回归零差，DJ_6 光学经纬仪的该项限差为 $\pm18''$，如归零差超限，此半测回应重测。

② 纵转望远镜成盘右位置，瞄准起始方向目标 A，读取水平度盘读数 a_2；然后逆时针方向旋转仪器，依次观测 D、C、B 各方向，最后回到 A 点方向，并依次读数为 b_2、c_2、d_2、a'_2，记入观测手簿。此观测完成了下半测回，其半测回归零差不应超过限差规定。

以上完成了一测回的观测，当精度要求较高时，可观测 n 个测回，每测回也要按 $\dfrac{180°}{n}$ 的差值变换度盘的起始位置。

（二）数据计算

1. 半测回归零差的计算

对上半测回和下半测回归零差的计算，即计算 $a_1-a'_1$ 和 $a_2-a'_2$；DJ_6 经纬仪半测回归零差的限差为 $\pm18''$，如发现其超限，应立即检查原因，并及时进行重测。

2. $2C$ 值的计算

在一个测回中，$2C$＝盘左读数－（盘右读数$\pm180°$），也称为两倍照准误差。对于 DJ_6 光学经纬仪，$2C$ 值仅作为参考，不作限差规定。如果在同一测回内其变动范围不大，说明仪器是稳定的，不需要校正，取盘左、盘右读数的平均值即可消除视准轴误差的影响。

3. 同测回各方向平均读数的计算

计算时，以盘左读数为准，将盘右读数加上或减去 $180°$ 后再和盘左读数取平均，即

$$同一方向的平均读数=\dfrac{盘左读数＋(盘右读数\pm180°)}{2}$$

起始方向有两个平均读数，应再取其平均值，然后填入观测手簿中同一栏的括号内。

4. 一测回归零方向值的计算

将包括起始方向在内的各个方向的平均读数减去起始方向的平均读数，即得各个方向的

归零方向值，显然，起始方向归零后的值为0°00′00″。

5. 各测回平均方向值的计算

每一测回各个方向都有一个归零方向值，对DJ₆光学经纬仪来讲，当各测回同一方向的归零方向值之差在±24″以内时，则可取其平均值作为该方向的最后结果。

6. 水平角值的计算

将两方向中的右方向值减去左方向值即为该两方向的水平夹角。

【例3-2】如图3-10所示，使用DJ₆光学经纬仪并采用方向观测法测量水平角，观测数据已记录于表3-2中，试求算OA与OB方向之间、OB与OC方向之间、OC与OD方向之间以及OD与OA方向之间的水平角各为多少？

解：经对观测数据的计算、整理，待求水平角值分别为

$$\angle AOB = 72°21′23″ - 0°00′00″ = 72°21′23″$$
$$\angle BOC = 184°34′38″ - 72°21′23″ = 112°13′15″$$
$$\angle COD = 246°45′26″ - 184°34′38″ = 62°10′48″$$
$$\angle DOA = (0°00′00″ - 246°45′26″) + 360° = 113°14′34″$$

以上水平角值的计算过程及其格式见表3-2所示。

表 3-2 水平角（方向观测法）测量手簿

仪器型号_____ 观测者_____ 记录者_____ 日期_____

测站	测回数	目标	水平度盘读数 盘左	水平度盘读数 盘右	2C	平均读数	一测回归零方向值	各测回归零方向值的平均数
1	2	3	4	5	6	7	8	9
O	1	A	0°01′00″	180°01′12″	−12″	(0°01′09″) 0°01′06″	0°00′00″	0°00′00″
		B	72°22′36″	252°22′48″	−12″	72°22′42″	72°21′33″	72°21′23″
		C	184°35′48″	4°35′54″	−6″	184°35′51″	184°34′42″	184°34′38″
		D	246°46′24″	66°46′24″	0″	246°46′24″	246°45′15″	246°45′26″
		A	0°01′06″	180°01′18″	−12″	0°01′12″	0°00′00″	0°00′00″
O	2	A	90°01′00″	270°01′06″	−6″	(90°01′09″) 90°01′03″	0°00′00″	
		B	162°22′24″	342°22′18″	+6″	162°22′21″	72°21′12″	
		C	274°35′48″	94°35′36″	+12″	274°35′42″	184°34′33″	
		D	336°46′42″	156°46′48″	−6″	336°46′45″	246°45′36″	
		A	90°01′12″	270°01′18″	−6″	90°01′15″	0°00′00″	

第四节　竖直角测量

一、竖直度盘的构造

DJ₆光学经纬仪的竖直度盘简称竖盘，其构造主要包括竖盘、竖盘指标、竖盘指标水准

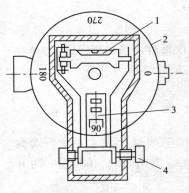

图 3-11 DJ₆型光学经纬仪
竖盘构造
1—竖盘指标水准管；2—竖盘；
3—竖盘指标；4—竖盘指标
水准管微动螺旋

管和竖盘指标水准管微动螺旋，如图 3-11 所示。竖盘固定在横轴的一端上，且垂直于望远镜横轴，与望远镜固定连接同步一起转动；在竖直度盘中心的下方装有反映读数指标线的棱镜，它与竖盘指标水准管连接在一个微动架上，通过微动架使指标水准器与读数指标绕横轴一起微动，竖盘读数指标不随望远镜转动，只能通过转动竖盘指标水准管微动螺旋，才能使竖盘读数指标在竖直面内作微小移动。当竖盘指标水准管气泡居中时，棱镜反映的读数指标线应处于竖直位置，即处在正确位置。一个校正好的竖盘，当望远镜视准轴水平、指标水准管气泡居中时，读数窗上指标所指的读数应是 90°或 90°的整倍数。

竖盘的刻划注记形式很多，常见的光学经纬仪竖盘都为全圆式刻划，可分为顺时针和逆时针两类注记，盘左位置视线水平时，竖盘读数均为 90°，如图 3-12 所示。多数 DJ₆ 光学经纬仪采用的是顺时针注记的竖盘，如图 3-12（a）所示，也有一些仪器采用图 3-12（b）所示的注记形式。

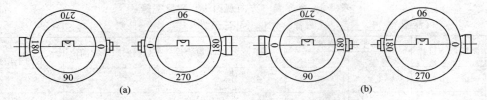

图 3-12 竖盘注记的形式

二、竖直角的测量

1. 竖直角的观测方法

竖直角的观测主要用于地面上两点间斜距改算成水平距、三角高程测量以及视距测量等方面。若要测量地面上一点 O 到另一点 A 方向的竖直角，其观测方法如下所述。

① 在测站点 O 上安置经纬仪，对中、整平后量取仪器高，简称仪高，即望远镜旋转轴的中心到地面点的垂直距离。

② 以盘左位置瞄准目标点 A 上的标尺，使十字丝中丝准确对准等仪高处或任意切于标尺某一位置，转动竖盘指标水准管微动螺旋，使其气泡居中，读取竖盘读数为 L，并记入记录表中。

③ 纵转望远镜，以盘右位置瞄准目标点 A 上的标尺，用十字丝中丝切标尺于盘左时的同一位置，转动竖盘指标水准管微动螺旋，使其气泡居中，读取竖盘读数为 R，也记入记录表中。

2. 竖直角的计算

因竖盘的注记形式不同，由竖盘读数计算竖直角的公式也不一样，但其计算的规律是相同的，竖直角都是倾斜方向的竖盘读数与水平方向读的竖盘数之差，即

当望远镜上倾竖盘读数减小时，竖角＝（视线水平时的读数）－（瞄准目标时的读数）

当望远镜上倾竖盘读数增加时，则竖角＝（瞄准目标时的读数）－（视线水平时的读数）

图 3-13 所示为 DJ$_6$ 光学经纬仪最常见的竖盘注记形式，由图可知，在盘左位置、视线水平时的读数为 90°，当望远镜上倾时读数减小；在盘右位置、视线水平时的读数为 270°，当望远镜上倾时读数增加。若以"L"表示盘左位置瞄准目标时的读数，"R"表示盘右位置瞄准目标时的读数，则竖直角的计算公式为

$$\theta_L = 90° - L \qquad (3\text{-}2)$$
$$\theta_R = R - 270° \qquad (3\text{-}3)$$

对于同一目标，由于观测中存在误差，盘左、盘右所测得的竖直角 θ_L 和 θ_R 不完全相等，此时，取盘左、盘右的竖直角平均值作为观测结果，即

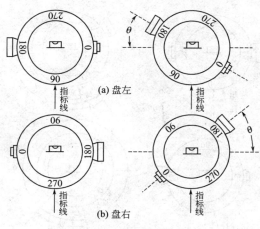

图 3-13 竖直角计算示意图

$$\theta = \frac{\theta_L + \theta_R}{2} = \frac{R - L}{2} - 90° \qquad (3\text{-}4)$$

【例 3-3】如图 3-13 所示，使用 DJ$_6$ 光学经纬仪测量竖直角，观测数据已记录于表 3-3 中，试求算 OA 与水平方向之间、OB 与水平方向之间的竖直角各为多少？

解：由表 3-3 的记录，根据盘左时竖盘注记形式和公式（3-2）、公式（3-3），OA 与水平方向之间的竖直角为

$$\theta_L = 90° - L = 90° - 83°20'42'' = 6°39'18''$$
$$\theta_R = R - 270° = 276°39'48'' - 270° = 6°39'48''$$

再由公式（3-4）可得

$$\theta = \frac{\theta_L + \theta_R}{2} = \frac{6°39'18'' + 6°39'48''}{2} = 6°39'33''$$

同理，可计算出 OB 与水平方向之间的竖直角为 $-3°05'18''$。

竖直角的计算过程及其格式见表 3-3 所示。

表 3-3 竖直角测量手簿

仪器型号_____ 观测者_____ 记录者_____ 日期_____

测站	目标	竖盘位置	竖盘读数	半测回竖直角	指标差	一测回竖直角	备 注
1	2	3	4	5	6	7	8
O	A	左	83°20'42''	6°39'18''	+15''	+6°39'33''	盘左时竖盘注记
		右	276°39'48''	6°39'48''			
	B	左	93°05'30''	−3°05'30''	+12''	−3°05'18''	
		右	266°54'54''	−3°05'06''			

三、竖盘指标差

当望远镜的视线水平，竖盘指标水准管气泡居中时，竖盘指标应处于正确位置，其所指的读数为 90°或 270°，然而，读数指标往往偏离正确位置，使读数与正确读数出现一个差值

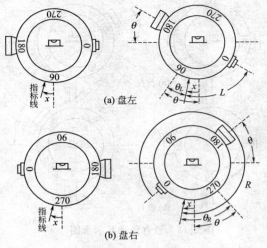

图 3-14 竖盘指标差

即称为竖盘指标差，以 x 表示，如图 3-14 所示。它是由于竖盘指标水准管与竖盘读数指标的关系不正确等因素而引起的。

竖盘指标差有正、负之分，当指标偏移方向与竖盘注记方向一致时，会使竖盘读数中增大一个 x 值，即 x 为正；反之，当指标偏移方向与竖盘注记方向相反时，则使竖盘读数中减小了一个 x 值，故 x 为负。

图 3-14 中，指标偏移方向和竖盘注记方向一致，x 为正值，那么在盘左和盘右读数中都将增大一个 x 值。因此，若用盘左读数计算正确的竖直角 θ，则

$$\theta = (90° + x) - L = \theta_L + x \quad (a)$$

若用盘右读数计算竖直角时，应为

$$\theta = R - (270° + x) = \theta_R - x \quad (b)$$

由 (a) + (b) 得

$$\theta = \frac{\theta_L + \theta_R}{2} = \frac{R - L}{2} - 90°$$

该式与公式 (3-4) 完全相同，说明利用盘左、盘右两次读数求算竖直角，可以消除竖盘指标差对竖直角测量的影响。

由 (b)、(a) 可得

$$x = \frac{\theta_R - \theta_L}{2} = \frac{R + L}{2} - 180° \tag{3-5}$$

【例 3-4】由表 3-3 中的观测数据和公式 (3-5)，求算 OA、OB 方向的竖盘指标差分别为多少？

解：$x_A = \dfrac{R_A + L_A}{2} - 180° = \dfrac{83°20'42'' + 276°39'48''}{2} - 180° = +15''$

$x_B = \dfrac{R_B + L_B}{2} - 180° = \dfrac{93°05'30'' + 266°54'54''}{2} - 180° = +12''$

在测量竖直角时，虽然利用盘左、盘右两次观测能消除竖盘指标差的影响，但求出指标差的大小可以检查观测成果的质量。一般同一仪器在同一测站上观测不同的目标时，在某段时间内其指标差应为固定值，但由于观测误差、仪器误差和外界条件的影响，使实际测定的指标差数值总是在不断变化，对于 DJ_6 光学经纬仪来讲，该变化不应超出 ±25″。在园林工程测量中，若允许半测回测定竖直角，可先测定指标差，然后再由盘左或盘右半测回观测即可。

第五节　角度测量的误差分析

一、角度测量的误差

正如水准测量误差产生的原因，角度测量的误差也来源于仪器误差、人为操作误差以及外界条件的影响等几个方面。由于竖直角主要用于三角高程测量和视距测量，在测量竖直角

时，只要严格按照操作规程作业，采用盘左、盘右两次观测消除竖盘指标差对竖角的影响，测得的竖直角值即能满足对高程和水平距离的求算。因此，下面只分析水平角的测量误差。

（一）仪器误差

仪器误差包括两个方面：一是由于仪器制造加工不完善所引起的误差，如度盘偏心、度盘刻划不均匀、水平度盘和竖轴不垂直等；另一方面为仪器校正不完善所引起的残余误差，如竖轴与水准管轴不完全垂直、视准轴不垂直于横轴以及横轴不垂直于竖轴等。这些误差中，有的可以采用适当的测量方法加以削弱或消除。例如，用盘左、盘右两个位置观测，每次照准目标的同一高度，并取平均值作为结果，可以抵消视准轴误差、横轴误差及度盘偏心等误差在水平方向上的影响；度盘刻划不均匀的误差，可通过增加测回数，并改变各测回度盘起始位置，最后取平均值的办法削弱其影响；对于竖轴倾斜误差，在观测过程中则要特别注意仪器的整平。

（二）人为操作误差

1. 仪器对中误差

仪器对中不准确，使仪器中心偏离测站中心，其位移叫偏心距，偏心距将使所测水平角产生误差。经研究可知，对中引起的水平角观测误差，与偏心距成正比，与测站到观测点的距离成反比，并与所观测水平角的大小有关。因此，在观测短边之间的水平角或水平角接近180°时，要特别注意精确对中。

2. 整平误差

若仪器未能精确整平或在观测过程中气泡不再居中，竖轴就会偏离铅垂位置，即竖轴倾斜。这项误差类似于度盘或横轴不水平所引起的角度误差，且无法通过改变观测方法来消除，尤其在山区或视线倾斜较大时，其误差对水平角的影响更大。因此，在测量过程中要密切注意水准管气泡的变化，如果气泡偏离中心位置一格以上，应重新整平和观测。

3. 瞄准误差

影响瞄准的主要因素有望远镜的放大率、物镜调焦误差、人眼的判别能力、瞄准目标的形状和清晰度等，其中与望远镜放大率的关系最大。经计算，DJ_6光学经纬仪的瞄准误差为$±2''～±2.4''$，观测时应注意消除视差。

4. 读数误差

读数误差主要为估读误差，它取决于仪器的读数装置、观测者的技能水平等。对于采用分微尺测微器读数系统的DJ_6光学经纬仪，其最小分划值为$1'$，估读误差为$0.1'$。

5. 标杆倾斜的误差

观测点上一般都是竖立标杆，当标杆倾斜而又瞄准其顶部时，则瞄准点偏离地面点位而产生偏心差。经分析，标杆越长，瞄准点越高，则产生的方向值误差越大；边长短时误差的影响更大。因此，观测时，标杆要准确而竖直地立于测点上，并在照准时尽可能瞄准其底部，以减小标杆的倾斜误差。

（三）外界条件的影响

影响角度测量的外界因素很多，如地面辐射热会影响大气稳定而引起物像的跳动；大风、松土会影响仪器的稳固；日光的不均匀照晒会影响仪器的整平等等。因此，要选择有利的观测时间和条件，使一些不利因素的影响降低到最小的程度，以提高观测成果的精度。

二、角度测量的注意事项

DJ_6光学经纬仪属于精密的测量仪器，在使用过程中，应按有关要求正确操作。观测时必须注意，仪器安置的高度要合适，三脚架要踏实，仪器与脚架连接要牢固；对中、整平要准确，测角精度要求越高或边长越短时，对中越要严格；如观测的目标之间高差较大时，更应注意仪器的整平；在观测过程中，不要手扶或碰动三脚架，如在同一测回内发现照准部水准管气泡偏离居中位置，不允许再调整水准管居中；若气泡偏离中央超过一格时，则必须再次整平仪器，重新观测；观测水平角时，同一个测回里不要转动度盘变位手轮或扳动水平度盘复测扳钮；观测竖直角时，每次读数之前，必须使竖盘指标水准管气泡居中；注意区分水平度盘和竖直度盘读数，读数要准确，记录要清楚，并当场计算，若误差超限应查明原因及时重测。

第六节 光学经纬仪的检验与校正

一、光学经纬仪应满足的几何条件

光学经纬仪的主要轴线如图 3-15 所示：VV 为竖轴，HH 为横轴，LL 为水准管轴，CC 为视准轴。在角度测量时，水准管轴应垂直于仪器竖轴（$LL \perp VV$）、望远镜十字丝纵丝应垂直于仪器横轴 HH、视准轴应垂直于仪器横轴（$CC \perp HH$）、仪器横轴应垂直于仪器竖轴（$HH \perp VV$）、竖盘指标差应等于零。

上述条件满足后，当经纬仪水准器的气泡居中时，水准管轴处于水平状态，仪器竖轴处于铅直状态，水平度盘应水平；同时，仪器横轴处于水平状态，望远镜上、下转动时，视准轴形成一个铅垂面；当视准轴水平和竖盘指标水准管气泡居中时，竖盘的读数应为 90°或 90°的倍数；此时，经纬仪具备观测水平角和竖直角的条件。

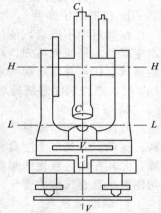

图 3-15 经纬仪的主要轴线

二、光学经纬仪的检验与校正

光学经纬仪检验与校正的项目较多，但通常只进行主要轴线间几何关系的检校。现仅介绍 DJ_6 光学经纬仪的检验和校正方法。

（一）水准管轴垂直于仪器竖轴的检验与校正

若水准管轴垂直于仪器竖轴，当经纬仪水准管气泡居中时，水准管轴便处于水平状态，仪器竖轴也处于铅直状态。

1. 检验方法

首先将仪器大致整平，然后松开水平制动螺旋，转动仪器，使其水准管与任意一对脚螺旋的连线方向平行，如图 3-16（a）中 $ab // AB$，调节脚螺旋 A 和 B，使水准管气泡居中；再转动仪器，使水准管 $ab // AC$（此时 a 端与 A 在同一侧），旋转脚螺旋 C（切记不能转动 A），使气泡居中，如图 3-16（b）所示，这时 B 和 C 两个脚螺旋已经等高；然后再转动仪器，使水准管 $ab // CB$，如图 3-16（c）所示，此时若水准管气泡仍然居中，表明条件满足；如果偏离零点位置一格以上，则应进行校正。

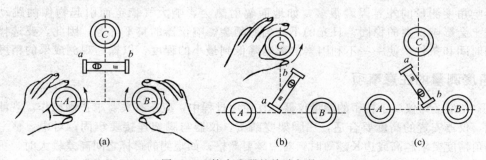

图 3-16 管水准器的检验与校正

2. 校正方法

校正时，用校正拨针拨动水准管校正螺丝，使其气泡精确居中即可。由于图 3-16 中 (a)、(b) 两步连续操作后，B、C 脚螺旋已经等高，因此，在校正时应注意不能再转动它们。

这项校正要反复进行几次，直至仪器转到任何位置，气泡均居中或偏离零点位置不超过半个格为止。对于圆水准器的检验校正，可利用已校正好的水准管整平仪器，此时若圆水准气泡偏离零点位置，则用校正拨针拨动其校正螺丝，使气泡居中即可。

(二) 十字丝纵丝垂直于横轴的检验与校正

若十字丝纵丝垂直于横轴，则仪器整平后，十字丝的纵丝在竖直面内，同时横丝水平。

1. 检验方法

整平仪器，以十字丝的交点精确瞄准远处任一清晰的小点 P，如图 3-17 所示。拧紧水平制动螺旋和望远镜制动螺旋，转动望远镜微动螺旋，使望远镜作上、下微动，如果所瞄准的小点始终不偏离十字丝的纵丝，则说明条件满足；若十字丝交点移动的轨迹明显地偏离了 P 点，如图 3-17 中的虚线，则需进行校正。

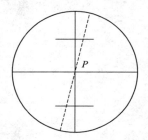

图 3-17 十字丝的检验

2. 校正方法

卸下目镜处的外罩，便可见到十字丝分划板校正设备。松开四个十字丝分划板套筒压环固定螺钉，转动十字丝套筒，直至望远镜上、下仰俯时十字丝纵丝始终在 P 点上移动为止，然后再将压环固定螺钉旋紧即可。

(三) 视准轴垂直于横轴的检验与校正

视准轴不垂直于横轴所偏离的角度叫照准误差，一般用 C 表示。它是由于十字丝交点位置不正确所引起的。因照准误差的存在，当望远镜绕横轴旋转时，视准轴运行的轨迹不是一个竖直面而是一个圆锥面。此时，当望远镜照准同一竖直面内不同高度的目标时，其水平度盘的读数是不相同的，从而产生测角误差。因此，视准轴必须垂直于横轴。

1. 检验方法

整平仪器后，首先以盘左位置瞄准远处与仪器大致同高的一明显目标点 P，读取水平度盘读数 a_1；然后纵转望远镜，以盘右位置仍瞄准 P 点，并读取水平度盘读数 a_2；如果 a_1 与 a_2 相差 $\pm 180°$，即 $a_1 = a_2 \pm 180°$，则条件满足，否则应进行校正。

2. 校正方法

转动水平微动螺旋，使盘右时水平度盘读数对准正确读数 $a = \frac{1}{2} \times [a_2 + (a_1 \pm 180°)]$，此时十字丝交点已经偏离了 P 点。用校正拨针拨动十字丝环的左右两个校正螺钉，一松一紧使十字丝环水平移动，直至十字丝交点对准 P 点为止。

由以上的检校可知，采用盘左、盘右瞄准同一目标而取读数的平均值，可以抵消视准轴误差的影响。

(四) 横轴垂直于竖轴的检验与校正

若横轴不垂直于竖轴，望远镜视准轴绕横轴旋转时，视准轴移动的轨迹将是一个倾斜面，而不是一个竖直面。这对于观测同一竖直面内不同高度的目标时，将得到不同的水平度盘读数，从而产生测角误差。因此，横轴必须垂直于竖轴。

1. 检验方法

在距离一干净的高墙 20～30m 处安置仪器，以盘左瞄准墙面高处的一固定点 P（视线尽量正对墙面，其仰角应大于30°），固定水平制动螺旋，然后大致置平望远镜，由十字丝交点在墙面上定出一点 A，如图 3-18（a）所示；同样再以盘右瞄准 P 点，放平望远镜，然后按十字丝交点在墙面上定出一点 B，如图 3-18（b）所示。如果 A、B 两点重合，则满足要求，否则需要进行校正。

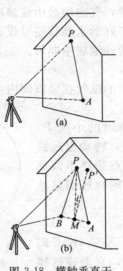

图 3-18 横轴垂直于
竖轴的检验与校正

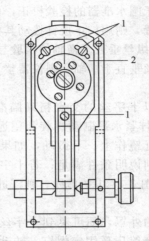

图 3-19 偏心板校正
1—偏心轴承板校正螺钉；
2—偏心轴承板

2. 校正方法

取 AB 的中点 M，并以盘右或盘左位置瞄准 M 点，固定水平制动螺旋，抬高望远镜使其与 P 点同高，此时十字丝交点将偏离 P 点而落到了 P' 点上。图 3-19 所示为 DJ_6 光学经纬仪常见的横轴校正装置，校正时，打开仪器右端支架的护盖，放松三个偏心轴承板校正螺钉，转动偏心轴承板，即可使得横轴的右端升高或降低，直至十字丝交点对准 P 点为止，此时，横轴误差已被消除。

由于光学经纬仪的横轴密封在支架内，一般能够满足横轴与竖轴相垂直的条件，测量人员只要进行此项检验即可。

（五）竖盘指标差的检验与校正

测量竖直角时，采用盘左、盘右观测并取其平均值，可以消除竖盘指标差对竖直角的影响，但在地形测量时，往往只采用盘左位置观测碎部点，如果仪器的竖盘指标差较大，就会影响测量成果的质量。因此，应对其进行检校消除。

1. 检验方法

安置仪器，分别用盘左、盘右位置瞄准高处某一固定目标，在竖盘指标水准管气泡居中后，各自读取竖盘读数 L 和 R。根据公式（3-5）计算竖盘指标差 x 值，若 $x=0$，则条件满足；如 $x>\pm 1'$ 时，应加以校正。

2. 校正方法

检验结束时，保持盘右位置和照准目标点不动，先转动竖盘指标水准管微动螺旋，使盘右竖盘读数对准正确读数 $R-x$，此时竖盘指标水准管气泡将偏离居中位置；然后，用校正拨针拨动竖盘指标水准管校正螺钉，使气泡居中。如此反复进行几次，直至竖盘指标差小于 $\pm 1'$ 为止。

第七节　电子经纬仪及其使用

电子经纬仪是一种运用光电元件实现了测角自动化、数字化的新一代电子测角仪器,其出现标志着经纬仪已经发展到了一个新的阶段。由于它是在光学经纬仪的基础上发展起来的,所以整体结构与光学经纬仪有许多相似之处,现以 ET-02 电子经纬仪为例进行说明。

一、电子经纬仪的基本构造与功能

与光学经纬仪相比,电子经纬仪多了一个机载电池盒、一个测距仪数据接口和一个电子手簿接口,增加了电子显示屏和操作键盘,但去掉了读数显微镜,它的外观构造和部件名称如图 3-20 所示。

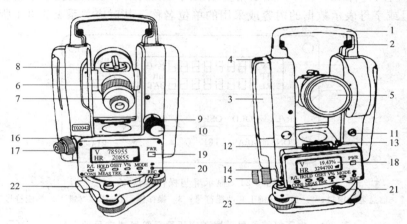

图 3-20　ET-02 电子经纬仪

1—提把；2—提把固定螺钉；3—机载电池盒；4—电池盒按钮；5—望远镜物镜；6—望远镜调焦手轮；7—望远镜目镜；8—粗瞄准器；9—垂直制动手轮；10—垂直微动手轮；11—测距仪数据接口；12—长水准器；13—长水准器校正螺丝；14—水平制动螺旋；15—水平微动螺旋；16—对中器调焦手轮；17—对中器目镜；18—显示屏；19—电源开关；20—操作键盘；21—圆水准器；22—基座锁定钮；23—基座脚螺旋

（一）电池

ET-02 电子经纬仪使用的是 NB-10A、NiMH 高能可充电电池,并配有专用充电器。充电时,先将充电器连接在 220V 电源上,然后从仪器上取下电池盒,将充电器插头插入电池盒的充电插座内；充电器上的指示灯为橙色表示正在充电,充电 6h 或指示灯由橙色转为绿色时表示充电结束,拔出插头即可。

电池充足电后可供仪器使用 8~10h。显示屏右下角的符号"$\overline{\text{BAT}}$"显示电池消耗信息,"$\overline{\text{BAT}}$"和"$\overline{\text{BAT}}$"表示电量充足,可操作使用；"$\overline{\text{BAT}}$"表示尚有少量电源,应准备随时更换电池或充电后再使用。

使用电池时应注意的是,取下电池盒前,应先关闭仪器电源,否则容易损坏仪器；充电结束后应及时将插头从插座中拔出,过度充电会缩短电池寿命；存放电池时,不要放在高温、高热或潮湿的地方,切勿让电池短路；电池不用时,也要将电池每月充电一次。

（二）数据输入输出接口

1. 数据输入接口

即测距仪数据接口,通过 CE-202 系列相应的电缆与测距仪连接,可将测距仪测得的距离值自动显示在电子经纬仪的显示屏上。

2. 数据输出接口

即电子手簿接口,用 CE-202 电缆与电子手簿连接,可将仪器观测的数据输入电子手簿进行纪录。

通过以上两项连接后,电子经纬仪与测距仪及电子手簿就组成了能自动采集数据的多功能全站仪。

(三)显示屏与操作键盘

1. 显示屏

ET-02 电子经纬仪采用线条式液晶显示屏,当常用符号全部显示时,其具体位置如图 3-21 所示。中间两行各 8 个数位,显示角度或距离等观测结果数据或提示字符串,左右两侧所显示的符号或字母表示数据的内容或采用的单位名称,其对应关系见表 3-4 所示。

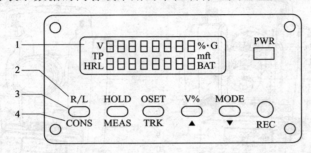

图 3-21 显示屏与操作键盘

1—信息显示窗口;2—第一(键上)功能符号;3—操作键;4—第二(键下)功能符号

表 3-4 电子经纬仪显示屏两侧所显示符号或字母的含义

符号或字母	显示符号或字母所表示的含义	备 注
V	竖直角	其余符号在 ET-02 电子经纬仪中未采用
H	水平角	
%	斜率百分比	
G	角度单位:格(gon),角度单位采用度、密位时该位置无符号显示。	
HR	右旋(顺时针)水平角	
HL	左旋(逆时针)水平角	
m	距离单位:米	
ft	距离单位:英尺	
◢	斜距	
◢	平距	
◢	高差	
▬ ▬ ▬ B A T	电池电量	

2. 操作键盘

ET-02 电子经纬仪共有 6 个操作键和一个电源开关键,每个键具有一键双功能。一般情况下,仪器执行键上方所标示的第一(测角)功能,当按下 MODE 键后再按其余各键则执行按键下方所标示的第二（测距）功能。具体说明见表 3-5 所示。

表 3-5　电子经纬仪操作键和电源开关键的功能

操作键和电源开关键的符号	操作键和电源开关键的功能
R/L / CONS 键	R/L：显示右旋/左旋水平角选择键。连续按此键，两种角值交替显示 CONS：专项特种功能模式键
HOLD / MEAS (◀) 键	HOLD：水平角锁定键。按此键两次，水平角锁定；再按一次则解除 MEAS：测距键。按此键连续精确测距（电子经纬仪无效） (◀)：在特种功能模式中按此键，显示屏中的光标左移
OSET / TRK (▶) 键	OSET：水平角置零键。按此键两次，水平角置零 TRK：跟踪测距键。按此键每秒跟踪测距一次，精度至 0.01m（电子经纬仪无效） (▶)：在特种功能模式中按此键，显示屏中的光标右移
V% / ▲ 键	V%：竖直角和斜率百分比显示转换键。连续按键交替显示。在测距模式状态时，连续按此键则交替显示斜距（◢）、平距（◢）、高差（◢） ▲：增量键。在特种功能模式中按此键，显示屏中的光标可以上下移动或数字向上增加
MODE / ▼ 键	MODE：测角、测距模式转换键。连续按键，仪器交替进入一种模式，分别执行键上或键下标示的功能 ▼：减量键。在特种功能模式中按此键，显示屏中的光标可向下、向上移动或数字向下减少
☀ / REC 键	☀：望远镜十字丝和显示屏照明键，以便于在黑暗的环境中操作使用。按键一次开灯照时，再按则关（若不按键，10s 后自动熄灭） REC：记录键盘。命令电子手簿执行记录
PWR 键	PWR：电源开关键。按键开机，按键时间大于 2s 则关机

二、电子经纬仪的特点

ET-02 电子经纬仪采用电子测角系统，能自动显示测量结果，提高了工作效率，减轻了劳动强度。其结构合理、美观大方、功能齐全、性能可靠、操作简单、易学易用，很容易实现仪器的所有功能。除此之外，它可以与同一公司生产的 ND 系列测距仪和其他厂家生产的 6 种测距仪联机，组成组合式全站仪；还可以与同一公司生产的电子手簿联机，完成野外数据的自动采集，组成多功能全站仪；并可利用 6 个功能键实现任一功能，将测距仪的距离数据显示在电子经纬仪的显示屏上。

三、电子经纬仪的使用

（一）仪器的安置

电子经纬仪的安置包括对中和整平，其方法与光学经纬仪相同。

（二）仪器的初始设置

ET-02 电子经纬仪具有多种功能项目供选择，以适应不同的作业性质对成果的需要。因此，在测量作业之前，均应对仪器采用的功能项目进行初始设置。

1. 设置项目

① 角度测量单位。360°、400gon（出厂设为 360°）。

② 竖直角零方向的位置。水平为 0°或天顶为 0°（出厂设天顶为 0°）。

③ 自动断电关机时间。30min、10min（出厂设为30min）。
④ 角度最小显示单位。1″或5″（出厂设为1″）。
⑤ 竖盘指标零点补偿选择。自动补偿或不补偿（出厂设为自动补偿）。
⑥ 蜂鸣。水平角读数经过0°、90°、180°、270°时蜂鸣或不蜂鸣（出厂设为蜂鸣）。
⑦ 连接的测距仪型号。选择与不同类型的测距仪连接（出厂设为与南方ND3000连接）。

2. 设置方法

① 按住 CONS 键打开电源开关，至蜂鸣三声后松开 CONS 键，仪器进入初始设置模式状态。此时，显示屏的下行会显示闪烁着的8个数位，它们分别表示初始设置的内容。8个数位代表的设置内容见表3-6。

表 3-6　电子经纬仪初始设置的内容

数位	数位代码	显示屏上行显示的表示设置内容的字符代码	设置内容
第1、2数位	11	359°59′59″	角度单位：360°
	01	399.99.99	角度单位：400gon
	10	359°59′59″	角度单位：360°
第3数位	1	$HO_T=0$	竖直角水平为0°
	0	$HO_T=90$	竖直角天顶为0°
第4数位	1	30 OFF	自动关机时间为30min
	0	10 OFF	自动关机时间为10min
第5数位	1	STEP 1	角度最小显示单位1″
	0	STEP 5	角度最小显示单位5″
第6数位	1	TLT. ON	竖盘自动补偿器打开
	0	TLT. OFF	竖盘自动补偿器关闭
第7数位	1	90°BEEP	象限蜂鸣
	0	DIS. BEEP	象限不蜂鸣
		可与之连接的测距仪型号	
第8数位	0	S. 2L 2A	索佳 RED2L(A) 系列
	1	ND3000	南方 ND3000 系列
	2	P. 20	宾得 MD20 系列
	3	DI1600	莱卡系列
	4	S. 2	索佳 MINI2 系列
	5	D3030	常州大地 D3030 系列
	6	TP. A5	拓普康 DM 系列

② 按 MEAS 或 TRK 键使闪烁的光标向左或向右移动到要改变的数字位。

③ 按 ▲ 或 ▼ 键改变数字，该数字所代表的设置内容在显示屏上行以字符代码的形式予以提示。

④ 重复（2）和（3）的操作，进行其他项目的初始设置，直至全部完成。

⑤ 设置完成后按 CONS 键予以确认，仪器返回测量模式。

（三）水平角观测

假设角顶点为 O，左边目标为 A，右边目标为 B；观测水平角 $\angle AOB$ 的操作步骤如下：

① 安置仪器于 O 点，转动照准部，以盘左位置用十字丝中心照准目标 A，先按 R/L 键，设置水平角为右旋（HR）测量方式，再按两次 OSET 键，使目标 A 的水平度盘读数设置为 0°00′00″，作为水平角起算的零方向；顺时针转动照准部，以十字丝中心照准目标 B，

读取水平度盘读数。若显示屏显示为 $\begin{matrix}V91°05'12''\\HR67°20'30''\end{matrix}$，则水平度盘读数为 $67°20'30''$；由于 A 点的读数为 $0°00'00''$，故显示屏显示的读数也就是盘左时 $\angle AOB$ 的角值 $\beta_左$。

② 倒镜，以盘右位置照准目标 B，先按 R/L 键，设置水平角为左旋（HL）测量方式，再按两次 OSET 键，使目标 B 的水平度盘读数设置为 $0°00'00''$；逆时针转动照准部，照准目标 A，读取显示屏上的水平度盘读数，就是盘右时 $\angle AOB$ 的角值 $\beta_右$。

③ 若盘左盘右的角值之差在误差容许范围内，取其平均值作为 $\angle AOB$ 的角值 β。

（四）竖直角观测

竖直角在开始观测前应进行初始设置，若设置水平方向为 $0°$，则盘左时显示屏显示的竖盘读数即为竖直角，如显示屏显示为 $\begin{matrix}V12°30'18''\\HR65°25'36''\end{matrix}$，则视准轴方向的竖直角为 $+12°30'18''$；若设置天顶方向为 $0°$，则显示屏显示的读数为天顶距，可根据竖直角的计算方法改算成竖直角。

初始设置完成后，用电子经纬仪观测竖直角的方法与光学经纬仪相同。开启电源后，若显示屏显示 "b"，则提示仪器的竖轴不垂直；当将仪器精确整平后，"b" 将自行消失。整平仪器后开启电源，若显示 "V 0SET"，则提示应将竖盘指标归零。其方法为：将望远镜在盘左水平方向上下转动 1～2 次，当望远镜通过水平视线时，仪器自动将指示竖盘指标归零，并显示出竖直角值；然后仪器可以进行水平角与竖直角测量。

（五）使用注意事项

在使用电子经纬仪之前，应全面检查仪器的各项指标、功能、电源、初始设置和改正参数是否符合要求；在测量作业中，应避免将望远镜物镜直接瞄准太阳，更不得将物镜直接照准电灯等强烈光源；使用完毕后，应采用毛刷清除仪器表面的灰尘，当仪器被雨水淋湿后，切勿通电开机，要及时用软布擦干并在通风处放置一段时间；长期不使用时，应将仪器置于干燥处，同时将电池卸下分开存放，并对电池每月充电一次。

实训 3-1　DJ_6 光学经纬仪的构造与使用

一、实训目的

熟悉 DJ_6 光学经纬仪的构造，初步掌握其操作使用方法。

二、实训内容

1. 熟悉 DJ_6 经纬仪的一般构造，掌握其主要部件的名称、作用和使用方法。
2. 练习经纬仪对中、整平、瞄准和读数的方法。

三、仪器及工具

按 5～6 人为一组，每组配备：DJ_6 光学经纬仪 1 台，标杆 2 根，记录板 1 块（含记录表格）；自备铅笔、小刀等。

四、方法提示

1. 在指定的测站点上安置经纬仪，并熟悉仪器各部件的名称和作用。

2. 经纬仪操作练习，具体内容如下。

（1）对中练习　挂上垂球，平移三脚架，使垂球尖大致对准测站点，并注意架头大致水平，踩紧三脚架；稍松中心连接螺旋，在架头上轻轻平移仪器，使垂球尖准确对准测站点，最后旋紧中心连接螺旋。

（2）整平练习　转动仪器，使水准管平行于任意一对脚螺旋，同时相对旋转这两只脚螺旋，使水准管气泡居中；将照准部绕竖轴旋转 $90°$，再转动第三只脚螺旋，使气泡居中；如此反复几次，直至仪器转到任何方向，气泡在水准管内的位置都不偏离中央一格为止。

（3）瞄准练习　用望远镜上的准星和缺口粗略瞄准目标，使目标位于视场内，旋紧望远镜和水平制动螺旋；转动望远镜目镜螺旋，使十字丝清晰；转动物镜对光螺旋，使目标影像清晰；转动望远镜和水平微动螺旋，使目标被十字丝的单根纵丝平分或被双纵丝夹在中央。

（4）读数练习　调节反光镜的位置，使读数窗内亮度适中；旋转读数显微镜的目镜，使度盘和分微尺的刻划清晰；读取度盘读数，分微尺测微器估读至 $0.1'$，单平板玻璃测微器估读至 $5''$。

五、注意事项

1. 仪器安置高度要合适，三脚架要踩实，垂球对中误差不大于 3mm，用光学对中器对中误差不大于 1mm。
2. 仪器整平后，仪器转动到任意位置时的气泡偏离中央不能超过 1 格。一测回内发现照准部水准管气泡偏离中央超过 1 格时，则需重新整平，重新观测。
3. 标杆要竖直，测点要准确，尽可能用十字丝交点瞄准标杆基部。
4. 读数要准确，不要把水平度盘和竖直度盘的读数弄混淆。

六、实训报告

每人必须上交一份实训报告，具体内容见表 3-7 所示。

表 3-7　DJ_6 光学经纬仪的构造、读数及使用实训报告

仪器编号_____　班组_____　观测者_____　记录者_____　日期_____

1. 根据 DJ_6 光学经纬仪的实物和自己的操作，简述其外部各部件的名称和功能。
2. 从读数窗口中观察到的分微尺的最小分划值为_____。
3. 转动照准部时，扳上复测扳钮，水平度盘读数_____；扳下复测扳钮，水平度盘读数_____。光学经纬仪上的复测扳钮和度盘变位手轮各有什么作用？欲使某一方向水平度盘读数为 $0°00'00''$，应如何操作？
4. 观测练习记录：

测　站	目　标	盘左读数	盘右读数	备　注

实训 3-2　水平角测量

一、实训目的

掌握测回法测量水平角的方法和步骤。

二、实训内容

用测回法测量两目标点之间的水平角;每小组观测 3~4 个水平角,每个水平角观测两个测回。

三、仪器及工具

按 5~6 人为一组,每组配备:DJ$_6$ 光学经纬仪 1 台,标杆 2 根,木桩 3~4 个,斧头 1 把,记录板 1 块(含记录表格);自备铅笔、小刀、计算器等。

四、方法提示

1. 设测站点为 O,左边目标点为 A,右边目标点为 B。
2. 在 O 点打一木桩并标明点位,将经纬仪安置在 O 点,对中、整平仪器。以盘左位置,首先瞄准左边目标 A,读取水平度盘读数;顺时针转动照准部,瞄准右边目标 B,读取水平度盘读数;分别将这两个读数记入手簿,并计算上半测回水平角值。
3. 倒镜,以盘右位置按逆时针方向依次照准 B、A 两目标点,分别读取水平度盘读数,记入手簿,并计算下半测回水平角值。
4. 若上、下两半测回角值之差不大于 $\pm 40''$,取平均值作为观测结果;否则,该测回应重测。
5. 在盘左位置调整设置水平度盘的起始读数,该起始位置的读数比第一个测回增加 $\frac{180°}{2}=90°$。
6. 按第一个测回的观测程序,再次测量水平角 $\angle AOB$ 的大小;两个测回的水平角值之差不大于 $\pm 24''$ 时,取平均值作为最后结果。
7. 重复上面 1~6 的步骤,测出其他各角。

五、注意事项

1. 应按规定的限差进行对中和整平;瞄准目标时必须消除视差,并尽量瞄准目标底部,以减少照准目标的误差。
2. 在同一测回中,注意不要误动复测扳钮或度盘变换手轮,以免发生错误。
3. 在同一测回中,若水准管气泡偏移超过一格时,应重新整平并重测该测回。

六、实训报告

要求每人必须上交一份水平角观测记录、计算表,具体内容见表 3-8 所示。

表 3-8 水平角测量记录(实训)

仪器型号_____ 观测者_____ 记录者_____ 日期_____

测站	竖盘位置	目标	水平度盘读数 /(° ′ ″)	半测回角值 /(° ′ ″)	一测回角值 /(° ′ ″)	备注
	左					
	右					
	左					
	右					

实训 3-3　竖直角测量

一、实训目的

掌握 DJ_6 光学经纬仪测量竖直角的步骤和计算方法。

二、实训内容

1. 熟悉经纬仪竖直度盘的构造和注记形式。
2. 掌握竖直角的观测和计算以及竖盘指标差的计算方法。

三、仪器及工具

按 5~6 人为一组，每组配备：DJ_6 光学经纬仪 1 台，视距尺 1 根，2m 钢卷尺 1 副，记录板 1 块（含记录表格）；自备计算器、铅笔、小刀等。

四、方法提示

1. 在具有一定坡度的地面上选择两个高差较大的点 A 和 B。
2. 将经纬仪安置于 A 点，对中、整平后量取仪器高，精确至 0.01m。
3. 用盘左位置瞄准 B 点上的视距尺，并使中丝读数等于仪器高；旋转竖盘指标水准管微动螺旋，使竖盘指标水准管气泡居中，读取竖直度盘读数，记入手簿；根据竖直度盘的注记形式，计算盘左时的竖直角。
4. 用盘右位置瞄准 B 点的视距尺，要求瞄准的高度与盘左位置时一致，同法读取竖直度盘读数，记入手簿，计算盘右时的竖直角。
5. 计算盘左、盘右竖直角的平均值，即为 A 至 B 竖直角；同时计算出竖盘指标差的大小。

五、注意事项

1. 观测竖直角时，同一测回应瞄准目标的同一部位，每次读取竖盘读数前，必须使竖盘指标水准管气泡居中；计算竖直角和竖盘指标差时，应注意正、负符号。
2. 在瞄准目标时，视距尺应竖直并保持稳定，同时注意消除视差。

六、实训报告

要求每人必须上交观测记录手簿一份，具体格式见表 3-9 所示。

表 3-9　竖直角测量记录（实训）

仪器型号_____　观测者_____　记录者_____　日期_____

测站	目标	竖盘位置	竖盘读数 /(° ′ ″)	半测回竖直角值 /(° ′ ″)	指标差 /(″)	一测回竖直角值 /(° ′ ″)	备注
		左					
		右					
		左					
		右					

实训 3-4 DJ$_6$ 光学经纬仪的检验与校正

一、实训目的

学会光学经纬仪的检验与校正方法,进一步理解经纬仪的测角原理。

二、实训内容

每个组完成一台 DJ$_6$ 光学经纬仪的检验与校正,具体内容为:水准管轴垂直于竖轴的检验与校正、十字丝纵丝垂直于横轴的检验与校正、视准轴垂直于横轴的检验与校正、横轴垂直于竖轴的检验与校正、竖盘指标差的检验与校正。

三、仪器及工具

按 5~6 人为一组,每组配备:DJ$_6$ 光学经纬仪 1 台,2m 钢卷尺 1 副,校正工具 1 套,记录板 1 块(含记录表格);自备计算器、小刀、铅笔等。

四、方法提示

1. 一般性的检验按表 3-10 所列项目进行。
2. 了解经纬仪的主要轴线以及它们之间的相互关系,其各项检验与校正方法,参阅教材相关内容。

五、注意事项

1. 在对横轴垂直于竖轴的检验与校正时,由于仪器横轴是密封的,测量人员可以完成检验,但该项校正应由仪器专业维修人员操作为宜。
2. 其他注意事项基本与水准仪的检验和校正相同。

六、实训报告

要求每个小组上交经纬仪的检验与校正报告一份,具体内容见表 3-10 所示。

表 3-10 DJ$_6$ 光学经纬仪的检验与校正实训报告

仪器型号_____ 观测者_____ 记录者_____ 日期_____

1. 一般性检验结果:三脚架_____,水平制动与微动螺旋_____,望远镜制动与微动螺旋_____,照准部转动_____,望远镜转动_____,望远镜成像_____,脚螺旋_____。

2. 经纬仪的主要轴线有_____,它们之间正确的几何关系是_____。

3. 在对水准管与竖轴是否垂直的检校中,当水准管气泡偏离零点位置_____格以上时,则应进行校正;校正后,直至仪器转到任何位置,气泡均居中或偏离零点位置不超过_____格为止。

检验后水准管气泡位置	校正后水准管气泡位置

4. 绘图说明检校"十字丝纵丝与横轴是否垂直"的方法和过程。

5. 望远镜视准轴与横轴不垂直时,在观测中反映出的误差称为_____。检验时,照准远处与望远镜大致水平的一点,分别用盘左、盘右观测,得水平度盘读数分别为 $a_左=$_____,$a_右=$_____,则 $C=$_____。校正时仍在盘右位置,则正确的水平度盘读数应为 $a'_右=$_____,校正的方法是_____。

6. 绘图说明检校"仪器的横轴与竖轴是否垂直"的方法和过程。

7. 被检校的该台光学经纬仪的竖盘指标差 $x=$_____。

复习思考题

1. 在拧紧光学经纬仪的水平制动扳钮和望远镜制动螺旋后，转动水平微动螺旋、望远镜微动螺旋、竖盘指标水准管微动螺旋以及测微轮时，度盘的影像均会发生移动，这些螺旋各有何作用？其中转动哪些螺旋时，望远镜中目标的像不会随度盘影像的移动而移动？

2. 使用光学经纬仪测量角度时，为什么要用盘左和盘右观测并取其平均值？观测水平角时，为什么要改变每一个测回的起始读数？

3. 使用 DJ_6 光学经纬仪并采用测回法测量水平角，其观测数据与示意图见表3-11所示，试求算水平角 $\angle AOB$ 的大小，并简述测回法测量水平角的操作步骤。

表3-11　测回法测量水平角记录（习题）

测站	目标	竖盘位置	水平度盘读数	半测回角值	一测回角值	各测回平均角值	备 注
1	2	3	4	5	6	7	8
O	A	左	0°01′42″				
	B		69°07′24″				
	A	右	180°01′54″				
	B		249°07′42″				
O	A	左	90°02′48″				
	B		159°08′24″				
	A	右	270°02′48″				
	B		339°08′36″				

4. 使用 DJ_6 光学经纬仪并采用方向观测法测量水平角，其观测数据与示意图见表3-12所示，试整理该记录表，最终求算出 $\angle AOB$、$\angle BOC$、$\angle COD$、$\angle DOA$ 的大小。

表3-12　方向观测法测量水平角记录（习题）

测站	测回数	目标	水平度盘读数 盘左	水平度盘读数 盘右	2C	平均读数	一测回归零方向值	各测回归零方向值的平均数	水平角值与备注
1	2	3	4	5	6	7	8	9	10
O	1	A	0°02′00″	180°02′06″					$\angle AOB=$
		B	78°33′18″	258°33′06″					$\angle BOC=$
		C	156°15′42″	336°15′36″					$\angle COD=$
		D	219°44′24″	39°44′12″					$\angle DOA=$
		A	0°02′12″	180°02′18″					
O	2	A	90°01′42″	270°01′36″					
		B	168°32′42″	348°32′36″					
		C	246°15′00″	66°15′06″					
		D	309°43′54″	129°43′48″					
		A	90°01′42″	270°01′30″					

5. 使用 DJ_6 光学经纬仪测量竖直角，其观测数据与示意图见表3-13所示，试求算 OA 与水平方向之间、OB 与水平方向之间的竖直角各为多少？A、B 两目标的竖盘指标差各为多少？

表 3-13　竖直角测量记录（习题）

测站	目标	竖盘位置	竖盘读数	半测回竖直角 /(° ′ ″)	指标差 /(″)	一测回竖直角 /(° ′ ″)	备　注
1	2	3	4	5	6	7	8
O	A	左	75°33′30″				盘左时竖盘注记
		右	284°26′24″				
	B	左	101°21′36″				
		右	258°38′50″				

6. 光学经纬仪有哪些主要轴线？各轴线之间应满足的几何条件是什么？

7. 简述 ET-02 电子经纬仪的操作使用方法。

第四章 距离测量与直线定向

知识目标

1. 熟悉钢尺的种类，掌握钢尺一般量距和精密量距在成果计算、精度要求等方面的相同点与不同点。

2. 熟悉视距测量和光电测距的测量原理，掌握这两种测距方法较钢尺量距在使用仪器工具、量距精度等方面的相同点与不同点。

3. 了解直线定向的概念，熟悉标准方向的种类及其之间的关系，掌握直线方向的表示方法及其之间的换算。

技能目标

1. 能够根据丈量精度要求和测区实际情况进行直线定线，并熟练地利用钢尺丈量水平距离。

2. 能够利用光学经纬仪和光电测距仪进行距离测量工作。

3. 掌握罗盘仪测定直线正、反磁方位角的方法步骤，能够正确计算所测直线的平均磁方位角。

4. 能全面地分析距离测量误差、磁方位角观测误差产生的原因，进而对这些测量误差予以减小或消除。

第一节 钢尺量距

一、钢尺的种类

钢尺是由优质钢制成的带状尺，又称钢卷尺，如图4-1所示。钢尺最小分划以 mm 为单位，并在 m、dm、cm 处刻有标记，尺长有 20m、30m、50m 等长度。钢尺的伸缩性较小，可用于较高精度的丈量。由于"0m"分划线位置不同，钢尺分为刻线尺和端点尺两种：刻线尺的零点刻在尺身某一位置，如图4-2（a）所示；而端点尺则以尺的最外端作为尺长的零点，如图4-2（b）所示。

图 4-1 钢尺

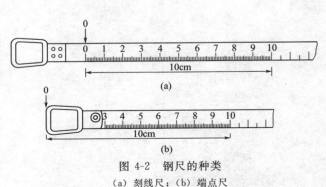

图 4-2 钢尺的种类
（a）刻线尺；（b）端点尺

二、直线定线

在丈量两点之间的距离时,若距离较长或地势起伏较大,致使一个尺段不能完成测量工作,因此,需要在直线的方向上标定出若干个节点,作为分段丈量的依据,这项工作称为直线定线。直线定线一般采用目估法,但在距离较远、量距精度要求较高时,应利用经纬仪等仪器进行定线。

1. 平坦地面目估定线

如图 4-3 所示,A、B 为地面上相互通视的两点,若要在这两点的连线上定出 1 点,可由甲、乙两人进行目估定线。首先在 A、B 两点上各竖立一根标杆,甲站在 A 点标杆后 1~2m 处,通过 A 点标杆瞄准 B 点标杆;然后,乙将第三根标杆立于 1 点附近,并按照甲的指挥左右移动标杆,直到甲从 A 点沿标杆的同一侧看到 A、1、B 三根标杆在同一条方向线上为止,即定出 1 点。同法依次定出直线上的其他各点。

2. 过山头目估定线

如图 4-4 所示,地面上 A、B 两点位于一山头的两侧,且互不通视,若要在 A、B 的连线上标定出 C、D 点,可采用逐渐趋近法进行目估定线。

图 4-3 平地目估定线

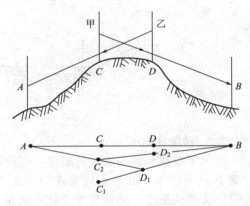

图 4-4 过山头定线

直线定线时,分别在 A、B 两点上竖立标杆,甲、乙两人各持一根标杆站于山顶部,且都能同时看到 A、B 两点。先由甲在 C_1 处立标杆,按照 C_1B 的方向,指挥乙在 D_1 点竖立标杆,使 C_1、D_1、B 三标杆在同一直线上;然后再由乙按照 D_1A 的方向,指挥甲移动 C_1 点的标杆到 C_2 处,使 D_1、C_2、A 三标杆在同一直线上……这样互相指挥、逐渐趋近,直到 C、D、B 三标杆在一条直线上,同时 D、C、A 三标杆也在一条直线上,则 A、B、C、D 四点就会处在同一条直线上。

3. 过山谷目估定线

如图 4-5 所示,由于山谷地势低,由 A 看 B 时,不容易看到谷底处的一系列标杆,因此,定线时可由谷顶逐渐向谷底进行作业。首先分别在 A、B 上竖立标杆,测量员甲根据 AB 的方向定出 a 点,然后,由测量员乙按照 BA 方向定出 b 点;最后,再在 Ab 或 Ba 的方向上定出 c 点即可。

三、钢尺量距的一般方法

(一) 平坦地面的量距

1. 丈量方法

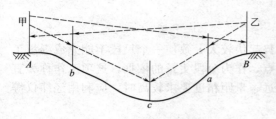

图 4-5 过山谷定线

距离丈量至少由两人进行,其中走在前面的人称为前司尺员,后面的称为后司尺员。如图 4-6 所示,后司尺员手持 1 根测钎和钢尺的零端立于 A 点,前司尺员手持 5~10 根测钎和钢尺的终端沿定线方向前行,当行至一整尺段时,后司尺员将钢尺的零点对准 A,前司尺员控制钢尺通过地面上的定线点,两人同时将钢尺拉紧、拉平、拉稳后,前司尺员对准钢尺整尺段处插入 1 根测钎,即 1 点,这样便量完了一个整尺段 l 的距离。后、前司尺员一起将钢尺抬起前进,当后司尺员到达 1 点时,按同样方法丈量第二尺段;丈量结束后,后司尺员拔起 1 点处的测钎,两人继续向前丈量。当后司尺员到达 5 点时,前司尺员将钢尺某一整刻划对准 B 点,由后司尺员利用钢尺的前端部位读出毫米数,两人的前后读数差即为不足一整尺段的余长 q。地面上 A、B 两点间的水平距离为

$$D = nl + q \tag{4-1}$$

式中,l 为整尺段长度;n 为整尺段数,即测钎数(不含量余长时的 1 根测钎);q 为不足一整尺段之余长。

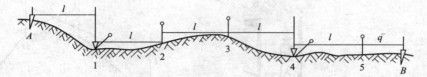

图 4-6 平坦地面直线丈量

2. 精度评定

为了校核和提高丈量的精度,一段距离至少需要往、返丈量。如图 4-6 所示,由 A 点量到 B 点为往测,由 B 点量至 A 点为返测,两次丈量结果的差数称为较差。较差本身并不能说明丈量的精度,必须与所量长度联系起来一并考虑,采用相对误差 K 来衡量。相对误差为较差的绝对值与往、返丈量的平均长度之比,并化为分子为 1 的分数。即

$$K = \frac{|\Delta D|}{\overline{D}} = \frac{1}{\dfrac{\overline{D}}{|\Delta D|}} \tag{4-2}$$

式中,ΔD 为往、返丈量的较差;$\overline{D}$ 为往、返丈量的平均长度。

平坦地区钢尺的一般量距,要求相对误差 $K \leqslant 1/3000$;在量距困难的地区,$K \leqslant 1/1000$。如果量距相对误差达到要求,取往、返丈量的平均值作为最后的结果;否则应重新进行丈量。

【例 4-1】在平坦地面用钢尺丈量 A、B 两点间的距离,其中往测距离为 198.576m,返测距离为 198.534m,要求相对误差 $K \leqslant 1/3000$,求 A、B 间的量距结果。

解:$\overline{D} = \dfrac{198.576\text{m} + 198.534\text{m}}{2} = 198.555\text{m}$

$\Delta D = 198.576\text{m} - 198.534\text{m} = 0.042\text{m}$

因 $K = \dfrac{0.042\text{m}}{198.555\text{m}} \approx \dfrac{1}{4727} < \dfrac{1}{3000}$

故 A、B 间的距离为 198.555m。

(二) 倾斜地面的量距

1. 平量法

当地面倾斜程度不大且起伏较频繁时,一般可将钢尺抬平,由高向低整尺段或分段丈量。如图 4-7 所示,后司尺员将钢尺的零点对准地面 B 点,前司尺员根据直线定线结果,将钢尺在 BA 的方向线上抬平,并用垂球在地面上投点得 1 点,随即插上 1 根测钎,尺上的读数便为 $B1$ 的水平距离。同法丈量 12、23、……各段水平距离,直至 A 点为止;各段距离之和即为 BA 或 AB 的水平距离。当地面坡度较大时,尺段可缩小到适当长度进行丈量。在实际测量中,由于从低处向高处测量不方便,所以往、返测均从高向低丈量。

2. 斜量法

如图 4-8 所示,当地面倾斜均匀且坡度较大时,可沿地面斜坡丈量出 AC 的长度 D',用经纬仪等测出 AC 的倾斜角 θ,然后根据下式计算出水平距离 D。即

$$D = D' \cos\theta \tag{4-3}$$

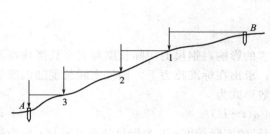

图 4-7 平量法

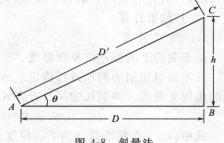

图 4-8 斜量法

四、钢尺量距的精密方法

钢尺一般量距的精度仅有 1/1000～1/3000,若量距精度要求在 1/10000 以上时,则应在外界条件良好的情况下,用弹簧秤施加一定的拉力进行丈量,同时还要考虑尺长、温度和地面倾斜对丈量结果的影响。

(一) 精密量距

1. 定线钉分段桩

如图 4-9 所示,将经纬仪安置在 A 点,对中、整平后,用十字丝精确瞄准 B 点,然后在 AB 方向线上,按略短于钢尺一整尺长的间隔依次定出 1、2、3 等点,并在定线点上打入木桩;桩顶高出地面 10cm 许,且再次用经纬仪精确定线,最后将定线点位以"十"刻划表示在每个木桩桩顶。

2. 丈量相邻桩顶间的斜距

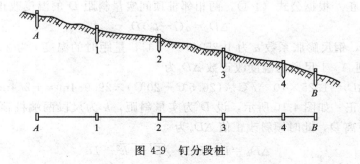

图 4-9 钉分段桩

丈量工作可由5人组成，两人拉尺，两人读数，一人指挥兼记录及测温度。如图4-9所示，丈量时，前、后司尺员将检定过的钢尺放在A、1两木桩桩顶的"十"刻划处，后司尺员将弹簧秤挂于钢尺起点的手环上，两人施加标准拉力（30m钢尺，标准拉力为100N）拉稳后，在A、1两端同时读取数据，尺的读数精确到0.5mm，记入表4-1中；钢尺的前、后两端读数之差即为所测线段A—1的名义斜距。每尺段要用不同的尺位读取三次读数，当三次算出的尺段长度其较差不超过±2mm时，取其平均值作为本尺段的丈量结果。同法丈量其余各尺段长度，当往测完毕后，再进行返测；每丈量一个尺段，均要测量温度，并估读至0.5℃。

3. 测量相邻桩顶间的高差

为了将所测桩顶间的倾斜距离改算成水平距离，还需要用水准测量的方法测出相邻桩顶间的高差。水准测量一般在量距前或量距后往、返观测各一次，以便检核。往、返尺段高差较差根据量距精度要求不同而异，当精度为1/10000～1/20000时，高差较差不应超过±10mm，若符合要求，取其平均值作为观测结果。

（二）结果计算

1. 尺长方程式

由于制造上的误差以及受温度、拉力等因素的影响，钢尺的实际长度与名义长度往往不符，故需要对使用的钢尺进行检定。通过检定，求出在标准拉力下，钢尺实际长度随温度变化的函数关系式，即钢尺的尺长方程式，其一般形式为

$$l_t = l_0 + \Delta l_0 + \alpha(t-t_0)l_0 \tag{4-4}$$

式中，l_t为在标准拉力为F、温度为t时钢尺的实际长度；l_0为钢尺的名义长度；α为钢尺膨胀系数，其值取$1.15\times10^{-5}\sim1.25\times10^{-5}/℃$；$t$为钢尺量距时的温度，℃；$t_0$为钢尺检定时的标准温度，通常为20℃；$\Delta l_0$为在标准拉力、标准温度下钢尺名义长度的改正数，即钢尺的实际长度与名义长度之差。

2. 各尺段平距的计算

在钢尺精密量距中，对于每一实测的尺段长度，都需要进行尺长改正、温度改正和倾斜改正，然后求出改正后的尺段平距。

（1）尺长改正　对于量取的尺段D'的尺长改正数ΔD_l为

$$\Delta D_l = \frac{\Delta l_0}{l_0} \times D' \tag{4-5}$$

在表4-1中，钢尺的实际长度为30.0025m，名义长度为30m，$\Delta l_0=0.0025$m，则A—1尺段的尺长改正数ΔD_l为

$$\Delta D_l = \frac{0.0025\text{m}}{30\text{m}} \times 29.934\text{m} \approx +2.5\text{mm}$$

（2）温度改正　根据公式（4-4），两相邻桩顶间实量斜距D'的温度改正数ΔD_t为

$$\Delta D_t = \alpha(t-t_0)D' \tag{4-6}$$

在表4-1中，钢尺膨胀系数α为$1.25\times10^{-5}/℃$，量距时的温度t为26.5℃，若标准温度t_0为20℃，则A—1尺段的温度改正数ΔD_t为

$$\Delta D_t = 1.25\times10^{-5}/℃ \times (26.5℃-20℃) \times 29.934\text{m} \approx +2.4\text{mm}$$

（3）倾斜改正　如图4-10所示，设D'为实量斜距，h为尺段两端桩顶间的高差，现将D'改算成水平距离D，此时倾斜改正值ΔD_h为

$$\Delta D_h = D - D' = \sqrt{D'^2 - h^2} - D'$$

$$= D'\sqrt{1-\frac{h^2}{D'^2}} - D'$$
$$= D'[(1-\frac{h^2}{D'^2})^{\frac{1}{2}} - 1]$$

将上式用级数展开得

$$\Delta D_h = D'[(1-\frac{h^2}{2D'^2} - \frac{h^4}{8D'^4} - L) - 1] = -\frac{h^2}{2D'} - \frac{h^4}{8D'^3} - L$$

当高差 h 较小时，可只取第一项，即

$$\Delta D_h = -\frac{h^2}{2D'} \tag{4-7}$$

经过水准测量，在表 4-1 中，$A—1$ 尺段的高差为 -0.15m，则该尺段的倾斜改正数 ΔD_h 为

$$\Delta D_h = -\frac{(-0.15\text{m})^2}{2\times 29.934\text{m}} \approx -0.38\text{mm}$$

因斜距总是比水平距离长，故倾斜改正数 ΔD_h 恒为负值。

（4）计算改正后尺段的平距　综上所述，每一尺段改正后的水平距离为

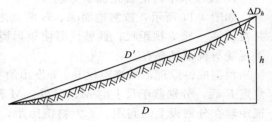

图 4-10　倾斜改正

$$D_{改} = D' + \Delta D_l + \Delta D_t + \Delta D_h \tag{4-8}$$

在表 4-1 中，$A—1$ 尺段的平距为

$$D = 29.934\text{m} + 2.5\text{mm} + 2.4\text{mm} - 0.38\text{mm} = 29.9385\text{m}$$

3. 计算总距离

将各尺段改正后的水平距离求和，即为总距离。当算出往、返总距离后，若精度符合要求，则取往、返测量的平均值作为丈量的最后结果。

表 4-1　精密量距记录与计算表

尺段编号	次数	钢尺读数/m 前尺读数	钢尺读数/m 后尺读数	尺段长度/m	温度/℃	高差/m	尺长改正数/mm	温度改正数/mm	倾斜改正数/mm	改正后尺段平距/m
A—1	1	29.939	0.005	29.934	26.5	−0.15	+2.5	+2.4	−0.38	29.9385
	2	29.950	0.016	29.934						
	3	29.957	0.024	29.933						
	平均	29.949	0.015	29.934						
1—2	1	29.102	0.001	29.101	27.5	−0.17	+2.4	+2.7	−0.5	29.1046
	2	29.180	0.081	29.099						
	3	29.191	0.092	29.099						
	平均	29.158	0.058	29.100						
…	…	…	…	…	…	…	…	…	…	…
4—B	1	8.324	0.004	8.320	27.5	+0.07	+0.69	+0.78	−0.29	8.3222
	2	8.336	0.015	8.321						
	3	8.350	0.028	8.322						
	平均	8.337	0.016	8.321						
Σ										

第二节 视距测量

一、视距测量的原理

视距测量是按光学和三角学原理，利用望远镜内十字丝分划板上的两条视距丝在视距尺（水准尺）上截取的长度以及测定的竖直角、中丝读数和仪器高，求算测站与测点之间水平距离和高差的测量方法。虽然视距测量的精度仅为 1/300，但由于该方法具有操作简便、不受地形起伏限制等优点，因此，被广泛应用于园林工程测量之中。

1. 视线水平时的视距测量原理

如图 4-11 所示，欲测地面 A、B 两点之间的水平距离和高差，可安置经纬仪于 A 点，并在 B 点上竖立视距尺；调整仪器使望远镜视线水平，且瞄准 B 点所立的视距尺，此时水平视线与视距尺垂直。

根据成像原理，从视距丝 m、n 发出的平行于望远镜视准轴的光线，经过 m'、n' 和物镜焦点 F 后，分别截于尺上的 M、N 处。M 和 N 间的长度称为尺间隔，用 l 表示。设 p 为两视距丝在分划板上的间距，f 为物镜焦距，δ 为物镜至仪器旋转中心的距离，那么，A、B 两点之间的水平距离为

$$D = d + \delta + f$$

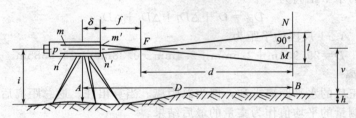

图 4-11 视线水平时视距原理

由图 4-11 可知，$\triangle m'Fn' \backsim \triangle MFN$，则

$$\frac{d}{f} = \frac{MN}{m'n'} = \frac{l}{p}$$

$$d = \frac{f}{p} \times l$$

故 A、B 之间的水平距离为

$$D = \frac{f}{p} \times l + \delta + f$$

令 $K = \frac{f}{p}$，$C = \delta + f$，则

$$D = Kl + C \tag{4-9}$$

式中，K 为视距乘常数，通常为 100；C 为视距加常数，外对光望远镜的 C 一般为 0.3m 左右，内对光望远镜 $C \approx 0$。

DJ_6 光学经纬仪的望远镜为内对光式，因此

$$D = Kl \tag{4-10}$$

由图 4-11 还可看出，当仪器架设高度为 i、望远镜中丝在视距尺上的读数为 v 时，A、B 两点之间的高差为

$$h=i-v \tag{4-11}$$

2. 视线倾斜时的视距测量原理

由于地形起伏和通视条件的影响,在视距测量中往往必须使望远镜视线倾斜,才能读取尺间隔。如图 4-12 所示,将经纬仪安置在 A 点,视距尺竖立于 B 点,望远镜倾斜瞄准视距尺,两视距丝截尺于 M、N 点,并测得竖直角为 θ。由于视线不垂直于视距尺,所以不能直接用公式(4-10)、公式(4-11)求取水平距离和高差。

如图 4-12 所示,设想将竖直的视距尺 R 绕 O 点旋转 θ 角变成视距尺 R',使其与视准轴垂直并交于 O 点,此时视距丝将截尺于 M'、N' 两点,则由公式(4-10)求得 A、B 之间的斜距为

$$D'=Kl'=K\times M'N'$$

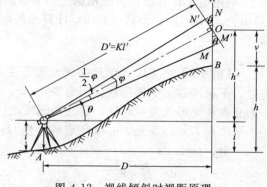

图 4-12 视线倾斜时视距原理

因通过视距丝的两条光线间的夹角 φ 很小,约为 $34'$,故 $\angle MM'O$ 和 $\angle NN'O$ 可近似视为直角,那么,由 $\triangle MM'O$ 和 $\triangle NN'O$ 可得

$$OM'=OM\times\cos\theta,\ ON'=ON\times\cos\theta$$

因

$$\begin{aligned}M'N'&=OM'+ON'\\&=(OM+ON)\times\cos\theta\\&=MN\times\cos\theta\\&=l\times\cos\theta\end{aligned}$$

所以

$$D'=K\times M'N'=Kl\times\cos\theta$$

在图 4-12 中,A、B 两点之间的水平距离为

$$D=D'\times\cos\theta$$

则

$$D=Kl\times\cos^2\theta \tag{4-12}$$

从图 4-12 中可看出,A、B 两点之间的高差 h 为

$$h=h'+i-v$$

由于

$$h'=D'\times\sin\theta=Kl\times\cos\theta\times\sin\theta$$

故

$$h=\frac{1}{2}Kl\times\sin2\theta+i-v \tag{4-13}$$

二、视距测量的方法

1. 观测

① 如图 4-12 所示,安置经纬仪于测站点 A,对中、整平;量取仪器架设高度 i,读至厘米。

② 在待测点 B 上竖立视距尺。

③ 用经纬仪盘左位置瞄准视距尺上某一高度，消除视差，分别读取上、下丝读数至毫米，读取中丝读数至厘米；然后调节竖盘指标水准管微动螺旋，使竖盘指标水准管气泡居中，读取竖盘读数。

2. 计算

利用电子计算器，首先根据上、下丝读数和竖盘读数，计算出尺间隔 l 和竖直角 θ，然后由公式（4-12）、公式（4-13）计算水平距离和高差，并根据测站的已知高程推算待测点高程。

【例 4-2】将 DJ_6 光学经纬仪安置于测站点 A，并在盘左位置观测 B 点，测得上丝读数、下丝读数、中丝读数分别为 2.030m、1.000m 和 1.52m，竖盘读数为 75°39′，若仪器的竖盘注记形式为顺时针，且已知测站点 A 的高程为 80.35m，仪器高为 1.54m，试求算水平距离 D_{AB}、高差 h_{AB} 和 B 点的高程 H_B 各为多少？

解：$l = 2.030\text{m} - 1.000\text{m} = 1.030\text{m}$

$\theta = 90° - 75°39' = +14°21'$

$D_{AB} = Kl \times \cos^2\theta = 100 \times 1.030\text{m} \times \cos^2 14°21' = 96.67\text{m}$

$h_{AB} = \frac{1}{2} Kl \times \sin 2\theta + i - v$

$= \frac{1}{2} \times 100 \times 1.030\text{m} \times \sin(2 \times 14°21') + 1.54\text{m} - 1.52\text{m}$

$= +24.75\text{m}$

$H_B = H_A + h_{AB} = 80.35\text{m} + 24.75\text{m} = 105.10\text{m}$

三、视距常数的测定

为了保证视距测量成果的精度，应经常对仪器的视距常数进行检测。由于 DJ_6 光学经纬仪的加常数 $C \approx 0$，因此，在视距测量中一般仅测定乘常数 K。

如图 4-13 所示，首先在平坦地面上选择一条直线，在 A 点打一木桩，并从该点开始，沿直线方向用钢尺依次量取 30m、60m、90m、120m 的距离，分别在地面上得 B_1、B_2、B_3、B_4 各点，同时在相应点位上打木桩进行标记；然后，安置经纬仪于 A 点，在盘左或盘右时调节望远镜视线水平，并依次照准 B_1、B_2、B_3、B_4 各点上的视距尺，消除视差后读取各点的上、下丝读数，分别计算出尺间隔 l_1、l_2、l_3、l_4。

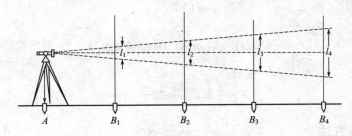

图 4-13 视距常数测定

根据测量出的尺间隔和已知距离，便可计算仪器观测各立尺点时的 K 值，即

$$K_1 = \frac{30}{l_1}, \quad K_2 = \frac{60}{l_2}, \quad K_3 = \frac{90}{l_3}, \quad K_4 = \frac{120}{l_4}$$

乘常数 K 的平均值为

$$\overline{K}=\frac{K_1+K_2+K_3+K_4}{4}$$

乘常数 K 的精度为

$$精度=\frac{|\overline{K}-100|}{100}=\frac{1}{\frac{100}{|\overline{K}-100|}}$$

若求出的精度高于 1/1000，计算水平距离和高差时 K 值仍取 100；否则 K 值应取实测值。

第三节 光电测距

一、光电测距的原理

如图 4-14 所示，欲测定 A、B 两点间的距离 D，首先安置测距仪于 A 点，在 B 点安置反射棱镜，然后，用测距仪向反射棱镜发射调制光波，并被棱镜反射回仪器的接收系统。

若测距仪发射光速为 c，光波往返于 A、B 的时间为 t，则距离 D 为

$$D=\frac{1}{2}ct \qquad (4-14)$$

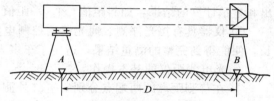

图 4-14 光电测距原理

式中，c 为光在大气中的传播速度，约为 $3\times10^8\,\text{m/s}$；t 为调制光波在所测距离间的往返传播时间。

二、DCH_3-1 型红外测距仪及其使用

1. 光电测距仪概述

光电测距仪的种类很多，以激光为载波的称激光测距仪，以红外光为载波的称红外测距仪。如图 4-15 和图 4-16 所示，分别为 DCH_3-1 型红外测距仪及其棱镜。

（1）仪器的技术指标

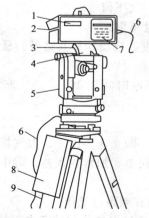

图 4-15 DCH_3-1 型测距仪

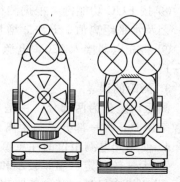

图 4-16 反射棱镜

1—显示屏；2—测距仪；3—夹紧装置；4—连接器；
5—光学经纬仪；6—电源线；7—键盘；8—电池；9—三脚架

① 测程。单棱镜时，最大测程为 1000m；三棱镜时，最大测程为 3000m；最小测程为 0.2m。

② 精度。测距中误差为 ±（3mm+2×10^{-6}×距离）。

③ 测量时间。单次测量 10s，跟踪测量 0.5s。

④ 温度范围。-20℃～+50℃。

⑤ 功耗。6W。

（2）仪器的功能

① 自检。仪器启动后自检，测距功能正常、精度符合要求时，显示/⊿ 0.000m；否则显示 ERROR。

② 测距方式选择。共有五种测距方式供选择，即单次测量、跟踪用单棱镜倾斜误差自动修正单次测量（按 SP 键）、平均值测量（按 M 键）、跟踪用单棱镜倾斜误差自动修正平均值测量（按 SM 键）、跟踪测量（按 Tr 键）。

③ 置数。可置入和校验各种参数及单位转换。

④ 读数选择。根据测得的斜距和置入的角度值（水平角、竖直角、方位角），按需要取出和显示计算的结果，如斜距值/⊿、平距值⊿等。

⑤ 仪器具有挡光停测、通光续测控制电路。只要通光积累时间达到一次测量所需的时长，便能得到完整的测量结果，适用于车多人繁的城市市区测量。

2. 光电测距仪的基本操作

① 在待测距离的两端点分别安置红外测距仪和反射棱镜，用光学对中器对中，误差不大于 1mm；将反射棱镜目估对准主机，经纬仪瞄准反射棱镜。打开气压表，并将温度计置于地面 1m 以上的通风处测气温。

② 用经纬仪瞄准反射棱镜后，进行角度测量，读、记天顶距。

③ 按压测距仪操作面板上的 ON 键接通电源，仪器进行自检，显示 BOLF CHINA，并依次显示"0000000，1111111，…，9999999，0000000"；然后，进行内部校验，自检合格后显示/⊿和 0.000m，这时仪器处于待测状态；若仪器工作不正常，则显示 ERROR。

④ 瞄准棱镜后按 SIG 键，有回光信号时，显示屏上出现横道线"------"，同时听到蜂鸣器音响信号；回光信号越强，出现的横道线越多，蜂鸣器声音越高。

⑤ 按 STA 状态键，选择测距方式。

⑥ 按 SET 置数键，输入天顶距、水平角、温度、气压值等。

⑦ 按 MEAS 键，启动测量，显示最后一瞬的测量结果。

⑧ 按 FUC 功能键，根据测得的斜距和置入的角度，自动计算其结果，显示 ⊿| 和高差值、⊿及水平距离值、x 和 x 增量值、y 和 y 增量值。

⑨ 将充电器接入 220V 电源给电池充电，一次充电时间为 10～14h，充满后电池约为 10～11V。

3. 测距的误差

测距误差分为两部分，一是与距离成比例的误差，即光速值误差、大气折射率误差和测距频率误差；另一部分是与距离无关的误差，即测相误差、加常数误差、对中误差。

4. 使用光电测距仪的注意事项

① 大气较稳定、温差较小和通视条件良好时，适宜测距仪工作。

② 测线应尽量离开地面障碍物 1.3m 以上，避免通过发热体和较宽水面的上空。

③ 测线不宜接近变压器、高压线等具有强电磁场干扰的地方。

④ 在反射棱镜的方向上不应有交通信号灯等各种无关强光源，以免造成测距错误。

⑤ 要严防阳光及其他强光直射接收物镜，以免光线经镜头聚焦进入机内烧坏元器件。

第四节　直线定向

在平面图和地形图测量中，欲确定地面上两点之间的相对位置，除需测量两点间的水平距离外，还必须测定两点连线的方向。一条直线的方向，是用该直线与标准方向线之间所夹的水平角来表示的，因此，确定一条直线与标准方向间夹角关系的工作称为直线定向。

一、标准方向的种类

1. 真子午线方向

通过地球表面某点的真子午线的切线方向，称为该点的真子午线方向，即真南北方向；真子午线北端所指的方向为真北方向。真子午线方向是用天文测量方法或用陀螺经纬仪测定的。

2. 磁子午线方向

地球表面某点上的磁针在地球磁场作用下，自由静止时其轴线所指的方向，称为该点的磁子午线方向，即磁南北方向；磁针北端所指的方向为磁北方向。在小范围测图中常采用磁子午线方向作为标准方向，可用罗盘仪测定。

3. 坐标纵轴方向

通过地面上某点且平行于该点所在的平面直角坐标系纵轴的方向，称为坐标纵轴方向；坐标纵轴北端所指的方向为坐标北方向。

以上三个标准方向的北方向，合称为"三北方向"。一般情况下，三北方向是不一致的，如图 4-17 所示。

地磁南、北极偏离地球南、北极，所以一点的磁子午线方向和真子午线方向并不一致，存在一个偏离角度，这个角度称为磁偏角，用 δ 来表示。凡是磁子午线北方向偏在真子午线北方向以东者称为东偏，其角值为正；偏在真子午线北方向以西者称为西偏，其角值为负。如图 4-18 所示。我国西北地区磁偏角在 $+6°$ 左右，东北地区磁偏角为 $-10°$ 左右。

地球表面某点的真子午线方向与坐标纵轴方向之间的夹角，称为子午线收敛角，用 γ 表示，如图 4-19 所示。凡坐标纵轴北端在真子午线北端以东者，γ 为正值；偏在以西者，γ 为负值。

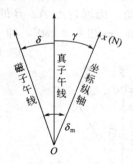

图 4-17　三北方向

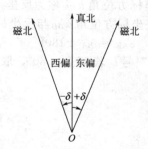

图 4-18　磁偏角的正负

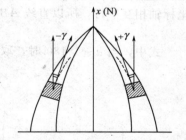

图 4-19　子午线收敛角及其正负

地面上某点的坐标纵轴方向与磁子午线方向间的夹角称为磁坐偏角，以 δ_m 表示。磁子午线北端在坐标纵轴北端以东者，δ_m 取正值；偏在以西者，δ_m 取负值。

二、直线方向的表示方法

1. 方位角

由标准方向的北端起，沿顺时针方向到某一直线的水平夹角，称为该直线的方位角，其角值在 0°～360°。如图 4-20 所示，直线 OA、OB、OC、OD 的方位角分别为 30°、150°、210°、330°。

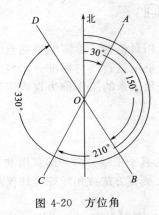

图 4-20　方位角

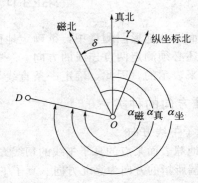

图 4-21　三种方位角的关系

如图 4-21 所示，根据基本方向的不同，方位角可分为真方位角 $\alpha_{真}$、磁方位角 $\alpha_{磁}$ 和坐标方位角 $\alpha_{坐}$，三种方位角之间的关系为

$$\left.\begin{array}{l}\alpha_{真}=\alpha_{磁}+\delta \\ \alpha_{坐}=\alpha_{真}-\gamma\end{array}\right\} \tag{4-15}$$

【例 4-3】如图 4-21 所示，已知直线 OD 的磁方位角 $\alpha_{磁}=275°30'$，O 点的磁偏角 δ 为西偏 $2°02'$，子午线收敛角 γ 为东偏 $2°01'$，求直线 OD 的坐标方位角 $\alpha_{坐}$ 和真方位角 $\alpha_{真}$ 各为多少？

解：由公式（4-15）可得

$\alpha_{真}=\alpha_{磁}+\delta=275°30'+(-2°02')=273°28'$

$\alpha_{坐}=\alpha_{真}-\gamma=273°28'-(+2°01')=271°27'$

在直线定向中，将直线的前进方向称为正方向，反之，叫反方向。如图 4-22 所示，A 为线段的起点，B 为线段的终点，通过 A 点的坐标纵轴北方向与直线 AB 所夹的方位角 α_{AB} 称为正坐标方位角，而 BA 直线的坐标方位角 α_{BA} 称为反坐标方位角。因通过点 A、B 的纵坐标轴相互平行，所以直线 AB 的正坐标方位角 α_{AB} 与反坐标方位角 α_{BA} 相差 $\pm 180°$，即

$$\alpha_{AB}=\alpha_{BA}\pm 180° \tag{4-16}$$

式中，当 $\alpha_{BA}>180°$ 时，取"－"号；若 $\alpha_{BA}<180°$，取"＋"号。

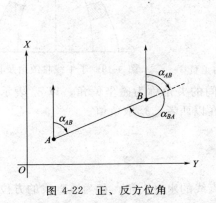

图 4-22　正、反方位角

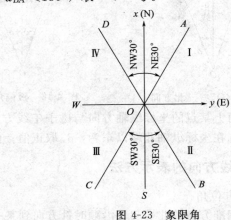

图 4-23　象限角

由于真子午线之间或磁子午线之间互不平行，所以正、反真方位角或正、反磁方位角不存在公式（4-16）的关系。但在小范围内，当地面两点之间距离不远时，通过两点的子午线可视为是平行的，此时，同一直线的正、反真（或磁）方位角也可以认为相差±180°。

2. 象限角

由标准方向的北端或南端起，顺时针或逆时针到某一直线所夹的水平锐角，称为该直线的象限角，以 R 来表示。象限角的角值在 0°～90°，不但要写出角值大小，还应注明所在象限的名称，如图 4-23 所示，直线 OA、OB、OC、OD 的象限角分别为 NE30°、SE30°、SW30°、NW30°。

表 4-2　方位角与象限角的换算关系

象限		根据方位角 α 求象限角 R	根据象限角 R 求方位角 α
编号	名称		
Ⅰ	北东（NE）	$R=\alpha$	$\alpha=R$
Ⅱ	南东（SE）	$R=180°-\alpha$	$\alpha=180°-R$
Ⅲ	南西（SW）	$R=\alpha-180°$	$\alpha=180°+R$
Ⅳ	北西（NW）	$R=360°-\alpha$	$\alpha=360°-R$

3. 方位角与象限角的换算

同一条直线的方位角和象限角的换算关系见表 4-2 所示。

三、夹角的求算

如图 4-24 所示，已知 CB 与 CD 两直线的方位角分别为 α_{CB} 和 α_{CD}，则这两条直线间的水平夹角为

$$\beta = \alpha_{CD} - \alpha_{CB} \qquad (4-17)$$

即两方向间的夹角等于右侧直线的方位角减去左侧直线的方位角，当不够减时，应加上 360°再减。

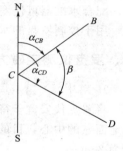

图 4-24　水平夹角的计算

第五节　罗盘仪测量磁方位角

一、罗盘仪的构造

罗盘仪由罗盘、望远镜和水准器等部分组成，如图 4-25 所示。

1. 罗盘

罗盘包括磁针和刻度盘。磁针是一个长条形的人造磁铁，置于圆形罗盘盒的中央顶针上，可以自由转动；不用时应旋转磁针制动螺旋，将磁针抬起压紧在罗盘盒的玻璃盖上，以避免磁针帽与顶针的磨损。由于磁针两端受到地球南、北磁极引力的不同，造成磁针在自由静止时不能保持水平，磁针的北端会向下倾斜与水平面形成一个角度，该角称为磁倾角。为了消除磁倾角的影响，常在磁针南端缠绕铜丝以达到磁针的平衡，这也是磁针南端的标志。

刻度盘为一铝或铜制的圆环，装在罗盘盒的内缘。盘上最小分划为 1°或 30′，并每隔

10°作一注记。刻度盘的注记形式有两种：一是将0°～360°按逆时针方向注记，可以直接测出磁方位角，称为方位式刻度盘；另一种则是由0°直径的两端起，分别对称地向左右两边各注记到90°，能直接测出磁象限角，称为象限式刻度盘。用罗盘仪测定磁方位角时，刻度盘随着瞄准设备一起转动，而磁针是静止不动的，为了能直接读出与实地相符合的方位角，罗盘仪需按逆时针顺序注记，并调整东西方向的注字与实地相反。

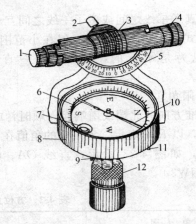

图 4-25 罗盘仪的构造
1—目镜；2—望远镜制动螺旋；3—对光螺旋；4—物镜；
5—竖直度盘；6—水平度盘；7—圆水准器；8—罗盘盒；
9—水平制动螺旋；10—磁针；11—磁针制动螺旋；12—球臼

2. 望远镜

望远镜由物镜、目镜和十字丝分划板三部分组成，是罗盘仪的照准设备。在望远镜的左侧安装有竖直度盘，可测量倾斜角，同时还附有作为控制望远镜转动的制动螺旋和微动螺旋。

3. 水准器和球臼

在罗盘盒内装有一个圆水准器或两个互相垂直的水准管，当圆水准器内的气泡位于中心位置，或两个水准管内的气泡同时居中时，罗盘盒处于水平状态。球臼螺旋在罗盘盒的下方，配合水准器可使罗盘盒处于水平状态；在球臼与罗盘盒间的连接轴上安有水平制动螺旋，用于控制罗盘的水平转动。

二、罗盘仪测定磁方位角

1. 对中

将罗盘仪安置于待测直线的端点上，在三脚架下方悬挂一垂球，移动三脚架使垂球尖对准地面点的中心，目的是使罗盘仪水平度盘的中心与地面点在同一条铅垂线上。对中容许误差为2cm。

2. 整平

松开球臼螺旋，用手前后、左右摆动罗盘盒，使水准器气泡居中，然后拧紧球臼螺旋，此时罗盘仪刻度盘处于水平状态。仪器整平后，松磁针制动螺旋，使磁针在顶针上自由转动。

3. 瞄准目标

松开水平制动螺旋和望远镜制动螺旋，转动罗盘仪并粗略瞄准直线末端竖立的标杆后，再将水平制动螺旋和望远镜制动螺旋拧紧；转动望远镜目镜使十字丝清晰，调节对光螺旋使物像清晰，最后转动望远镜微动螺旋并水平微动罗盘盒，使十字丝交点精确瞄准目标。

4. 读数

待磁针自由静止后，由上向下正对磁针并沿注记增大方向直接读取直线的磁方位角，读数读至1°，估至30′。当望远镜的物镜在度盘的0°刻划线一端时，应读磁针北端所指的读数，如图4-26（a）所示；当望远镜的物镜在度盘的180°刻划线一端时，则读磁针南端所指的读数，如图4-26（b）所示。

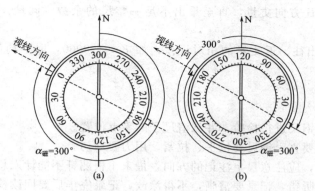

图 4-26 磁方位角的测定

为了防止错误和提高观测成果的精度,在测得直线的正磁方位角之后,往往还要测出反磁方位角。在小范围内,若测得正磁方位角 $\alpha_正$、反磁方位角 $\alpha_反$ 两者差值的绝对值在 $180°\pm1°$ 之内时,可取其平均值作为所测直线的磁方位角,即

$$\alpha_{平均}=\frac{1}{2}\times[\alpha_正+(\alpha_反\pm180°)] \qquad (4\text{-}18)$$

式中,当 $\alpha_反>180°$ 时,取"—"号;若 $\alpha_反<180°$,取"+"号。

实训 4-1 平坦地面钢尺的一般量距

一、实训目的

学会目估法进行直线定线,掌握钢尺在平坦地面丈量距离的一般操作方法。

二、实训内容

1. 在平坦地面采用目估法进行直线定线。
2. 在平坦地面进行钢尺一般量距,并计算丈量精度。

三、仪器及工具

按 5~6 人为一组,每组配备:钢尺 1 副,标杆 3 根,测钎 1 组(6~11 根),木桩及小钉各 4~6 个,斧头 1 把,记录板 1 块(含相关记录表格);自备铅笔、橡皮、小刀、计算器等。

四、方法提示

1. 直线定线

(1) 在平坦地面选择一条 100~150m 的线段,然后分别在两端点 A、B 上钉设木桩,并在各桩顶钉一小钉表示点位。

(2) 在 A、B 两点上竖立标杆,用目估法进行两点间直线定线。

2. 距离丈量

(1) 测量。后司尺员持一根测钎在 A 点处,并拿钢尺的零端,前司尺员拿其余测钎和钢尺的末端向 B 方向前进;当前司尺员行至整尺距离附近时,后司尺员将钢尺零点对准 A 点,前司尺员沿地面定线点位拉紧钢尺,并在整尺终点分划处插入一根测钎于地面,丈量出第一尺段。依次向 B 方向丈量，直至量出不足一整尺的余数。同理，从 B 点向 A 点进行返测。

(2) 计算。求出往、返丈量的相对误差，如 $K \leqslant 1/3000$，取平均值作为最后结果，否则，应重新丈量。

五、注意事项

1. 丈量前应对钢尺进行检验，并认清尺子的零点位置。
2. 丈量时定线要直，钢尺要拉平、拉紧，用力要均匀。
3. 丈量余长时，应注意尺上注记的方向，最末 1 根测钎不能计入总测钎数。
4. 避免读错或听错，记录要清晰，不得涂改，记录完毕后要回读检核。
5. 钢尺不得在地面上拖行，更不能被车辆辗压或行人践踏；拉尺时，尺子不能打结或有扭折；钢尺用完后，应擦净并上油，以防生锈。

六、实训报告

每小组上交钢尺量距记录与计算表一份，格式见表 4-3 所示。

表 4-3 一般量距记录与计算表

班组_____ 观测者_____ 记录者_____ 日期_____

直线编号	测量方向	整尺段长 $n \times l$/m	余长 q/m	全长 D/m	往返平均 $\overline{D}$/m	相对误差 K	备注
	往						
	返						
	往						
	返						

实训 4-2　视 距 测 量

一、实训目的

掌握视距测量的观测与计算方法。

二、实训内容

使用 DJ_6 经纬仪视距法观测两点间的水平距离和高差。

三、仪器及工具

按 5~6 人为一组，每组配备：DJ_6 经纬仪 1 台，视距尺（水准尺）2 根，2m 钢卷尺 1 副，木桩 2~3 个，斧头 1 把，记录板 1 块（含相关记录表格）；自备铅笔、橡皮、小刀、计算器等。

四、方法提示

1. 在地面上选择具有一定高差且距离为 70~100m 的 A、B 两点，打入木桩进行定位。

2. 将经纬仪安置于 A 点，对中、整平后量取仪器高，精确到 0.01m。

3. 用盘左位置瞄准 B 点上的视距尺，使十字丝中丝读数对准所量仪器高；先读取上丝和下丝的读数，然后再旋转竖盘指标水准管微动螺旋，使竖盘指标水准管气泡居中，读取竖盘读数。

4. 根据视距测量公式，计算出 A、B 两点之间的水平距离和高差。

5. 将仪器搬至 B 点安置，瞄准 A 点上的视距尺，同法观测、计算出 B 至 A 的水平距离和高差。

6. 若往、返测距离的相对误差 $K \leqslant 1/300$，取平均值作为量距的结果；A、B 两点间高差为往、返高差绝对值的平均数，符号取往测符号。

五、注意事项

1. 每次读取竖盘读数前，必须使竖盘指标水准管气泡居中。
2. 读取上、中、下三丝读数时，要注意消除视差，视距尺应竖直并保持稳定。

六、实训报告

每小组上交视距测量记录与计算表一份，具体格式见表 4-4 所示。

表 4-4 视距测量记录与计算表

仪器型号_____ 班组_____ 观测者_____ 记录者_____ 日期_____

测站	目标	仪器高/m	视距尺读数/m			尺间隔/m	竖盘读数/(° ′ ″)	竖直角/(° ′ ″)	水平距离/m	高差/m
			下丝	上丝	中丝					

实训 4-3　罗盘仪观测磁方位角

一、实训目的

掌握罗盘仪观测磁方位角的方法步骤。

二、实训内容

1. 熟悉罗盘仪的构造。
2. 利用罗盘仪观测任一直线的磁方位角。

三、仪器及工具

按 5~6 人为一组，每组配备：罗盘仪 1 台，标杆 2 根，木桩 2~3 个，斧头 1 把，记录板 1 块（含相关记录表格）；自备铅笔、橡皮、小刀、计算器等。

四、方法提示

1. 对照实物，熟悉罗盘仪各部件的名称及其作用。
2. 在地面上选择相距 30~50m 远的 A、B 两点，分别钉入木桩。
3. 在 A 点安置罗盘仪，在 B 点竖立标杆；罗盘仪对中、整平后，松开磁针制动螺旋，用望远镜瞄准目标 B，读取磁针北端在刻度盘上的读数，即为直线 AB 的正磁方位角。

4. 将罗盘仪安置在 B 点，在 A 点竖立标杆；用望远镜瞄准 A 点，测出 AB 方向的反磁方位角。

5. 若直线 AB 正、反磁方位角差值的绝对值在 180°±1°之内，取其平均值作为最后结果；否则应查明原因，重新观测。

五、注意事项

1. 选点以及观测时，要避免仪器接近铁塔、高压线、钢尺等导磁物体。
2. 读数时，要认清磁针的北端和南端，眼睛要在磁针上方垂直向下看，并按注记由小到大读取方位角。
3. 在搬站或观测完毕装盒时，应将罗盘仪的磁针固定，以免造成不必要的磨损。

六、实训报告

每小组上交罗盘仪测量磁方位角记录与计算一份，具体格式见表 4-5 所示。

表 4-5　罗盘仪测量磁方位角记录

测站	目标	磁方位角/(° ′)			备注
		正方位角	反方位角	平均方位角	

复习思考题

1. 简述平坦地面钢尺一般量距的步骤。
2. 用 DJ_6 光学经纬仪进行视距测量，已知测站 A 的高程 $H_A=100.65$ m，仪器高 $i=1.41$ m，视距乘常数 $K=100$，加常数 $C=0$，试根据表 4-6 中的观测数据，计算测站至各测点的水平距离、高差，并求出各测点的高程。

表 4-6　视距测量观测记录（习题）

测点	尺间隔/m	中丝读数/m	盘左竖盘读数	竖直角	高差/m	水平距离/m	测点高程/m	备注
1	0.852	1.42	83°25′					盘左时竖盘注记
2	1.231	1.42	97°32′					
3	1.543	1.50	85°48′					
4	1.292	2.80	92°12′					

3. 解释直线定线与直线定向、方位角与象限角、磁子午线方向与磁方位角的含义，并举例说明直线定向在实际园林工作中的意义。

4. 在园林工程施工图上，已知直线 AB 的坐标方位角为 85°30′，A 点的子午线收敛角为东偏 2°02′，磁偏角为西偏 3°03′，求 AB 的磁方位角为多少？并绘图说明。

5. 简述罗盘仪观测磁方位角的步骤，并根据表 4-7 中的测量数据，计算各导线边的平均磁方位角。

表 4-7 罗盘仪测量记录（习题）

测站	目标	磁方位角			备注
		正方位角	反方位角	平均方位角/(° ′)	
1	2	43°00′	223°30′		
2	3	119°30′	300°00′		
3	4	219°00′	39°30′		
4	1	289°30′	109°00′		

第五章　数字化测图与 GPS 应用

知识目标

1. 了解电子全站仪的主要技术指标以及各部件名称，熟悉电子全站仪的键盘功能及信息显示，掌握电子全站仪的标准测量模式。

2. 了解数字化测图系统的构成及测图特点，熟悉数字化测图软件 CASS7.0 的运行环境和基本功能。

3. 了解 GPS 的组成及其相互关系，熟悉 GPS 定位的基本原理和测量模式，掌握 GPS 网的技术设计依据、精度和密度设计、图形设计原则。

技能目标

1. 能够熟练地操作电子全站仪，掌握电子全站仪在数字化测图中进行数据采集的方法步骤。

2. 学会数字化测图软件的安装，能够利用 CASS7.0 绘制地形图。

3. 掌握 GPS 接收机的外业观测方法步骤，能够正确进行观测成果的检核与数据处理。

第一节　电子全站仪的应用

一、电子全站仪的技术指标及各部件名称

电子全站仪即全站型电子速测仪，它是将电子经纬仪和光电测距仪合为一体，集水平角测量、距离测量、高差测量功能于一身的测绘仪器，能够在测站上同时观测和显示水平角、竖直角、距离等。全站仪按其结构形式可分为组合式和整体式两种，一般由控制系统、测角系统、测距系统、记录系统和通信系统等组成。现以 NTS-320 系列全站仪为例，介绍全站仪的功能和使用方法。

（一）主要技术指标

NTS-320 系列全站仪是南方测绘仪器公司生产的国产全站仪，目前已经得到了广泛应用，其主要技术指标见表 5-1 所示。

（二）各部件名称

1. 主机

图 5-1 所示为 NTS-320 系列全站仪的外观及各部件名称。

2. 反射棱镜及有关组合件

图 5-2 所示为全站仪测量时所需的反射棱镜及有关组合件，其中图 5-2（a）为单棱镜和基座连接器，图 5-2（b）为三棱镜组和基座连接器，图 5-2（c）为单棱镜和对中杆。

表 5-1 NTS-320 系列全站仪的技术指标

序号	项目	技术指标	序号	项目	技术指标
1	望远镜成像	正像	22	测量时间(距离测量)	精测单次:3s 跟踪:1s
2	放大倍率	30×	23	平均测量次数(距离测量)	可选取 2~255 次的平均值
3	有效孔径	望远:45mm 测距:50mm	24	气象改正(距离测量)	输入参数自动改正
4	分辨率	4″	25	大气折光和地球曲率改正(距离测量)	输入参数自动改正,$K=0.14$ 或 0.2,可选
5	视场角	1°30′	26	反射棱镜常数改正(距离测量)	输入参数自动改正
6	最短视距	1m	27	长水准器	30″/2mm
7	视距乘常数	100	28	圆水准器	8′/2mm
8	视距精度	≤0.4%×D	29	竖盘补偿器系统	液体电容式,可选
9	筒长	154mm	30	竖盘补偿器的工作范围	±3′
10	测角方式	光电增量式	31	竖盘补偿器的分辨率	1″
11	光栅盘直径(水平、竖直)	79mm	32	光学对中器成像	正像
12	最小显示读数	1″或 5″,可选	33	光学对中器放大倍率	3×
13	探测方式	水平角:双 竖直角:双	34	光学对中器调焦范围	0.5m~∞
14	测角单位	360° 或 400gon 或 6400mil,可选	35	光学对中器视场角	5°
15	竖直角 0°	位置天顶 0°或水平 0°,可选	36	光学对中器显示器类型	LCD,四行,图形式
16	测角精度	NTS-322 2″级 NTS-325 5″级 NTS-325S 5″级	37	数据传输接口	RS-232C
17	单个棱镜(距离测量,良好气象条件)	NTS-322:1.8km NTS-325:1.6km NTS-325S:1.4km	38	电源、电压	可充电镍-氢电池,直流 6V
18	三棱镜组(距离测量,良好气象条件)	NTS-322:2.6km NTS-325:2.3km NTS-325S:2.0km	39	连续工作时间	NB-10A 电池:2h NB-20A 电池:8h
19	数字显示(距离测量)	最大:999999.999m 最小:1mm	40	使用环境温度	−20℃~+45℃
20	单位(距离测量)	米(m)或英尺(ft),可选	41	外形尺寸	160mm×150mm×330mm
21	精度(距离测量)	±(3mm+2ppm×D)	42	重量	6.5kg

图 5-1 NTS-320 系列全站仪

1—目镜；2—望远镜调焦螺旋；3—望远镜把手；4—电池锁紧杆；5—电池 NB-20A；
6—垂直制动螺旋；7—垂直微动螺旋；8—水平微动螺旋；9—水平制动螺旋；
10，14—显示屏；11—数据通信接口；12—物镜；13—管水准器；15—圆水准器；16—粗瞄器；
17—仪器中心标志；18—光学对中器；19—脚螺旋；20—圆水准器校正螺旋；21—基座固定钮；22—底板

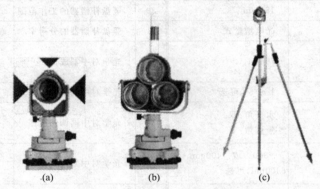

图 5-2 反射棱镜及有关组合件

二、电子全站仪的键盘功能及信息显示

（一）操作键的名称

显示屏以及操作键的名称见图 5-3 所示。

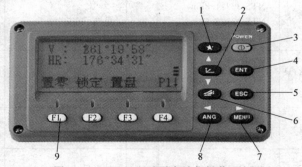

图 5-3 NTS-320 系列全站仪操作面板

1—星键；2—坐标测量键（▲上移键）；3—电源开关键；4—回车键；5—退出键；6—距离测
量键（▼下移键）；7—菜单键（▶右移键）；8—角度测量键（◀左移键）；9—功能键（F1～F4）

(二)操作键的功能

操作键位于显示屏的右侧与下方,其功能见表 5-2 所示。

表 5-2 NTS-320 系列全站仪操作键的功能

按 键	名 称	功 能
⌕	坐标测量键	进入坐标测量模式(▲上移键)
⌕	距离测量键	进入距离测量模式(▼下移键)
ANG	角度测量键	进入角度测量模式(◀左移键)
MENU	菜单键	在菜单模式和测量模式间进行切换(▶右移键)
ESC	退出键	返回上一级状态或返回测量模式
POWER	电源开关键	开关电源
F1~F4	软键(功能键)	对应于显示的软键信息
ENT	回车键	确认
★	星键	进入星键模式

(三)屏幕显示符号的含义

显示屏上显示的符号及其含义见表 5-3 所示。

表 5-3 NTS-320 系列全站仪屏幕显示情况

显示符号	符号的含义	显示符号	符号的含义
V%	垂直角(坡度显示)	E	东向坐标(y)
HR	水平角(右角)	Z	高程(H)
HL	水平角(左角)	*	EDM(电子测距)正在进行
HD	水平距离	m	以米为单位
VD	高差	ft	以英尺[①]为单位
SD	倾斜	fi	以英寸[②]为单位
N	北向坐标(x)		

① 1 英尺=0.3048 米。
② 1 英寸=0.0254 米。

(四)功能键在各种测量模式中的功能

1. 角度测量模式

角度测量模式有 3 页菜单,具体如下:

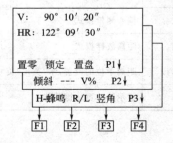

其各键和显示符号的功能见表 5-4 所示。

表 5-4　角度测量模式的菜单说明

页数	软键	显示符号	功能
第1页(P1)	F1	置零	将当前视线方向的水平度盘读数设置为 0°0′0″
	F2	锁定	将当前视线方向的水平度盘读数锁定
	F3	置盘	将当前视线方向的水平度盘读数设置为输入值
	F4	P1↓	显示第2页软键功能
第2页(P2)	F1	倾斜	设置倾斜改正开或关，若选择开，则显示倾斜改正的角度值
	F2	…	
	F3	V%	垂直角与百分比坡度的切换
	F4	P2↓	显示第3页软键功能
第3页(P3)	F1	H-蜂鸣	仪器转动至水平度盘读数分别为 0°、90°、180°、270°时，是否设置蜂鸣
	F2	R/L	水平度盘读数按右或左方向计数的转换
	F3	竖角	垂直角显示格式（高度角或天顶距）的切换
	F4	P3↓	显示第1页软键功能

2. 距离测量模式

距离测量模式有2页菜单，具体如下：

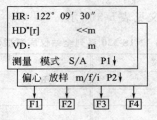

其各键和显示符号的功能见表5-5所示。

表 5-5　距离测量模式的菜单说明

页数	软键	显示符号	功能
第1页(P1)	F1	测量	启动距离测量
	F2	模式	设置测距模式为精测或跟踪
	F3	S/A	温度、气压、棱镜常数等设置
	F4	P1↓	显示第2页软键功能
第2页(P2)	F1	偏心	偏心测量模式
	F2	放样	距离放样模式
	F3	m/f/i	距离单位的设置，米/英尺/英寸
	F4	P2↓	显示第1页软键功能

3. 坐标测量模式

坐标测量模式有3页菜单，具体如下：

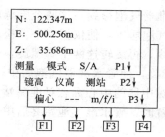

其各键和显示符号的功能见表 5-6 所示。

表 5-6 坐标测量模式的菜单说明

页数	软键	显示符号	功能
第 1 页(P1)	F1	测量	启动坐标测量
	F2	模式	设置测距模式为精测或跟踪
	F3	S/A	温度、气压、棱镜常数等设置
	F4	P1↓	显示第 2 页软键功能
第 2 页(P2)	F1	镜高	设置棱镜高度
	F2	仪高	设置仪器高度
	F3	测站	设置测站坐标
	F4	P2↓	显示第 3 页软键功能
第 3 页(P3)	F1	偏心	偏心测量模式
	F2	—	
	F3	m/f/i	距离单位的设置,米/英尺/英寸
	F4	P3↓	显示第 1 页软键功能

4. 星键模式

按下 ★ 键,可以对以下项目进行设置:

(1) 对比度调节。按星键后,通过按 ▲ 或 ▼ 键,可以调节液晶显示屏的对比度。

(2) 照明。按星键后,通过按 F1 选择"照明",按 F1 或 F2 选择开关背景光。

(3) 倾斜。按星键后,通过按 F2 选择"倾斜",按 F1 或 F2 选择开关倾斜改正。

(4) S/A。按星键后,通过按 F3 选择"S/A",可以对棱镜常数、温度和气压进行设置。

三、电子全站仪的基本操作

1. 仪器的存放

将仪器箱放置于地面,使箱盖朝上,打开锁栓并开盖,然后轻轻地取出仪器;使用完毕后,应盖好望远镜的镜盖,使照准部的垂直制动螺旋以及基座的圆水准器朝上,随后将仪器平放在箱内,再轻轻旋紧垂直制动螺旋,盖好箱盖并上锁存放。

2. 仪器安置

打开三脚架并调整到适当高度,拧紧三个固定螺旋。将仪器安置到三脚架上,松开中心连接螺旋,在架头上轻移仪器,直到垂球对准测站点标志中心,然后轻轻拧紧连接螺旋。同时旋转任意两个脚螺旋，使圆水准器气泡移到与这两个脚螺旋连线相垂直的一条直线上，再旋转第三个脚螺旋，使圆水准器气泡居中，使仪器粗平。松开水平制动螺旋、转动仪器使管水准器平行于任一对脚螺旋的连线，再旋转这两个脚螺旋，使管水准器气泡居中；将仪器绕竖轴旋转90°，再旋转第三个脚螺旋，使管水准器气泡居中，此时仪器被精平。再次松开中心连接螺旋，轻移仪器，将光学对中器的中心标志对准测站点，然后拧紧连接螺旋；再次精确整平，直到仪器旋转到任何位置时，管水准气泡始终居中为止。

3. 开机与充电

确认仪器已经精确整平后，打开电源开关（POWER 键）。仪器开机时应确认棱镜常数值（PSM）和大气改正值（PPM），并通过按 F1 （↓）或 F2 （↑）键调节对比度；为了在关机后保存设置值，可按 F4 （回车）键。当仪器的电池需要充电时，先取下电池装入专用充电器内，然后将充电器接头接入220V电源，充电6h或直至指示灯变为绿色。

四、电子全站仪的标准测量模式

（一）角度测量

1. 水平角（右角）和垂直角测量

在角度测量模式下，若某角的顶点为O，左目标为A，右目标为B，则测量$\angle AOB$的过程见表5-7所示。

表5-7 水平角（右角）和垂直角的测量

操作步骤或按键说明	操作	显 示
①安置仪器于角顶点O，开机后照准第一个目标A	照准A	V: 82°09′30″ HR: 90°09′30″ 置零 锁定 置盘 P1↓
②设置目标A的水平角读数为0°00′00″，按 F1 （置零）键和 F3 （是）键	F1 F3	水平角置零 ＞OK? — — ［是］ ［否］ V: 82°09′30″ HR: 0°00′00″ 置零 锁定 置盘 P1↓
③照准第二个目标B，显示目标B的V/H	照准B	V: 92°09′30″ HR: 67°09′30″ 置零 锁定 置盘 P1↓

2. 水平角（右角/左角）切换

在角度测量模式下，水平角（右角/左角）的切换操作过程如表5-8所示。

表 5-8 水平角（右角/左角）的切换

操作步骤或按键说明	操作	显示
①按 F4（↓）键两次，转到第3页功能	F4 两次	V： 122°09′30″ HR： 90°09′30″ 置零 锁定 置盘 P1↓ 倾斜 —— V% P2↓ H-蜂鸣 R/L 竖角 P3↓
②按 F2（R/L）键，右角模式（HR）切换到左角模式（HL）；以左角模式（HL）进行测量	F2	V： 122°09′30″ HL： 269°50′30″ H-蜂鸣 R/L 竖角 P3↓
备注：每次按 F2（R/L）键，HR/HL 两种模式交替切换。		

3. 水平角的设置

在角度测量模式下，水平度盘读数的设置方法有两种，即通过锁定角度值进行设置和利用键盘输入进行设置。其操作过程如表 5-9、表 5-10 所示。

表 5-9 通过锁定角度值设置水平度盘读数

操作步骤或按键说明	操作	显示
①用水平微动螺旋转到所需的水平角	显示角度	V： 122°09′30″ HR： 90°09′30″ 置零 锁定 置盘 P1↓
②按 F2（锁定）键	F2	水平角锁定 HR： 90°09′30″ >设置 ？ —— —— ［是］ ［否］
③照准目标	照准	
④按 F3（是）键完成水平角设置，显示窗变为正常的角度测量模式；若要返回上一个模式，可按 F4（否）键	F3	V： 122°09′30″ HR： 90°09′30″ 置零 锁定 置盘 P1↓

表 5-10 利用键盘输入设置水平度盘读数

操作步骤或按键说明	操作	显示
①照准目标	照准	V： 122°09′30″ HR： 90°09′30″ 置零 锁定 置盘 P1↓

续表

操作步骤或按键说明	操作	显示
②按 F3（置盘）键	F3	水平角设置 HR： 输入 — — ［回车］ 1 2 3 4 5 6 7 8 9 0．— ［ENT］
③通过键盘输入所要求的水平角，如：151°12′20″；随后即可从所要求的水平角进行正常的测量	F1 151.1220 F4	V： 122°09′30″ HR： 151°12′20″ 置零 锁定 置盘 P1↓

（二）距离测量

1．设置温度、气压、棱镜常数值和大气改正值

在进行距离测量前，应在现场对影响测距精度的温度、气压、大气改正值和棱镜常数进行设置。

（1）设置温度和气压　应预先测得测站周围的温度和气压，如温度为+25℃，气压为1017.5hPa，则其操作过程如表5-11所示。

表 5-11　设置温度和气压

步骤	操作	操作过程	显示
第1步	按⬛键	进入距离测量模式	HR： 170°30′20″ HD： 235.343　m VD： 36.551　m 测量 模式 S/A P1↓
第2步	按 F3 键	由距离测量或坐标测量模式预先测得测站周围的温度和气压，进入设置	设置音响模式 PSM：0.0　PPM：2.0 信号：[| | | | |] 棱镜 PPM T-P —
第3步	按 F3 键	按 F3 键执行[T-P]	温度和气压设置 温度 -> 15.0℃ 气压： 1013.2hPa 输入 — — 回车 1 2 3 4 5 6 7 8 9 0．— ［ENT］
第4步	按 F1 键输入温度；按 F4 键输入气压	按 F1 键执行[输入]，输入温度与气压；按 F4 键执行[回车]，确认输入	温度和气压设置 温度：-> 25.0℃ 气压： 1017.5hPa 输入 — — 回车
备注	①温度输入范围：-30～+60℃（步长0.1℃）或-22～+140℉（步长0.1℉）； ②气压输入范围：560～1066hPa（步长0.1hPa）或420～800mmHg（步长0.1mmHg）或16.5～31.5inHg（步长0.1inHg）； ③如果根据输入的温度和气压算出的大气改正值超过±999.9ppm范围，则操作过程自动返回到第4步，重新输入数据。		

(2) 设置大气改正　全站仪发射红外光的光速随大气的温度和压力而改变，当测定温度和气压后，就可从大气改正图上或由改正公式求得大气改正值（ppm）；全站仪一旦予以设置大气改正值，即可自动对测距结果实施大气改正。设置大气改正的操作过程如表 5-12 所示。

表 5-12　设置大气改正

步骤	操作	操作过程	显　示
第 1 步	F3	由距离测量或坐标测量模式按 F3 键	设置音响模式 PSM：0.0　　PPM：0.0 信号：[| | | | |] 棱镜　PPM　T-P ---
第 2 步	F2	按 F2（ppm）键，显示当前设置值	PPM　设置 PPM：　0.0 ppm 输入　---　---　回车 1 2 3 4　5 6 7 8　9 0.-　[ENT]
第 3 步	F1 输入数据 F4	输入大气改正值（输入范围：-999.9～+999.9ppm，步长 0.1ppm），返回到设置模式	PPM　设置 PPM：　4.0 ppm 输入　---　---　回车 设置音响模式 PSM：0.0　　PPM　4.0 信号：[| | | | |] 棱镜　PPM　T-P ---

(3) 设置反射棱镜常数　NTS-320 系列全站仪的棱镜常数（PSM）出厂时设置为 -30，若使用棱镜常数不是 -30 的配套棱镜，则必须设置相应的棱镜常数。其操作过程如表 5-13 所示。

表 5-13　设置反射棱镜常数

步骤	操作	操作过程	显　示
第 1 步	F3	由距离测量或坐标测量模式按 F3(S/A)键	设置音响模式 PSM：-30.0　　PPM：0.0 信号：[| | | | |] 棱镜　PPM　T-P ---
第 2 步	F1	按 F1（棱镜）键	棱镜常数设置 棱镜：　0.0 mm 输入　---　---　回车 1 2 3 4　5 6 7 8　9 0.-　[ENT]
第 3 步	F1 输入数据 F4	按 F1（输入）键输入棱镜常数改正值（输入范围：-99.9～+99.9mm，步长 0.1mm），按 F4 确认，显示屏返回到设置模式	设置音响模式 PSM：0.0　　PPM：0.0 信号：[| | | | |] 棱镜　PPM　T-P ---

2. 距离测量模式

NTS-320 系列全站仪的距离测量模式有连续测量模式、N 次测量/单次测量模式、精测模式和跟踪模式，它们都是在角度测量模式下进行的。其操作过程见表 5-14、表 5-15、表 5-16 所示。

表 5-14　距离测量（连续测量模式）

操作步骤或按键说明	操 作	显　示
①照准棱镜中心	照准	V：　90°10′20″ HR：170°30′20″ H-蜂鸣　R/L　竖角　P3↓
②按▲键，距离测量开始；当光电测距正在工作时，"＊"标志就会出现在显示窗	▲	HR：170°30′20″ HD＊[r]　　　　＜＜m VD：　　　　　　　m 测量　模式　S/A　P1↓ HR：170°30′20″ HD＊　　　　235.343m VD：　　　　　36.551m 测量　模式　S/A　P1↓
③显示测量的距离，单位表示为"m"（米）或"ft"、"fi"（英尺），并随着蜂鸣声在每次距离数据更新时出现；再次按▲键，显示变为水平角（HR）、垂直角（V）和斜距（SD）	▲	V：　90°10′20″ HR：170°30′20″ SD＊　　　　241.551m 测量　模式　S/A　P1↓

表 5-15　距离测量（N 次测量/单次测量模式）

操作步骤或按键说明	操 作	显　示
①照准棱镜中心	照准	V ：122°09′30″ HR：90°09′30″ 置零　锁定　置盘　P1↓
②按▲键，连续测量开始	▲	HR：170°30′20″ HD＊[r]　　　　＜＜m VD：　　　　　　　m 测量　模式　S/A　P1↓
③当连续测量不再需要时，可按 F1（测量）键，测量模式为 N 次测量；当光电测距（EDM）正在工作时，再按 F1（测量）键，模式转变为连续测量模式	F1	HR：170°30′20″ HD＊[n]　　　　＜＜m VD：　　　　　　　m 测量　模式　S/A　P1↓ HR：170°30′20″ HD：　　　　566.346m VD：　　　　　89.678m 测量　模式　S/A　P1↓

表 5-16 距离测量（精测模式/跟踪模式）

操作步骤或按键说明	操 作	显 示
①在距离测量模式下按 F2 （模式）键，设置模式的首字符（F/T）；要取消设置，按 ESC 键	F2	HR: 170°30′20″ HD: 566.346m VD: 89.678m 测量 模式 S/A P1↓
②按 F1 （精测）键精测，按 F2 （跟踪）键跟踪测量	F1 — F2	HR: 170°30′20″ HD: 566.346m VD: 89.678m 精测 跟踪 — F HR: 170°30′20″ HD: 566.346m VD: 89.678m 测量 模式 S/A P1↓

（三）坐标测量

1. 测站点坐标的设置

设置仪器（测站点）相对于坐标原点的坐标，仪器可自动转换和显示未知点（棱镜点）在该坐标系中的坐标。其操作过程如表 5-17 所示。

表 5-17 测站点坐标的设置

操作步骤或按键说明	操 作	显 示
①在坐标测量模式下，按 F4 （↓）键，转到第 2 页功能	F4	N: 286.245 m E: 76.233 m Z: 14.568 m 测量 模式 S/A P1↓ 镜高 仪高 测站 P2↓
②按 F3 （测站）键	F3	N-> 0.000 m E: 0.000 m Z: 0.000 m 输入 — — 回车 1 2 3 4 5 6 7 8 9 0 . — [ENT]
③输入 N 坐标（输入范围：$-999999.999 \sim +999999.999$m，$-999999.999 \sim +999999.999$ft，$-999999.999 \sim +999999.999$ft+inch）	F1 输入数据 F4	N: 36.976 m E-> 0.000 m Z: 0.000 m 输入 — — 回车
④按同样方法输入 E 和 Z 坐标，输入数据后，显示屏返回坐标测量显示		N: 36.976 m E: 298.578 m Z: 45.330 m 测量 模式 S/A P1↓

2. 仪器高的设置

仪器高的设置操作见表 5-18 所示。

表 5-18 仪器高的设置

操作步骤或按键说明	操 作	显 示
①在坐标测量模式下,按 F4 (↓)键,转到第2页功能	F4	N: 286.245 m E: 76.233 m Z: 14.568 m 测量 模式 S/A P1↓ 镜高 仪高 测站 P2↓
②按 F2 (仪高)键,显示当前值	F2	仪器高 输入 仪高 0.000 m 输入 — — 回车 1 2 3 4 5 6 7 8 9 0 . — [ENT]
③输入仪器高(输入范围:−999.999～+999.999m,−999.999～+999.999ft,−999.11.7～+999.11.7ft+inch)	F1 输入仪器高 F4	N: 286.245 m E: 76.233 m Z: 14.568 m 测量 模式 S/A P1↓

3. 棱镜高的设置

棱镜高的设置用于获取 Z 坐标值,电源关闭后,可保存目标高。其操作步骤如表 5-19 所示。

表 5-19 棱镜高的设置

操作步骤或按键说明	操 作	显 示
①在坐标测量模式下,按 F4 键,进入第2页功能	F4	N: 286.245 m E: 76.233 m Z: 14.568 m 测量 模式 S/A P1↓ 镜高 仪高 测站 P2↓
②按 F1 (镜高)键,显示当前值	F1	镜高 输入 镜高 0.000 m 输入 — — 回车 1 2 3 4 5 6 7 8 9 0 . — [ENT]
③输入棱镜高(输入范围:−999.999～+999.999m,−999.999～+999.999ft,−999.11.7～+999.11.7ft+inch)	F1 输入棱镜高 F4	N: 286.245 m E: 76.233 m Z: 14.568 m 测量 模式 S/A P1↓

4. 坐标测量的方法

当测站点坐标、仪器高和棱镜高的设置完成后，再设置后视方位角，便可测定未知点的坐标。其操作步骤如表 5-20 所示。

表 5-20　坐标测量的步骤

操作步骤或按键说明	操作	显示
①设置已知点 A 的方向角	设置方向角	V:　122°09′30″ HR:　90°09′30″ 置零　锁定　置盘　P1↓
②照准目标 B，按 ⌐ 键	照准棱镜	N:　　　<<　m E:　　　　　m Z:　　　　　m 测量　模式　S/A　P1↓
③按 F1（测量）键，开始测量	F1	N*　　286.245　m E:　　 76.233　m Z:　　 14.568　m 测量　模式　S/A　P1↓

备注：在测站点的坐标未输入的情况下，(0,0,0) 作为缺省的测站点坐标；当仪器高未输入时，仪器高以 0 计算；当棱镜高未输入时，棱镜高以 0 计算。

第二节　用数字化测图软件绘制地形图

一、数字化测图概述

传统的地形测图很难承载诸多的图形信息，且不便于修改和变更，越来越难以适应园林建设快速发展的需要，因此，将逐渐被数字化测图所代替。数字化测图是将地面上的地形和地理要素等绘图信息转换为数字量，及时记录在数据终端，然后在室内通过数据接口将采集的数据传输给计算机，由计算机对其进行处理，再经过人机交互的屏幕编辑，形成绘图数据文件并被保存在磁盘等储存介质上，成为内容丰富的电子地图。

（一）数字化测图系统

数字化测图系统是以计算机为核心，在外接输入、输出设备硬件和软件的支持下，对地形空间数据进行采集、输入、成图、处理、绘图、输出、管理的测绘系统，主要由数据输入、数据处理和数据输出三部分组成。

数字化测图系统的硬件设备主要有全站仪、数字化仪、计算机、打印机、绘图仪等；软件包括系统软件和数字化测图软件。

（二）数字化测图的特点

1. 测图与用图的自动化

① 测图的自动化。数字化测图能自动记录、自动解算、自动成图、自动绘图，向用图者提供可处理的数字化地图。

② 用图的自动化。计算机与绘图仪联机时，可以绘制各种比例尺的地形图和专题图；计算机与打印机连接，可以打印所需的各种数据或图形等资料信息。

2. 测图产品的数字化

① 便于成果的更新。数字化测图的成果是以点的定位信息和属性信息存入计算机的，当实地情况发生改变时，只需要输入变化信息的坐标和代码，经过编辑，即可得到更新后的图。

② 避免图纸伸缩带来的误差。数字化测图的成果以数字信息进行储存，不像图纸会随时间推移而发生变形，从而避免了对图纸的依赖。

③ 方便成果的深加工利用。数字化测图实行分图层管理，可将地面信息无限存放，不受图面负载量的限制，从而便于成果的深加工利用，拓宽了测绘工作的服务面。

3. 测图成果的精度高

数字化测图中，野外采集的数据经过自动记录、传输、处理、绘图，不但提高了工作效率，而且减少了测量错误的发生，使数据的精度毫无损失。

4. 便于建立地理信息系统（GIS）

地理信息系统具有方便的信息查询检索功能、空间分析功能和辅助决策功能，建立 GIS 的主要任务就是数据采集，而数字化测图能够提供现势性较强的基础地理信息，经过格式转换，可直接进入 GIS 的数据库。

（三）数字化测图数据的采集与处理

利用全站仪进行野外实地测量，可将采集的数据直接传输到电子手簿或计算机，因电子记录无精度损失，加之测量精度很高，所以，全站仪地面数字化测图已成为大比例尺地形测图的主要方法。全站仪数字测图同样可采用"从整体到局部、先控制后碎部"的作业步骤，但为了充分发挥全站仪的特点，图根控制测量与碎部测量可同步进行，即在进行图根控制测量时，同步测量测站点周围的地形，并实时计算出各图根点和各碎部点的坐标。

1. 在测区内踏勘、选点

根据测区内地形复杂程度、隐蔽情况以及比例尺的大小，综合考虑图根点的个数，然后在测区内选点并打桩或埋石。一般在平坦而开阔地区，当测图比例尺为 1∶2000 时，每平方千米图根点不应少于 4 个，1∶1000 比例尺测图不少于 16 个，1∶500 比例尺测图不少于 64 个。

2. 利用全站仪采集数据

① 在通视条件良好的已知控制点 A 上安置全站仪，量取仪器高，启动仪器，进入数据采集状态。

② 选择保存数据的文件，设置测站点、定向点，然后照准定向点进行定向。

③ 首先测出下一个导线点 B 的坐标，然后再施测测站 A 周围碎部点的坐标，并边观测边绘制草图。

④ 每观测一个点，观测员都要核对测点的点号、属性、棱镜高，并存入全站仪的内存中。

⑤ 在野外采集碎部点数据时，测站与测点处的工作人员必须时时保持联络，每当测量完一个测点后，观测员都要将测点的点号告知绘制草图者，以便核对全站仪内存中存储的点号是否与草图上标注的点号一致。

⑥ 将仪器搬到测站 B，同法先观测第三个导线点 C 的坐标，然后再观测测站 B 周围碎部点的坐标，并绘制草图。

⑦ 以此类推，当仪器搬迁到最末一个测站上时，还应测出第一个测站点 A 的坐标，并

与其已知坐标进行比较，两者之间的差值即为该导线的闭合差。

⑧ 当闭合差在限差范围内时，则可平差并计算各导线点的坐标，然后根据导线点平差后的坐标值，重新计算各碎部点的坐标；若闭合差超限，则要返工重测，直至闭合差符合要求；最后再利用数字测图软件成图。

为了充分利用现有的测绘成果，纸质地形图、航空航天遥感像片、图形或影像资料等都可作为数字化测图的信息源，但必须将其转换成计算机能够识别和处理的数据。使用数字化仪可将纸质原图转换为数字化地图，然而转换后的地图精度低于原图，并且操作数字化仪时作业员容易疲劳、效率低，故目前多采用扫描仪进行转换；利用航空摄影测量在测区内所获得的立体像对，在解析测图仪上或经改装的立体量测仪上采集地形特征点，也可进行数字信息的转换。

3. 数据处理与图形输出

数据处理主要指数据采集后到图形输出前对各种图形数据的处理，包括数据传输、数据预处理、数据转换、数据计算、图形生成、图形编辑与整饰、图形信息的管理与应用等，它是数字化测图的关键。经过数据处理后，可产生平面图形数据文件和数字地面模型文件，然后将"原始图"修改、编辑和整理，加上文字和高程注记，并填充上各种地物符号，最后再经过图形拼接、分幅和整饰，就可得到一幅规范的地形图。

数字化地图是一个图形文件，它既可以永久地保存在磁盘上，也可以转换成地理信息系统所需的图形格式，用以建立或更新 GIS 图形数据库。图形输出是数字化测图的主要目的，通过对图层的控制，可编制和生成各种专题地图，从而满足不同用户的需要。

二、数字化测图软件

南方 CASS 测图系统是当前常见的数字化测图软件，它具有完备的数据采集、数据处理、图形生成、图形编辑、图形输出等功能，可方便灵活地完成数字化地形图、地籍图的测绘工作。

（一）地形地籍成图系统的运行环境

CASS7.0 以 AutoCAD2006 为技术平台，全面采用真彩色 XP 风格界面，重新编写和优化了底层程序代码，大大完善了等高线、电子平板、断面设计、图幅管理等技术，并使系统运行速度更快更稳定。同时，CASS7.0 运用全新的 CELL 技术，使界面操作、数据浏览管理、系统设置更加直观和方便。在空间数据建库、前端数据质量检查和转换上，CASS7.0 提供更灵活、更自动化的功能。特别是为适应当前 GIS 系统对基础空间数据的需要，该版本测图软件对于数据本身的结构也进行了相应的完善。

1. 硬件环境

处理器（CPU）：Pentium（R）Ⅲ或更高版本。

内存（RAM）：256MB（最少）。

视频：1024×768 真彩色（最低）。

硬盘安装：安装 300MB。

定点设备：鼠标、数字化仪或其他设备。

CD-ROM：任意速度（仅对于安装）。

2. 软件环境

操作系统：Mincrosoft Windows NT4.0/9x/2000/XP 或更高版本。

浏览器：Mincrosoft Internet Explorer 6.0 或更高版本。

平台：AutoCAD 2006/2005/2004/2002。

（二）地形地籍成图系统的安装

首先安装 AutoCAD 2006，随即重新启动电脑，并运行一次，然后再安装 CASS7.0。

1. AutoCAD 2006 的安装

① 将 AutoCAD 2006 软件光盘放入光驱，执行 setup 程序，启动安装向导。

② 按照提示进行安装，并在选择安装类型时选择 FULL（完全）安装。

③ 完成安装后，需要重新启动计算机。

2. CASS7.0 的安装

① 在运行过一次 AutoCAD 2006 后，就可进行 CASS7.0 安装。

② 将 CASS7.0 软件光盘放入光驱，双击 setup.exe 文件，启动安装向导程序。

③ 按照提示进行安装。

三、用 CASS7.0 绘制地形图

1. 数据传输

① 将采集完外业数据的全站仪通过专用的数据线与计算机相连接。

② 打开全站仪，将仪器调置到输出参数设置状态，对其进行设置；再调置全站仪到数据输出状态，直至最后一步的前一项时进行等待。

③ 点击南方 CASS7.0 软件"数据"中的"读取全站仪数据"，对照仪器型号，使各个项目的配置选择与仪器的输出参数相一致。

④ 点击数据存放的文件夹，选择、编辑文件名并点击"转换"，随即点击一直处于等待状态的全站仪的输出确认键；直至数据全部传输到计算机后，即可关闭全站仪。

2. 定显示区

定显示区就是通过坐标文件中的最大、最小坐标，定出屏幕窗口的显示范围，以保证所有碎部点都能显示在屏幕上。进入 CASS7.0 主界面，用鼠标点击"绘图处理"项，选择下拉菜单"定显示区"项，通过输入坐标数据文件名，系统就会自动检索所有点的坐标，并在屏幕命令区显示坐标范围。

3. 选择测点点号定位成图法

选择屏幕右侧菜单区的"测点点号"项，通过点号坐标数据文件名的输入，即可完成所有点的读入。

4. 展点

选择屏幕顶端菜单的"绘图处理"项并点击，接着选择下拉菜单"展野外测点点号"项点击，再输入对应的坐标数据文件名，便可在屏幕上展出野外测点的点号。

5. 绘平面图

根据外业草图，使用屏幕右侧的菜单将所有地物分为 13 类，如文字注记、控制点、界址点、居民地等，按照分类即可绘制各种地物。

6. 绘等高线

① 展绘高程点。选择"绘图处理"菜单下的"展高程点"，通过输入数据文件的名称，即可展出所有高程点。

② 建立 DTM 模型。选择"等高线"菜单下的"用数据文件生成 DTM"，然后输入数据文件名称。

③ 绘等高线。选择"等高线"菜单下的"绘等高线"，即可完成等高线的绘制；最后还应选择"等高线"菜单下的"删三角网"，可将三角网除去。

④ 等高线的修剪。选择"等高线"菜单下的"等高线修剪"，面对多种可供选择的情

况，即可进行相应的修剪。

7. 图形编辑

选择屏幕右侧菜单"文字注记"，即可完成文字和数字的注记；选择"绘图处理"菜单下的"标准图幅"，通过对图廓注记内容的输入，便可完成添加图框。

8. 图形输出

编辑好的图形文件即为数字化地形图，选择"文件"菜单下的"用绘图仪或打印机出图"，即可进行图形输出。

第三节　GPS 技术在园林工程测量中的应用

一、GPS 的组成

GPS 是英文"Navigation Satellite Timing And Ranging/Global Positioning System"的缩写，即"卫星测时测距导航/全球定位系统"的简称。GPS（全球定位系统）由空间星座部分、地面控制部分和用户设备部分构成，其组成及其相互关系如图 5-4 所示。

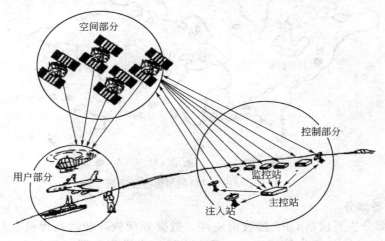

图 5-4　GPS 的组成及其相互关系

1. 空间星座部分

GPS 卫星星座由 21 颗工作卫星和 3 颗在轨备用卫星组成，记作（21＋3）GPS 星座。GPS 卫星的核心部件包括高精度的时钟、导航电文存储器、双频发射和接收机以及微处理机。如图 5-5 所示，24 颗卫星均匀分布在 6 个轨道平面内，轨道倾角为 55°，各个轨道平面之间夹角为 60°，即轨道的升交点赤经各相差 60°；每个轨道平面内各颗卫星之间的升交角相差 90°，一轨道平面上的卫星比西边相邻轨道平面上的相应卫星超前 30°；轨道平均高度为 20200km，卫星运行周期为 11h 58min。用 GPS 信号导航定位时，为了解算测站的三维坐标，必须观测 4 颗卫星，称为定位星座；GPS 卫星的空间分布保证了在地球上的任何地点、任何时刻至少可同时观测到 4 颗卫星，加上 GPS 卫星信号的传播和

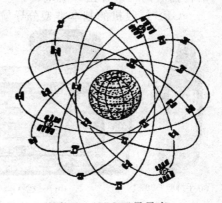

图 5-5　GPS 卫星星座

接收不受天气影响，故 GPS 是一种高精度、全球性、全天候的连续实时定位系统。

2. 地面控制部分

GPS 工作卫星的地面控制系统包括 1 个主控站、3 个注入站和 5 个监测站，如图 5-6 所示。主控站设在美国科罗拉多（Colorado），其任务是收集、处理本站和监测站收到的全部资料，编算出每颗卫星的星历和 GPS 时间系统，将预测的卫星星历、钟差、状态数据以及大气传播改正等编制成导航电文传送到注入站；主控站还负责纠正卫星的轨道偏离，必要时调度卫星，让备用卫星取代失效的工作卫星；另外还负责整个地面监测系统的工作，检验注入给卫星的导航电文，监测卫星是否将导航电文发给了用户。3 个注入站分别设在大西洋的阿松森岛（Ascencion）、印度洋的狄哥伽西亚（Diego Garcia）和太平洋的卡瓦加兰（Kwajalein），其任务是将主控站发来的导航电文注入相应的卫星存储器；此外，注入站能自动向主控站发射信号，每分钟报告一次自己的工作状态。监测站共有 5 个，除了主控站和注入站这 4 个站以外，还在夏威夷（Hawaii）设立了一个监测站，它们的主要任务是为主控站提供卫星的观测数据，监测卫星的工作状态。

图 5-6 GPS 卫星的地面控制系统

3. 用户设备部分

用户设备部分主要包括 GPS 接收机硬件、数据处理软件和微处理机及其终端设备等。GPS 接收机是用户设备部分的核心，一般由主机、天线和电源三部分组成，作用是接收 GPS 卫星所发出的信号，并利用这些信号进行导航定位等工作。用户部分能跟踪和接收 GPS 卫星发射的信号，并进行交换、放大和处理，以便测出 GPS 信号从卫星到接收机天线的传播时间，解译出导航电文，实时计算出测站的三维坐标，甚至是三维速度和时间。

GPS 接收机的基本类型分导航型和大地型，如图 5-7、图 5-8 所示。

(a) 手持型 GPS 机　　(b) 车载型 GPS 机

图 5-7 导航型 GPS 接收机

图 5-8 大地型 GPS 接收机

二、GPS 定位的基本原理

应用无线电测距交会的原理，可由三个以上地面已知点（控制站）交会出卫星的位置，反之利用三颗以上卫星的已知空间位置又可交会出地面未知点（用户接收机）的位置，这便是 GPS 卫星定位的基本原理。

1. 伪距法定位原理

伪距就是卫星发射的信号到达 GPS 接收机的传播时间乘以光速所得出的量测距离。由于卫星钟、接收机钟的误差以及无线电信号经过电离层和对流层的延迟，实测出的距离与卫星到接收机的几何距离有一定差值，因此一般称量测出的距离为伪距。伪距法虽然定位精度不高，但定位速度快，且无多值性，是 GPS 定位系统中最基本的方法。

2. 载波相位定位测量

利用卫星发射的载波为测距信号，由于载波的波长比测距码波长短很多，因而就会得到较高的测量定位精度。载波相位测量是目前大地测量和工程测量中的主要测量方法。由于载波信号是一种周期性的正弦信号，相位测量只能测定不足一个波长的部分，因此存在着整周数不确定的问题，从而使得载波相位测量的解算过程比较复杂。

三、GPS 定位测量的模式

利用 GPS 进行定位，就是把卫星视为"动态"控制点，在已知其瞬间坐标的条件下，以 GPS 卫星和用户接收机天线之间的距离为观测量，通过空间距离后方交会，从而确定接收机所处的位置。

1. 绝对定位法

该定位也叫单点定位，是采用一台接收机进行定位的模式，即利用 GPS 卫星和用户接收机之间的距离观测值，直接确定用户接收机天线在 WGS-84 坐标系中相对于坐标系原点（地球质心）的绝对位置。绝对定位又可分为静态绝对定位和动态绝对定位。由于受卫星轨道误差、钟差、信号传播误差等因素的影响，静态绝对定位的精度约为米级，动态绝对定位的精度约为 10~40m。此精度只能满足一般的导航定位，而不能满足大地测量精密定位的要求。

2. 相对定位法

GPS 相对定位是利用两台 GPS 接收机，将其安置在基线的两端，同步观测相同的 GPS 卫星，从而确定基线端点在 WGS-84 坐标系中的相对位置（坐标差）。由于观测过程中的重复观测，取得了多余观测数据，故提高了 GPS 的定位精度。相对定位法是目前 GPS 测量中精度最高的定位方法，广泛应用于大地测量、精密导航等高精度测量工作。

四、GPS 测量工作

（一）GPS 网的技术设计

技术设计是依据 GPS 测量的用途及用户的要求，按照国家及行业主管部门颁布的 GPS 测量规范（规程），对网形、基准、精度及作业纲要（如观测的时段数、每个时段的长度、采样间隔、截止高度角、接收机的类型及数量、数据处理的方案）等所作出的具体规定和要求。技术设计是 GPS 测量中一项非常重要的基础性工作，是项目实施过程中以及检查验收时的技术依据。

1. 技术设计的依据

① 测量任务书或测量合同书。测量任务书是测量单位的上级事业性单位主管部门下达

的具有强制约束力的文件，常用于下达计划指令性任务；测量合同书则是由业主方（或上级主管部门）与测量实施单位所签订的合同，经双方协商同意并签订后便具有法律效力。测量单位必须按照测量任务书或测量合同书中所规定的用途、范围、精度、密度等进行施测，并在规定时间内提交合格的成果及相关资料；上级主管部门及业主方也应按测量任务书或测量合同书中的规定及时拨（支）付作业费用，并在资料、场地等方面给予必要的协助和照顾。

② GPS测量规范及规程。GPS测量规范及规程是由国家质量技术监督局及行业主管部门所制定的技术标准，我国目前的GPS测量规范及规程主要有：2001年国家质量技术监督局发布的国家标准《全球定位系统（GPS）测量规范》GB/T 18314—2001；1992年国家测绘局发布的测绘行业标准《全球定位系统（GPS）测量规范》CH 2001—92；1995年国家测绘局发布的测绘行业标准《全球定位系统（GPS）测量型接收机检定规程》CH 8016—1995；1997年建设部发布的行业标准《全球定位系统城市测量技术规程》CJJ 73—1997；以及各部委根据本部门GPS测量的实际情况所制定的其他GPS测量规程及细则。

2. CPS网的精度和密度设计

应用GPS定位技术建立的测量控制网称为GPS控制网，其控制点称为GPS点。GPS控制网可分为两大类：一类是国家或区域性的高精度GPS控制网；另一类是局部性的GPS控制网，包括城市或工矿区及各类工程控制网。

① GPS测量的精度标准及分级。对GPS网的精度要求，主要取决于测区大小、网的用途以及定位技术所能达到的精度。精度指标通常用GPS网相邻点间弦长的标准差来表示，即

$$\sigma = \sqrt{a^2 + (b \times d \times 10^{-6})^2} \tag{5-1}$$

式中，σ为标准差（基线向量的弦长中误差），mm；a为GPS接收机标称精度中的固定误差，mm；b为GPS接收机标称精度中的比例误差系数；d为相邻点间的距离，mm。

在《全球定位系统（GPS）测量规范》GB/T 18314—2001中，将GPS测量划分为AA级、A级、B级、C级、D级和E级6个精度等级，其主要技术参数与用途见表5-21所示。

表 5-21 国家GPS测量控制网的精度分级与用途

级别	相邻点平均距离/km	固定误差 a/mm	比例误差系数 b	主要用途	
AA	1000	≤3	≤0.01	全球性的地球动力学研究、地壳形变测量和精密定轨	AA级、A级、B级可作为建立国家空间大地测量控制网的基础
A	300	≤5	≤0.1	区域性的地球动力学研究和地壳形变测量	
B	70	≤8	≤1	局部形变监测和各种精密工程测量	
C	10~15	≤10	≤5	大中城市及工程测量的基本控制网	C级、D级、E级可用于局部地区及工程测量的基本控制网
D	5~10	≤10	≤10	中小城市、城镇及测图、地籍、土地信息、房产、物探、勘测、建筑施工等的控制测量	
E	0.2~5	≤10	≤20		

为了进行城市和工程测量，国家建设部发布的行业标准《全球定位系统城市测量技术规程》CJJ 73—1997中，将GPS测量划分为二等、三等、四等和一级、二级，其主要技术参数如表5-22所示。

表 5-22　城市 GPS 测量控制网的精度分级与主要技术参数

等级	平均距离/km	固定误差 a/mm	比例误差系数 b	最弱边相对中误差	备注
二等	9	≤10	≤2	1/120000	
三等	5	≤10	≤5	1/80000	当边长小于 200m 时，边长中误差应小于 20mm
四等	2	≤10	≤10	1/45000	
一级	1	≤10	≤10	1/20000	
二级	<1	≤15	≤20	1/10000	

② GPS 定位的密度设计。不同的任务和服务对象，对 GPS 网的分布有着不同的要求。例如，AA 级基准点主要用于提供国家级基准，有助于定轨、精密星历计算和大范围大地变形监测，平均距离为几百千米；而一般测图加密和工程测量所需的网点，平均边长在几千米甚至几百米以内。各级 GPS 网中，两相邻点间的平均距离如表 5-21、表 5-22 所示；相邻点间的最小距离可为平均距离的 1/3～1/2 倍，最大距离可为平均距离的 2～3 倍。

3. GPS 网的图形设计原则

① GPS 网应尽量利用独立观测边构成闭合图形，如三角形、多边形或附合线路，以此增加检核条件，提高网的可靠性。

② 观测站点网点应尽量与原有的地面控制点相重合，重合点一般不应少于 3 个（不足时应联测），且在网中应分布均匀，以利于可靠地确定 GPS 网与地面网之间的转换系数。同时，亦应考虑与水准点相重合，对非重合点应根据要求以水准测量方法进行联测，或在网中布设一定密度的水准联测点，以提升高程测量的精度。

③ 观测站点一般应设在视野开阔和交通便利的地方，以利于观测及水准联测。同时，为了便于与经典方法联测或扩展，必须考虑在 GPS 网点附近布设一些通视条件良好的方位点，以建立联测方向；方位点与观测站点的距离一般应大于 300m。

（二）选点与建立标志

由于 GPS 测量观测站之间不一定要求相互通视，而且网的图形结构也比较灵活，所以选点工作比常规控制测量的选点要简便；但为了保证观测工作的顺利进行和保证测量结果的可靠性，在选点工作开始前，应收集和了解有关测区的地理情况和原有测量控制点的分布及完好状况，以决定其适宜的点位。一般情况下，点位应设在交通方便、易于安装接收机、基础稳定、视野开阔的较高点上，视场周围 15°以上不应该有障碍物，以免 GPS 信号被遮挡或吸收；为避免磁场对 GPS 信号的干扰，点位应远离大功率无线电发射源，其距离不得小于 200m，还应远离高压输电线和微波无线电输送通道，其距离不得小于 50m；点位附近不应有大面积水域或强烈干扰卫星信号接收的物体，以减弱多路径效应的影响；另外，在利用原有点时，应检查该点的稳定性和完好性，符合要求时方可使用。

GPS 网点一般应埋设具有中心标志的标石，以精确标定点位。点的标石和标志必须稳定、坚固，能够长期保存和利用。标石埋设结束后，应填写点之记，并提交选点网图、土地占用批准文件和测量标志委托保管书、选点与埋石工作技术总结。

（三）外业观测

外业观测是指利用 GPS 接收机采集来自 GPS 卫星的电磁波信号，作业过程分为天线安置、接收机操作、数据记录等几个环节。

1. 天线安置

在测站上，首先连接基座和脚架，然后将 GPS 天线、天线连接器与基座相连。进行对中、整平、定向，在确认各部件连接妥当后，量取天线斜高，上至天线槽口，下到测站中心。

2. 接收机操作

天线安置完成后,在离开天线适当位置的地面上安放 GPS 接收机,接通 GPS 接收机与电源、GPS 天线、控制器的连接电缆,经过预热和静置,启动接收机进行观测。

① 按照作业时间开机或提前开机。按电源开关键开机,待所有指示灯发亮时,松开按键,此时 A 电池或 B 电池状态灯只有一个长亮;当电源灯快速闪烁或不亮时,说明电量不足。

② 卫星状况显示灯快速闪烁时,说明接收机在搜索、跟踪卫星或者卫星的颗数少于 4 颗;卫星状况显示灯一秒闪烁一次时,观测卫星颗数达到 4 颗或超过 4 颗。

③ 用接收机捕获 GPS 信号,对其进行跟踪、接收和处理,获取所需的定位观测数据。

3. 数据记录

当接收机有关显示正常并经过自检后,按照仪器的使用手册进行输入和查询工作。

① 按记录键开关。当卫星颗数达到 4 颗或 4 颗以上时,按记录开关键,记录灯长亮,表明正在记录数据;当记录灯一秒闪烁一次时,说明快速静态测量数据已经足够;当记录灯快速闪烁时,表明接收机内存已满。

② 在观测记录簿上记录点名、天线类型、天线高、观测时段和卫星状况。

4. 关机

① 检查卫星状况后,按住数据记录开关,直到指示灯熄灭,停止记录。

② 按住电源开关,直到无指示灯闪烁;然后拆天线,并装箱搬站。

5. 仪器初始化

当机器不能正常工作时,可将其进行初始化,即按住电源开关 15s,直到所有显示灯都熄灭又都全亮为止,这样可恢复厂家缺省设置;然后按住电源开关 30s,消除接收机存储的所有文件,并格式化数据卡。

(四) 成果检核与数据处理

首先对野外观测资料进行复查,内容包括成果是否符合调度命令和规范要求、观测数据的质量分析是否符合实际等,然后利用计算机软件,分基线解算和网平差两个阶段进行 GPS 测量数据的处理,并根据两测点同步观测的载波相位观测值,进行相对定位解算,算出两点间的坐标差。

1. 基线解算

基线解算的过程包括数据传输、按顺序输入点名和天线高;基线解算出来后,还应检查基线闭合差是否在规范要求的范围内。

2. GPS 网平差

在各项质量经检核并符合要求后,即可利用相关软件进行 GPS 网平差。

五、GPS 技术在园林工作中的应用

目前,GPS 技术在园林工作中的应用非常广泛,主要为:可利用 GPS 测量功能进行园林绿地面积的测量和统计;对城市重点植物进行空间位置测量,例如,对城市古树名木的测量定位;结合植物地理信息系统(GIS),对园林植物进行动态管理,例如,某些植物园植物登记系统就是以 GPS 设备作为数据和实地联系测量的纽带;GPS 可以作为园林施工放线等的重要手段,从而大大加快了工作进度,同时也方便了设计人员在现场准确调整方案等;园林绿地中地下管网较多,埋设时利用 GPS 设备记录下它们的空间坐标,可为日后的管理提供方便;在园林地形改造的过程中,高程控制有一定的难度,如果利用 GPS 设备,就可以直接反映正在施工的高程及位置与设计要求间的关系;另外,利用 GPS 的导航功能可以为城市绿地管理、执法过程提供便利条件。

实训 5-1　电子全站仪的使用

一、实训目的

掌握 NTS-320 系列全站仪的操作与使用方法。

二、实训内容

1. 熟悉全站仪的各部件名称及其功能。
2. 对全站仪进行对中、整平、瞄准等操作练习。
3. 利用全站仪进行角度测量、距离测量和坐标测量。

三、仪器及工具

按 5~6 人为一组，每组配备：南方 NTS-320 系列全站仪 1 台，三脚架 1 副，带三脚架和基座连接器的单棱镜 1 个，带对中杆的单棱镜 1 个，木桩及小铁钉各 4~6 个，斧头 1 把，钢尺 1 副，气压计 1 只，温度计 1 只，对讲机 2 个，记录板 1 块（含草稿纸等）；自备铅笔、小刀、计算器等。

四、方法提示

1. 对照全站仪实物与全站仪操作手册，熟悉仪器的各部件名称及其功能。
2. 将全站仪安置在测站点上，并进行对中、整平；松开竖盘制动钮，将望远镜纵转一周，仪器自动进入角度测量模式。
3. 选择两个观测点并在其上分别安置棱镜，然后对照操作手册进行角度测量、距离测量、坐标测量。

五、注意事项

1. 当全站仪被安装到三脚架上或被卸下时，一只手要始终握住仪器，以防其跌落。
2. 经全面检查，待仪器的各项指标、初始设置和改正参数等均符合要求时再进行测量作业。
3. 使用完毕后，应利用绒布或毛刷清除仪器表面的灰尘，然后将其装入箱内并置于干燥处保存。
4. 长期不使用仪器时，应将机载电池取下存放，卸电池时应关闭电源，电池必须每月充电一次。

六、实训报告

每人上交一份"电子全站仪的基本操作方法与光学经纬仪有何异同"的实训报告。

实训 5-2　测图软件的使用

一、实训目的

掌握 CASS7.0 测图软件的使用方法。

二、实训内容

1. 平面图的绘制与等高线的绘制。
2. 图幅的编辑与输出。

三、仪器及工具

按 5~6 人为一组，每组配备：存储了外业观测数据的全站仪 1 台，外业观测时绘制的草图 1 份，已安装 AutoCAD 2006 软件和 CASS7.0 测图软件的计算机 1 台，专用数据传输导线 1 根；另配有打印机、打印纸等。

四、方法提示

1. 通过专用的数据线，将全站仪内部存储的外业观测数据传输到计算机中。
2. 对照所用软件的《参考手册》和《用户手册》，确定显示区、选择测点点号定位成图法、展野外测点点号、绘制平面图、绘制等高线、进行图幅的编辑与整饰，最后用打印机出图。

五、注意事项

1. 操作时应及时存盘，以防数据丢失。
2. 要注意看命令行中的提示，当一个命令尚未执行完时，最好不要再执行下一个命令。
3. 有些命令具有多种途径，可根据个人的喜好选择快捷菜单或下拉菜单。
4. 在作图过程中，经常用到删除、移动、复制、回退等一些编辑功能，其操作同 AutoCAD。

六、实训报告

每小组上交编辑好的数字化地形图电子稿一份。

复习思考题

1. 简述 NTS-320 系列全站仪水平度盘读数的设置方法。
2. 简述 NTS-320 系列全站仪距离测量的初始设置与距离测量的方法。
3. 简述 NTS-320 系列全站仪坐标测量的初始设置与坐标测量的方法。
4. 数字化测图数据的采集方法有哪些？
5. 根据测图软件自带的数据文件，说明利用 CASS7.0 测图软件绘制地形图的作业步骤。
6. GPS 网技术设计的主要依据有哪些？
7. GPS 网的图形设计原则有哪些？
8. 简述 GPS 测量的外业观测方法和步骤。

第六章 测量误差的基本知识

知识目标

1. 了解测量误差的概念，熟悉测量误差的来源，掌握测量误差的分类及其各自特点。
2. 了解中误差、相对误差和容许误差的概念，掌握这三个指标在衡量观测值精度等方面的相同点与不同点。
3. 掌握倍数函数、和差函数、线性函数、一般函数的中误差的传播规律和计算方法。

技能目标

1. 能够正确区分系统误差和偶然误差，并能合理地评定观测结果的精度。
2. 根据测量误差的传播定律，能够正确计算观测值的中误差和观测数据算术平均值的中误差。

第一节 测量误差的来源与种类

一、测量误差及其来源

在园林工程测量中，当对某一未知量，如某一个角度、某一段距离或某两点之间的高差等，进行多次重复测量时，无论所使用的仪器多么精密，也无论测得如何仔细，测出的结果总存在着差异，这种差异表现为各次测量所得的观测值与未知量的真实值之间存在有差值，这种差值称为测量误差，也称真误差，用"Δ_i"表示，即

$$\Delta_i = l_i - X \tag{6-1}$$

式中，l_i 为某一未知量的观测值，$i=1,2,\cdots,n$；X 为某一未知量的真实值。

引起测量误差的原因很多，但主要有三个方面：一是测量仪器、工具的精密程度不尽完善而产生的测量误差；二是观测者感觉器官的鉴别能力有限，以及人的反应速度、固有习惯而产生的人为误差；三是观测时外界环境条件如亮度、温度、湿度和风力等诸多因素的影响而产生的环境误差。

测量距离、角度、面积、高程等任一要素时，都必须使用仪器或工具，并在一定的观测条件下由人进行实施，因此，产生测量误差的因素总是存在的。在测量作业时，若能改善仪器性能，选择良好的外界条件，认真细致地按操作规程工作，无疑可以提高观测结果的精度，但不能消除观测误差的来源，故测量误差是不可避免的，任何观测结果中都包含着测量误差。

上述产生误差的三个方面原因，通常称为观测条件；观测条件相同的各次观测，称为同精度观测，它是园林工程测量误差的主要研究内容；而观测条件不相同的各次观测则称为不同精度观测。

在测量工作中，有时还会出现读错、测错、记错等测量错误，可以通过一定的测量校核

措施来发现并加以消除，不属于测量误差的讨论范围。

二、测量误差的种类

测量误差按其性质可分为系统误差和偶然误差两大类。

1. 系统误差

在相同的观测条件下，对某一量进行一系列的同精度观测，如果观测误差出现的符号相同，数值的大小保持常数或按一定的规律发生变化，这种误差称为系统误差。

例如，钢尺长度本身存在误差，某一注记长度为 30m 的钢尺，经检定后，其实际长度只有 29.991m，那么，若直接使用这把钢尺测量距离，则每一丈量尺段中都含有 $+0.009$m 的尺长误差；这个误差的数值和符号是固定的，且丈量的尺段越多，误差的累计值也就越大。

显然，系统误差不能相互抵消，具有积累性，它对观测结果的影响很大，因此，在实际测量工作中，必须查明系统误差产生的原因并加以改正。产生系统误差的主要原因是测量仪器及工具本身不完善，同时还存在有外界条件的影响，使系统误差的出现具有一定的规律性，故可用各种方法将它消除或减弱其对观测结果的影响。具体方法是：在钢尺丈量前，首先对尺长进行检定，求出尺长改正数，然后再对丈量的结果进行改正，以消除尺长误差的影响；在水准测量中，因水准仪的水准轴不严格平行于视准轴以及地球曲率和大气折光的影响，使尺上读数总是偏大或者偏小，且这种误差随水准仪与水准尺之间距离的增大而增大，故可以用前视尺和后视尺等距的方法加以消除；在水平角测量中，经纬仪的视准轴与横轴、横轴与竖轴不严格垂直，它们造成的读数误差可采用盘左、盘右两个位置观测并取平均值来消除；在三角高程测量中，地球曲率和大气折光对高程的影响可以采用正觇、反觇加以消除等等。然而，需要说明的是，绝大部分系统误差是可以加以改正或者采用适当的观测方法加以消除的，但也有一些系统误差无法完全消除，那就要通过规范、细心地操作使其减小到最低限度。

2. 偶然误差

在相同的观测条件下，对某一固定量作一系列的同精度观测，如果观测结果的差异在数值大小和符号上都没有表现出一致的倾向，即从表面上看，每一个误差不论其符号还是数值大小都没有任何规律性，但就大量误差的总体而言，却呈现出一定的统计规律性，而且误差的个数越多，这种规律性就越明显，这种误差称之为偶然误差。

产生偶然误差的原因很多，有仪器精度的限制、外界环境的影响、人的感觉器官的局限等等。如距离丈量和水准测量中，对尺子上末位数字的估读，存在偶然误差；在水平角测量时，对中的误差、瞄准误差、读数误差等都是偶然误差。

在测量工作中，错误是不允许的，系统误差是可以被消除、减弱或限制的，唯独偶然误差是客观存在的，在观测中只能力求将其减少到最低限度，而不能避免。由此可知，学习测量误差理论的目的，就是首先根据误差理论制定出精度要求，以便指导测量工作者选用适当的仪器工具和观测方法；其次就是研究对带有偶然误差的一系列观测值，如何确定未知量的最可靠值，并对其精度进行评定。

通过测量实践发现，对同一量进行多次同精度观测，虽然不能够完全消除偶然误差，但经多次测量求平均值，会在很大程度上减少偶然误差的影响，也可对偶然误差的性质进行分析研究。下面通过观测某三角形内角之和的实例加以说明。

例如，在某测区，对一个三角形的三个内角各进行了 358 次同精度观测，由于偶然误差的存在，使得三角形的内角和不等于理论值 180°；设三角形内角和的真值为 X，三角形内

角和的观测值为 l_i，则由公式（6-1）得出该三角形内角和的真误差为 $\Delta_i = l_i - X$，其中 $i = 1, 2, 3, \cdots, n$。

现将 358 个三角形内角和的真误差按每 3″ 为一个区间，并按绝对值大小进行排列，分别统计其出现在各区间的正、负误差个数及其误差出现的频率，结果列于表 6-1。

表 6-1 三角形内角和的真误差统计表

误差大小区间	负的误差		正的误差		合计	
	个数	频率	个数	频率	个数	频率
0″~3″	45	0.126	46	0.128	91	0.254
3″~6″	40	0.112	41	0.115	81	0.227
6″~9″	33	0.092	33	0.092	66	0.184
9″~12″	23	0.064	21	0.059	44	0.123
12″~15″	17	0.047	16	0.045	33	0.092
15″~18″	13	0.036	13	0.036	26	0.072
18″~21″	6	0.017	5	0.014	11	0.031
21″~24″	4	0.011	2	0.006	6	0.017
24″以上	0	0	0	0	0	0
Σ	181	0.505	177	0.495	358	1.000

由表 6-1 中可以看出，该组误差分布的规律为：小误差出现的频率比大误差出现的频率高；绝对值相等的正、负误差出现的个数相近；最大的误差不超过某一个限值（如 24″以上）。

经测量实践，在其他观测结果中，也同样存在表 6-1 中的规律，并且通过大量的试验统计与总结，当观测次数较多时，偶然误差具有如下特性。

① 在一定测量条件下的有限次观测值中，偶然误差的绝对值不超过一定的限值，即误差具有一定的范围。

② 绝对值较小的误差出现的机会多，而绝对值较大的误差出现的机会少，表现出明显的统计规律性。

③ 绝对值相等的正、负误差出现的机会大致相等，误差的符号也具有统计规律。

④ 当观测次数无限增大时，偶然误差的算术平均值趋近于零，误差表现出抵消性，即

$$\lim_{n \to \infty} \frac{\sum_{i=1}^{n} \Delta_i}{n} = 0 \tag{6-2}$$

式中，n 为观测次数；$\sum_{i=1}^{n} \Delta_i$ 为表示真误差的总和，等于 $\Delta_1 + \Delta_2 + \cdots + \Delta_n$。

第二节 衡量观测值精度的指标

由于观测结果中存在偶然误差，故对同一量的多次同精度观测结果会有所不同，为了说明测量结果的精确程度，并评定其是否符合要求，就必须建立一个统一的衡量精度的指标。常用的衡量精度指标有以下几种。

一、中误差

在相同的观测条件下，对某一量进行 n 次同精度观测，其观测值为 $L_i (i = 1, 2, \cdots, n)$，

相应的真误差为 $\Delta_i(i=1,2,\cdots,n)$，则各观测值真误差 Δ_i 的平方和的算术平均值的平方根，称为观测值的中误差，以 "m" 表示，即

$$m=\pm\sqrt{\frac{\Delta_1^2+\Delta_2^2+\cdots+\Delta_n^2}{n}}=\pm\sqrt{\frac{\sum_{i=1}^{n}\Delta_i^2}{n}} \tag{6-3}$$

【例 6-1】 甲、乙两个测量小组，对同一个三角形各内角分别作了 10 次同精度观测，两组根据每次观测值求得三角形内角和的真误差为：甲组，$+2''$、$-2''$、$-3''$、$+2''$、$0''$、$-4''$、$+2''$、$+2''$、$-2''$、$-1''$；乙组，$0''$、$-2''$、$-5''$、$+2''$、$+1''$、$+1''$、$-6''$、$0''$、$+3''$、$-1''$。试问，哪个测量小组的观测精度更高？

解： 根据公式（6-3），甲、乙两个测量组观测值的中误差分别为

$$m_{甲}=\pm\sqrt{\frac{2^2+2^2+3^2+2^2+0^2+4^2+2^2+2^2+2^2+1^2}{10}}\approx\pm2.2''$$

$$m_{乙}=\pm\sqrt{\frac{0^2+2^2+5^2+2^2+1^2+1^2+6^2+0^2+3^2+1^2}{10}}\approx\pm2.8''$$

因 $m_{甲}<m_{乙}$，所以甲组的测量精度高于乙组。

从中误差的定义和该例可以看出，中误差并不等于每个观测值的真误差，它与真误差的大小相关，只表示该观测系列中每一观测值的精度，由于是同精度观测，故每一观测值的精度均为 "m"，通常称 m 为任一次观测值的中误差。中误差是衡量观测值精度的可靠指标，当误差的大小与所观测量的大小无关时，例如在角度观测中，角度误差的大小与所测角值的大小无关，可直接用中误差来衡量其精度。

二、相对误差

真误差和中误差描述的都是观测值的误差值本身大小，而与被观测值的大小无关，一般称为绝对误差。当观测误差的大小与观测值的大小相关时，仅利用中误差就不能反映出测量精度的高低，必须采用相对误差来衡量测量精度。相对误差 K 等于绝对误差的绝对值 $|m|$ 与相应观测值 l 之比，并用分子为 1 的分数形式来表示，即

$$K=\frac{|m|}{l}=\frac{1}{\frac{l}{|m|}} \tag{6-4}$$

【例 6-2】 在经纬仪导线测量中，丈量了甲、乙两条导线边，其长度分别为 90.031m 和 105.723m，它们的中误差均为 ±0.100m，此时用中误差难以判断丈量精度的高低，那么，如何评价哪条导线边的丈量精度更高呢？

解： 根据公式（6-4），丈量甲、乙两条导线边的相对误差（精度）分别为

$$K_{甲}=\frac{0.100\text{m}}{90.031\text{m}}\approx\frac{1}{900}$$

$$K_{乙}=\frac{0.100\text{m}}{105.723\text{m}}\approx\frac{1}{1057}$$

因 $K_{甲}>K_{乙}$，故导线边乙的丈量精度高于导线边甲。

三、容许误差

在测量工作中，由于各种因素的影响，会不可避免地存在偶然误差，但是，根据偶然误

差的特性可知，它的绝对值大小不会超过一定的限值。如果某个观测值的误差超过了这个限值，就说明观测质量低，不符合精度要求，应将此值舍去而不用。至于这个限值究竟应定多大，根据误差理论及大量试验资料的统计表明，大于1倍中误差的偶然误差出现的机会为32%；大于2倍中误差的偶然误差出现的机会只有4.5%；而大于3倍中误差的偶然误差出现的机会仅为0.3%左右。事实上，观测次数总是有限的，故可以认为大于3倍中误差的偶然误差在一次试验中是难以出现的，为此，在实际工作中，一般就以3倍中误差（3m）作为容许误差（也称为极限误差或最大误差），即

$$\Delta_{容} = 3m \tag{6-5}$$

式中，m 为观测值的中误差。

当测量要求严格或者观测次数不多时，也可采用2倍中误差作为容许误差，即

$$\Delta_{容} = 2m \tag{6-6}$$

第三节　测量误差的传播定律

根据多次直接观测值而产生的误差能够衡量直接观测值的精度，但在实际测量工作中，有的未知量不是直接观测而来，而是通过观测值间接计算出来的。譬如，对某一段长度作了 n 次同精度测量得 $l_i(i=1,2,\cdots,n)$，需要求算该段长度的算术平均值 L，即 $L=\dfrac{\sum\limits_{i=1}^{n}l_i}{n}$；又如，用三角高程测量的方法测定地面上两点间的高差 h，首先需要观测水平距离 D 和竖直角 θ，然后再按照函数关系 $h=D\times\tan\theta$ 进行计算，等等。以上各式都是函数式，可用 $y=f(x)$ 来表示，这说明在直接观测的情况下，观测值的中误差和观测值函数的中误差之间存有一定的关系。表明独立观测值中误差与观测值函数中误差之间关系的定律，称为测量误差的传播定律。

一、倍数函数的中误差

设观测值的函数为

$$y = Kx \tag{a}$$

式中，K 为常数，无误差；x 为观测值，它的中误差为 m_x；y 为观测值的函数，它的中误差为 m_y。现设 x 和 y 的真误差分别为 Δx、Δy，则由（a）式可知

$$y + \Delta y = K(x + \Delta x) \tag{b}$$

（b）式减去（a）式可得，$\Delta y = K\Delta x$

若对 x 共观测了 n 次，则

$\Delta y_i = K\Delta x_i (i=1,2,\cdots,n)$，将该式平方得

$\Delta y_i^2 = K^2 \Delta x_i^2 (i=1,2,\cdots,n)$，将该式求和并在等式两边各除以 n 得

$$\frac{\sum\limits_{i=1}^{n}\Delta y_i^2}{n} = \frac{K^2 \sum\limits_{i=1}^{n}\Delta x_i^2}{n} \tag{c}$$

根据中误差的定义，（c）式可写成

$$\left. \begin{aligned} m_y^2 &= K^2 m_x^2 \\ \text{或 } m_y &= \pm K m_x \end{aligned} \right\} \tag{6-7}$$

即观测值与常数乘积的中误差,等于观测值中误差与常数的乘积。

> 【例6-3】在比例尺为 1∶2000 的地形图上,量得 A、B 两点间的长度 $d=23.2$mm,它的中误差 $m_d=\pm 0.3$mm,求算 A、B 两点间的实地距离 D_{AB} 以及它的中误差 m_D 各为多少?
>
> 解:由题意,$D'=2000\times d=2000\times 23.2\text{mm}=46400\text{mm}=46.4\text{m}$
>
> 根据公式(6-7)可得
>
> $m_D=\pm 2000\times m_d=\pm 2000\times 0.3\text{mm}=\pm 600\text{mm}=\pm 0.6\text{m}$
>
> 故 $D_{AB}=46.4\text{m}\pm 0.6\text{m}$

二、和差函数的中误差

设有函数为

$$Z=x\pm y \qquad (d)$$

式中,x、y 为独立观测值,它们的中误差分别为 m_x 和 m_y;Z 是 x、y 的和或差的函数,其中误差为 m_z。

设 x、y、z 的真误差分别为 Δx、Δy 和 Δz,则

$$Z+\Delta z=(x+\Delta x)\pm(y+\Delta y) \qquad (e)$$

将(e)式减去(d)式得

$$\Delta z=\Delta x\pm\Delta y$$

若对 x、y 均观测了 n 次,则

$\Delta z_i=\Delta x_i\pm\Delta y_i (i=1,2,\cdots,n)$,将该式平方得

$\Delta z_i^2=\Delta x_i^2\pm 2\Delta x_i\Delta y_i+\Delta y_i^2 (i=1,2,\cdots,n)$,将该式求和并除以 n 得

$$\frac{\sum_{i=1}^{n}\Delta z_i^2}{n}=\frac{\sum_{i=1}^{n}\Delta x_i^2}{n}\pm\frac{2\sum_{i=1}^{n}\Delta x_i\Delta y_i}{n}+\frac{\sum_{i=1}^{n}\Delta y_i^2}{n} \qquad (f)$$

根据中误差的定义,(f)式可写成

$$m_z^2=m_x^2\pm\frac{2\sum_{i=1}^{n}\Delta x_i\Delta y_i}{n}+m_y^2 \qquad (g)$$

(g)式中 Δx、Δy 均为偶然误差,其符号为正或负的机会相同,所以其乘积 $\Delta x\Delta y$ 的正、负号机会也相等;因此,当 n 相当大时,总和 $\sum_{i=1}^{n}\Delta x_i\Delta y_i (i=1,2,\cdots,n)$ 有正、负抵消的可能。根据偶然误差的特性,即公式(6-2),可得到

$$\lim_{n\to\infty}\frac{\sum_{i=1}^{n}\Delta x_i\Delta y_i}{n}=0$$

故,(g)式可变成

$$\left.\begin{array}{l}m_z^2=m_x^2+m_y^2\\ \text{或 } m_z=\pm\sqrt{m_x^2+m_y^2}\end{array}\right\} \qquad (6\text{-}8)$$

即两个观测值代数和的中误差,等于两个观测值中误差的平方和再开方。

若有 n 个观测值的代数和为 $Z=x_1\pm x_2\pm\cdots\pm x_n$

则同样可得

$$m_z = \pm \sqrt{m_{x1}^2 + m_{x2}^2 + \cdots + m_{xn}^2} \tag{6-9}$$

即 n 个观测值代数和的中误差，等于 n 个观测值中误差的平方和再开方。

【例6-4】在 $\triangle ABC$ 中，直接观测了 $\angle A$、$\angle B$，它们的中误差分别为 $\pm 18''$ 和 $\pm 24''$，试求算 $\angle C$ 的中误差。

解：因 $\angle C = 180° - \angle A - \angle B$

故，由公式（6-8）得

$$m_C = \pm \sqrt{m_A^2 + m_B^2} = \pm \sqrt{(18'')^2 + (24'')^2} = \pm 30''$$

三、线性函数的中误差

设有线性函数为

$$Z = K_1 x_1 \pm K_2 x_2 \pm \cdots \pm K_n x_n$$

式中，$x_i (i=1,2,\cdots,n)$ 为观测值，其相应的中误差为 $m_i (i=1,2,\cdots,n)$；$K_i (i=1,2,\cdots,n)$ 为常数。

根据公式（6-7）和公式（6-9）得

$$m_z = \pm \sqrt{K_1^2 m_1^2 + K_2^2 m_2^2 + \cdots + K_n^2 m_n^2} \tag{6-10}$$

【例6-5】假若 $x_1, x_2, \cdots, x_n$ 为某一水平角的 n 次观测值，其相应中误差 $m_1, m_2, \cdots, m_n$ 均为 m，试求算术平均值 $L = \dfrac{x_1 + x_2 + \cdots + x_n}{n}$ 的中误差 m_L。

解：因 $L = \dfrac{x_1 + x_2 + \cdots + x_n}{n} = \dfrac{x_1}{n} + \dfrac{x_2}{n} + \cdots + \dfrac{x_n}{n}$

故根据公式（6-10）可得

$$m_L = \pm \sqrt{\frac{1}{n^2} m_1^2 + \frac{1}{n^2} m_2^2 + \cdots + \frac{1}{n^2} m_n^2} = \pm \sqrt{\frac{1}{n^2} n m^2} = \pm \frac{m}{\sqrt{n}}$$

即算术平均值的中误差比独立观测值的中误差小 $\sqrt{n}$ 倍，因此，增加观测次数可以提高算术平均值的精度。

四、一般函数的中误差

设有一般函数

$$Z = f(x_1, x_2, \cdots, x_n)$$

式中，$x_1, x_2, \cdots, x_n$ 为互相独立的观测值，其相应的中误差分别为 $m_1, m_2, \cdots, m_n$。

当 $x_1, x_2, \cdots, x_n$ 分别具有真误差 $\Delta x_1, \Delta x_2, \cdots, \Delta x_n$ 时，则函数 Z 随之产生真误差 Δz；因误差 Δ 是微小数量，变量的误差与函数误差之间的关系可以近似地用函数的全微分来表达。将 $Z = f(x_1, x_2, \cdots, x_n)$ 微分得

$$dz = \frac{\partial f}{\partial x_1} dx_1 + \frac{\partial f}{\partial x_2} dx_2 + \cdots + \frac{\partial f}{\partial x_n} dx_n$$

如将上式中的微分量"d"改用真误差"Δ"，则得

$$\Delta z = \frac{\partial f}{\partial x_1} \Delta x_1 + \frac{\partial f}{\partial x_2} \Delta x_2 + \cdots + \frac{\partial f}{\partial x_n} \Delta x_n$$

式中，$\frac{\partial f}{\partial x}$是函数对于各个变量所取的偏导数，可将观测值代入求出数值，这些数值都是常数。根据公式（6-10）可得

$$m_Z = \pm\sqrt{\left(\frac{\partial f}{\partial x_1}\right)^2 m_1^2 + \left(\frac{\partial f}{\partial x_2}\right)^2 m_2^2 + \cdots + \left(\frac{\partial f}{\partial x_n}\right)^2 m_n^2} \quad (6\text{-}11)$$

即一般函数的中误差等于该函数对每个观测值所求得的偏导数值与相应观测值中误差乘积的平方取总和后再求平方根。

【例6-6】已测量出地面上 A、B 两点间的斜距 $l=29.989\text{m}$，两点间的高差 $h=2.121\text{m}$，又知 l 的中误差 $m_l=\pm0.004\text{m}$，h 的中误差 $m_h=\pm0.049\text{m}$，试求水平距离 D 及其相对中误差各为多少？

解：由题意，$D = \sqrt{l^2 - h^2} = \sqrt{29.989^2 - 2.121^2} = 29.914$（m）

求函数 D 的全微分得

$$dD = \frac{\partial D}{\partial l} dl + \frac{\partial D}{\partial h} dh$$

因 $\frac{\partial D}{\partial l} = \frac{l}{\sqrt{l^2 - h^2}}$，$\frac{\partial D}{\partial h} = -\frac{h}{\sqrt{l^2 - h^2}}$

则 $m_D^2 = \left(\frac{l}{\sqrt{l^2-h^2}}\right)^2 m_l^2 + \left(-\frac{h}{\sqrt{l^2-h^2}}\right)^2 m_h^2$

将各有关数据代入上式得

$$m_D = \pm\sqrt{\left(\frac{29.989}{29.914}\right)^2 \times 0.004^2 + \left(-\frac{2.121}{29.914}\right)^2 \times 0.049^2} = \pm 0.005 \text{（m）}$$

相对中误差为

$$K = \frac{0.005\text{m}}{29.914\text{m}} = \frac{1}{5982}$$

第四节　算术平均值及其中误差

一、算术平均值为最或是值

设对某一量作了 n 次同精度观测，观测值分别为 $l_1, l_2, \cdots, l_n$，其算术平均值 L 为

$$L = \frac{l_1 + l_2 + \cdots + l_n}{n} = \frac{\sum_{i=1}^{n} l_i}{n} \quad (6\text{-}12)$$

设该量的真值为 X，各观测值与真值之差为 $\Delta_i = l_i - X \ (i=1,2,\cdots,n)$，将其中各式相加，然后在等式的两边各除以 n 得

$$\frac{\sum_{i=1}^{n} \Delta_i}{n} = \frac{\sum_{i=1}^{n} l_i}{n} - X$$

综合公式（6-2）和公式（6-12）可得，$\lim\limits_{n \to \infty} \dfrac{\sum_{i=1}^{n} l_i}{n} = X$，即

$$\lim_{n\to\infty} L = X \tag{6-13}$$

由公式（6-13）可知，当观测次数为无限多时，观测值的算术平均值就是某一量的真值；当观测次数为有限时，平均值与各观测值相比，是最接近于真值的值，所以称算术平均值为最或是值，也称似真值。

经【例 6-5】的计算说明，某量"算术平均值的中误差比独立观测值的中误差小 $\sqrt{n}$ 倍，增加观测次数可以提高算术平均值的精度"，但是，当观测次数达到一定数值后再增加观测次数，精度提高的效果就不明显了，此时必须考虑采取其他措施。

在对同精度直接观测值进行平差时，由于取算术平均值为最或是值，因此，将观测值与算术平均值之差称为观测值的改正数，也称似真误差，若以 v 表示，则

$$v_i = l_i - L \quad (i=1,2,\cdots,n) \tag{6-14}$$

将公式（6-14）所包含的各式相加，然后在等式的两边各除以 n 得

$$\frac{\sum_{i=1}^{n} v_i}{n} = \frac{\sum_{i=1}^{n} l_i}{n} - L$$

根据公式（6-12）可知

$$\sum_{i=1}^{n} v_i = 0 \tag{6-15}$$

即一组同精度观测值的改正数之和恒等于零，这一结论可以用于测量计算的校核。

二、根据观测值的改正数计算中误差

根据公式（6-3）计算中误差时，必须知道真误差的大小，然而，在一般情况下真误差为未知数，因此，在实际测量工作中，通常根据观测值的改正数 v 来计算中误差。

由公式（6-1）和公式（6-14）可知
$\Delta_i = l_i - X \ (i=1,2,\cdots,n)$，$v_i = l_i - L \ (i=1,2,\cdots,n)$，则

$$\Delta_i - v_i = L - X \quad (i=1,2,\cdots,n) \tag{h}$$

设 $\delta = L - X$，将其代入（h）式并移项得 $\Delta_i = \delta + v_i \ (i=1,2,\cdots,n)$，将该等式两边平方后再求和，那么

$$\sum_{i=1}^{n} \Delta_i^2 = n\delta^2 + 2\delta \sum_{i=1}^{n} v_i + \sum_{i=1}^{n} v_i^2 \tag{i}$$

将（i）式两边同除以 n，并参考公式（6-15）得

$$\frac{\sum_{i=1}^{n} \Delta_i^2}{n} = \delta^2 + \frac{\sum_{i=1}^{n} v_i^2}{n} \tag{j}$$

因 $\delta = L - X = \dfrac{\sum_{i=1}^{n} l_i}{n} - X = \dfrac{(l_1 - X) + (l_2 - X) + \cdots + (l_n - X)}{n} = \dfrac{\sum_{i=1}^{n} \Delta_i}{n}$

则 $\delta^2 = \dfrac{\sum_{i=1}^{n} \Delta_i^2}{n^2} + \dfrac{2}{n^2}(\Delta_1 \Delta_2 + \Delta_2 \Delta_3 + \cdots)$ \hfill (k)

根据偶然误差的特性，当 n 趋近于无穷大时，（k）式中的"$\Delta_1 \Delta_2 + \Delta_2 \Delta_3 + \cdots$"应趋近于零；当 n 为有限值时，"$\Delta_1 \Delta_2 + \Delta_2 \Delta_3 + \cdots$"的总和远比 $\sum_{i=1}^{n} \Delta_i^2$ 小，所以可忽略不计，则

(j) 式可写成

$$\frac{\sum_{i=1}^{n}\Delta_i^2}{n} = \frac{\sum_{i=1}^{n}\Delta_i^2}{n^2} + \frac{\sum_{i=1}^{n}v_i^2}{n} \tag{l}$$

将公式（6-3）代入（l）式得

$$m^2 = \frac{m^2}{n} + \frac{\sum_{i=1}^{n}v_i^2}{n}$$

即 $m^2(n-1) = \sum_{i=1}^{n}v_i^2$

故 $m = \pm\sqrt{\dfrac{\sum_{i=1}^{n}v_i^2}{n-1}}$ \hfill (6-16)

如将公式（6-16）代入【例6-5】的结论，则算术平均值的中误差为

$$m_L = \pm\sqrt{\frac{\sum_{i=1}^{n}v_i^2}{n(n-1)}} \tag{6-17}$$

【例6-7】对某段距离进行了5次同精度丈量，观测值列于表6-2中，试求这段距离的算术平均值、观测值的中误差和算术平均值的中误差。

解：计算过程及结果见表6-2所示。

表6-2 观测值的中误差与算术平均值的中误差计算表

丈量次数	观测值 l/m	改正数 v/m	改正数的平方 v^2/cm^2	计算
1	148.641	0.030	9	①观测值的算术平均值：
2	148.582	−0.029	8	$L = \dfrac{\sum_{i=1}^{n}l_i}{n} = \dfrac{743.055}{5} = 148.611\,(\mathrm{m})$
3	148.610	−0.001	0	②观测值的中误差：
4	148.621	0.010	1	$m = \pm\sqrt{\dfrac{\sum_{i=1}^{n}v_i^2}{n-1}} = \pm\sqrt{\dfrac{19}{5-1}} \approx \pm 2.2\,(\mathrm{cm})$
5	148.601	−0.010	1	③算术平均值的中误差：
Σ	743.055	0	19	$m_L = \pm\sqrt{\dfrac{\sum_{i=1}^{n}v_i^2}{n(n-1)}} = \pm\sqrt{\dfrac{19}{5\times 4}} \approx \pm 1.0\,(\mathrm{cm})$

复习思考题

1. 测量误差的来源主要有哪些？
2. 偶然误差和系统误差有何区别？偶然误差的特性有哪些？
3. 衡量测量精度的指标有哪些？并分别说明其含义。
4. 甲、乙两组在相同的观测条件下，对已知108.726m长的导线边分别作了8次观测，并根据观测值求得的真误差为（单位：mm）：甲组，−4、+3、0、−3、+2、+2、−1、−1；乙组，−5、+3、

+1、+1、-6、0、+3、-2。试求甲、乙两组各自的观测值中误差,并比较哪个测量小组的观测精度更高?

5. 在 1:5000 的地形图上,量得一圆形花坛的半径 $d=32.3$mm,其中误差 $m_d=\pm 0.2$mm,试求算该花坛的实地周长 C、实地面积 S 以及它们各自的中误差 m_C 和 m_S 为多少?

6. 在 △ABC 中,用经纬仪直接观测了∠B、∠C,它们的中误差分别为 $\pm 12''$ 和 $\pm 36''$,试求算∠A 的中误差。

7. 在相同观测条件下,经过 6 次水准测量,地面 A、B 两点的高差结果分别为 1.752m、1.754m、1.751m、1.753m、1.755m、1.749m,试求算该组高差数据的算术平均值、观测值的中误差和算术平均值的中误差。

第七章 小区域控制测量

知识目标

1. 了解控制测量的概念，熟悉测量控制网的种类及其建立方法。
2. 了解导线测量的概念，熟悉导线的等级及其主要技术要求，掌握导线的布设形式以及各自适合的敷设测区。
3. 掌握四等水准测量与普通水准测量、三角高程测量与视距测量在测量原理、技术要求、观测方法等方面的相同点与不同点。

技能目标

1. 能够熟练地利用钢尺、经纬仪、电子全站仪等仪器和工具进行导线的外业观测，并能正确运用数学公式完成导线的内业计算，以建立小区域平面控制网。
2. 能够利用支导线法、前方交会法对测量控制点进行加密。
3. 能进行四等水准测量、三角高程测量的外业观测及其内业计算，以建立小区域高程控制网。

第一节 控制测量概述

测量工作必须遵循"从整体到局部，由高级到低级，先控制后碎部"的原则。在测区范围内选择一些具有控制作用的点，称为控制点；由控制点相互连接而形成的网状几何图形，称为测量控制网，简称控制网；用精密的测量仪器、工具和相应的方法，准确地测定出各控制点的平面坐标和高程大小的工作称为控制测量。

控制测量包括平面控制测量和高程控制测量。测定控制点平面位置的工作，称为平面控制测量，它的任务是获取控制点的平面直角坐标，常用导线测量、三角测量等方法；测定控制点高程的工作，称为高程控制测量，它的任务是获取控制点的绝对高程，常用的方法有水准测量和三角高程测量。

根据不同的用途和范围，测量控制网可分为国家控制网、城市控制网、小区域控制网和图根控制网等形式。

一、国家控制网

国家控制网是为了统一全国各地区、各单位的地形测量工作而在全国范围内建立的控制网，它一方面为地形测图和大型工程建设提供基本控制，另一方面也为研究地球整体的形状和大小提供资料。国家控制网分为国家平面控制网和国家高程控制网，根据"由高级到低级"、"分级布网，逐级控制"等原则，国家平面控制网和高程控制网均按四个等级布设。

1. 国家平面控制网

国家平面控制网采用三角测量的方法建立。首先布设一等三角网，主要沿经纬线、边境线和海岸线方向布设小三角锁成格状，如图7-1所示；其次以一等三角网为基础建立二等三角网，如图7-2所示；最后再以一等网和二等网为基础建立三等三角网和四等三角网。其中，一等三角网精度最高，二、三、四等网精度依次降低。

2. 国家高程控制网

国家高程控制网以大地水准面为基准面，以水准原点为全国统一起算点，采用精密水准测量的方法建立。首先布设一等水准网，主要沿地质构造稳定、交通不太繁忙、路面坡度平缓的交通路线布设成环状，各闭合环再相互连接成网状；二等水准网布设在一等水准环内，尽量沿公路、铁路和河流布设；三等和四等水准网直接为地形测图和工程建设提供高程控制点，可根据实际情况在高级控制网中建立闭合环或附合水准路线。

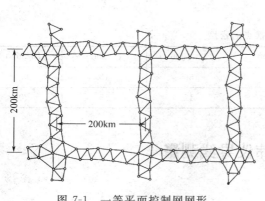

图 7-1 一等平面控制网网形

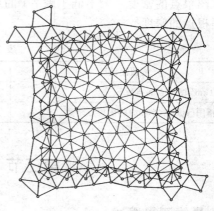

图 7-2 二等平面控制网网形

二、城市控制网

在城市范围内，为测绘大比例尺地形图、进行市政工程和建筑工程施工放样而建立的控制网称为城市控制网。城市控制网属于区域控制网，它是国家控制网的发展和延伸，为城市规划、地籍管理、市政建设和城市管理等提供基本控制点。

1. 城市平面控制网

城市平面控制网的类型有导线网、GPS网、三角网和边角网，其中GPS网、三角网和边角网的精度等级依次为一、二、三、四等和一、二级；导线网的精度等级依次为三、四等和一、二、三级。在城市平面控制网的基础上，可布设直接为测绘大比例尺地形图所用的图根小三角网和图根导线网。

2. 城市高程控制网

城市高程控制网主要是水准网，等级依次分为二、三、四等。城市首级高程控制网不应低于三等水准，应布设成闭合环线；加密网可布设成附合路线、结点网和闭合环，一般不允许布设水准支线。光电测距三角高程测量可代替四等水准测量；经纬仪三角高程测量主要用于山区的图根控制及位于高层建筑物上平面控制点的高程测定。

三、小区域控制网

为小区域大比例尺地形测图而建立的控制网称为小区域控制网。建立小区域控制网时，应尽量与国家或城市已建立的高级控制网联测，将高级控制点的坐标和高程作为小区域控制网的起算和校核数据。如果周围没有国家或城市控制点，或附近的国家控制点不能满足联测的需要时，可以建立独立控制网。此时，控制网的起算坐标和高程可自行假定，坐标方位角可用测区中央的磁方位角代替。

四、图根控制网

直接为测图而建立的控制网称为图根控制网，其控制点简称为图根点。图根平面控制网一般应在测区的首级控制网或上一级控制网下，采用图根三角锁（网）、图根导线的方法布设，但不宜超过两次附合；局部地区可采用交会定点法等加密图根点，亦可采用GPS测量方法布设。图根高程控制网采用水准测量和三角高程测量的方法布设。

图根控制点的密度（包括高级控制点）取决于测图比例尺和地形的复杂程度。平坦开阔地区图根点的密度一般不低于表7-1的规定；地形复杂地区、城市建筑密集区，还应适当加大图根点的密度。

表 7-1 图根点的密度

测图比例尺	1∶500	1∶1000	1∶2000	1∶5000
每 1km² 图根点的点数	150	50	15	5
每幅图（50cm×50cm）的图根点个数	9～10	12	15	20

第二节 经纬仪导线测量

一、导线测量概述

导线测量是建立小区域平面控制网的常用方法之一。在测区范围内选择若干个控制点，以直线连接各控制点而形成的连续折线，称为导线；构成导线的控制点，称为导线点。测量导线边长及相邻导线边之间的水平夹角（转折角），并根据起算边方位角和起点坐标推算各导线点坐标的工作称为导线测量。其中，用经纬仪观测转折角，用钢尺丈量导线边长的导线测量，称为经纬仪导线测量；若用光电测距仪测定导线边长，则称为经纬仪光电测距导线；当用普通视距测量的方法测定导线边长时，则称为经纬仪视距导线。

导线测量布设较灵活，精度均匀，边长便于测定，只要求两相邻导线点间通视即可，故适宜布设在建筑物密集、视野不甚开阔的地区，如城市区、厂矿区等，也适于用做铁路、公

表 7-2 导线的等级与主要技术要求

量距方式	导线等级	导线长度/m	平均边长/m	边长测量相对误差或中误差/mm	测角中误差	测回数(DJ$_6$)	方位角闭合差	导线全长相对闭合差	备注
钢尺量距	一级	2500	250	≤1/20000	≤5″	4	±10″$\sqrt{n}$	≤1/10000	
	二级	1800	180	≤1/15000	≤8″	3	±16″$\sqrt{n}$	≤1/7000	①n为测站数；②M为测图比例尺分母。
	三级	1200	120	≤1/10000	≤12″	2	±24″$\sqrt{n}$	≤1/5000	
	图根	1×1M	≤1.5倍测图最大视距	≤1/3000	≤20″	1	±40″$\sqrt{n}$	≤1/2000	
光电测距	一级	3600	300	≤±15	≤5″	4	±10″$\sqrt{n}$	≤1/14000	
	二级	2400	200	≤±15	≤8″	3	±16″$\sqrt{n}$	≤1/10000	
	三级	1500	120	≤±15	≤12″	2	±24″$\sqrt{n}$	≤1/6000	
	图根	1.5×1M	—	≤±15	≤20″	1	±40″$\sqrt{n}$	≤1/4000	

路、渠道等狭长地带的控制测量。随着电磁波测距仪和全站仪的普及，测距更加方便，测量精度和自动化程度均得到很大提高，从而使导线测量的应用日益广泛，已成为中、小城市等地区园林工程测量中建立平面控制网的主要方法。其等级与技术要求见表 7-2 所示。

根据测区自然地形条件、已知点的分布情况以及测量工作的实际需要，通常可将导线布设成以下三种形式。

1. 闭合导线

由某一已知控制点出发，经过若干点的连续折线后仍回至起点，形成一个闭合多边形的导线，称为闭合导线。如图 7-3 所示，从高级控制点 $A(p_1)$ 出发，经导线点 p_2、p_3、p_4、p_5、p_6、p_7，再回到 $A(p_1)$ 点形成一个闭合多边形。闭合导线布点时应尽量与高级控制点相连接，如图 7-3 中 $A(p_1)$、A' 两个点为已知点，这样根据它们求算出的坐标便纳入到国家统一的坐标系统内，其本身存在着严密的几何条件，具有检核作用；如果确实无法与高级控制网连接，在不影响园林工程需要的前提下，也可采用假定的独立坐标系统。闭合导线一般适用于块状地区敷设。

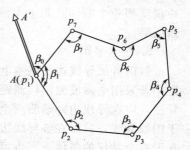

图 7-3 闭合导线

2. 附合导线

自某一已知高级控制点出发，经过若干点的连续折线后，附合到另一个高一级控制点上的导线，称为附合导线。如图 7-4 所示，从一个高级控制点 $A(p_1)$ 出发，经导线点 p_2、p_3、p_4 点后，附合到了另一个高级控制点 $B(p_5)$ 上。导线的这种布设形式具有检核观测成果的作用，适用于带状测区，如园林道路、渠道等的勘测工作。

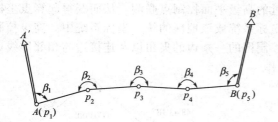

图 7-4 附合导线

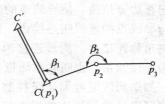

图 7-5 支导线

3. 支导线

从一个已知控制点出发，经过若干转折后，既不附合到另一已知控制点，也不闭合到原起点的导线称为支导线。如图 7-5 所示，从已知导线点 $C(p_1)$ 出发，经过 p_2，结束于未知点 p_3。由于支导线缺乏校核条件，不易发现测算中的错误，所以，当导线点的数目不能满足测图需要时，一般只允许布设 2~3 个点组成支导线，仅适用于局部图根控制点的加密。

二、导线测量的外业工作

1. 踏勘选点

根据园林工程测量要求，在进行经纬仪导线测量外业之前，应尽可能多地收集测区及附近已有的高级控制点、水准点和地形图等成果资料，并在图上大致拟定出导线走向及点位；然后再到实地了解测区范围大小、地形条件等实际情况，考虑导线的图形，选定导线点的位置，解决如何与高级控制点连接等问题，确定出导线测量方案。选定导线点时，还应注意以下几个方面。

① 导线点应选在土质坚实、便于保存测量标志和安置仪器的地方。

② 相邻导线点间应相互通视，地势平坦或坡度较均匀（光电测距导线和视距导线可放宽要求），便于测角和量距。

③ 导线点应选在地势较高、视野开阔之处，以利于碎部测量。

④ 为便于控制，导线点在整个测区应均匀分布，相邻导线边的长度应大致相等。

2. 测转折角

在导线前进方向左侧的转折角称为左角，右侧的转折角则称为右角。闭合导线应测内角（左角或右角），如图7-3中的 β_1、β_2……附合导线一般测左角，如图7-4中的 β_1、β_2……支导线应分别观测左角和右角。在经纬仪导线测量中，转折角测量按测回法施测，一般用 DJ_6 经纬仪观测一个测回，当上半测回和下半测回角值的较差不超过 $\pm 40''$ 时，取其平均值作为测角结果。

3. 量水平距

目前各级导线边长基本上都可以采用全站仪或电磁波测距仪测定；全站仪可直接获得平距，若采用电磁波测距仪测距时，要同时观测竖直角，以供倾斜改正之用。对一、二、三级导线，应在导线边一端测两个测回，或在两端各测一个测回，取其中值并进行气象改正；对于图根导线，只需在各导线边的一个端点上安置仪器测定一个测回，并无需进行气象改正。在没有全站仪的条件下，也可采用钢尺量距，测量前应对钢尺进行检定，当尺长改正数大于1/10000、量距时的平均尺温与检定时温度相比超过 $\pm 10℃$、相对坡度大于2%时，应分别进行尺长、温度和坡度的改正。对于图根导线，则采用钢尺一般量距方法，往返丈量取其平均值，要求往返丈量的精度在平坦测区不低于1/3000，特别困难的测区也不得低于1/1000。

4. 联测

布设的导线应尽可能与测区内或测区附近的高级平面控制点联测，从而获得起算点坐标和起算边方位角，使导线点的坐标纳入国家坐标系统或该地区的统一坐标系统中。高级控制点与导线点的连线叫连接边，连接边与高级控制网的一条边的夹角以及连接边与相邻导线边的夹角称连接角。测量连接边和连接角的工作称为连接测量，也叫联系测量。

如果测区附近无高级控制点，则应使用罗盘仪测定导线起算边的磁方位角，并假定起始点的坐标作为起算数据，建立独立坐标系统。

三、导线测量的内业工作

导线测量内业计算的任务，就是根据已知的起算数据和外业观测成果推算出各导线点的坐标 (x, y)，作为碎部测量的基础。计算之前，应先全面检查外业测量记录是否齐全、有无记错或算错、成果是否符合精度要求、起算数据是否准确等。当确认外业数据信息无误后，绘制导线略图，将各导线点的编号、角值、边长、起始边与高级控制网的连接角、连接边或起始边的方位角等已知数据标于图上，如图7-6所示。

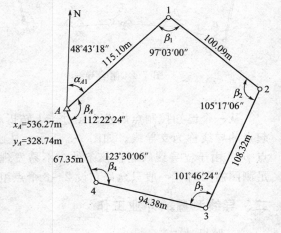

图7-6 闭合导线实例

（一）闭合导线的内业

1. 计算与调整角度闭合差

(1) 角度闭合差的计算 闭合导线在几何上是一个闭合多边形，若其边数为 n，则内角之和在理论上为

$$\sum \beta_{理} = (n-2) \times 180° \tag{7-1}$$

由于在角度测量的过程中不可避免地存在误差，因此实际测得的闭合导线内角之和 $\sum \beta_{测}$ 与理论值 $\sum \beta_{理}$ 往往不相等，它们两者之间的差值称为角度闭合差，以 f_β 表示，即

$$f_\beta = \sum \beta_{测} - \sum \beta_{理} = \sum \beta_{测} - (n-2) \times 180° \tag{7-2}$$

(2) 角度闭合差的调整 角度闭合差的大小反映了水平角观测的质量，各级导线角度闭合差的容许值在表 7-2 中均有明确规定，因园林工程测量中多采用图根控制，故导线角度闭合差的容许值 $f_{\beta容}$ 取

$$f_{\beta容} = \pm 40'' \sqrt{n} \tag{7-3}$$

如果 $|f_\beta| > |f_{\beta容}|$，说明所测水平角不符合精度要求，应分析原因，予以改正或重测；若 $|f_\beta| \leq |f_{\beta容}|$，则表明观测成果符合精度要求，可对所测水平角进行平差计算。

由于角度观测是在同等条件下进行的，可以认为每个转折角所产生的误差是相等的，因此，将角度闭合差按"符号相反，平均分配"的原则调整到各观测角；各角得到的闭合差分配值称为改正数，以 v_β 表示，即

$$v_\beta = -\frac{f_\beta}{n} \tag{7-4}$$

改正数分配值取整数到秒，如有余数部分，应酌情调整凑整，并以秒为单位分配给短边所夹的角，这是因为短边所夹角度的测量会产生较大的误差。分配结束后，改正数之和必须与角度闭合差大小相等符号相反，改正之后的内角之和必须等于理论值，否则一定存在计算错误，必须查找并改正。

2. 推算坐标方位角

根据高级控制网中已知边的坐标方位角和测得的连接角，可以计算出导线起算边的坐标方位角，进而就能依次推算其余各导线边的坐标方位角。

闭合导线的内角分为左角（逆时针）和右角（顺时针）两种情况。如图 7-7 所示，导线起算边的方位角为 α_{A1}，各内角为右角（顺时针），分别为 β_A、β_1、β_2、β_3、β_4，则其余各导线边的方位角推算为

$$\alpha_{12} = \alpha_{A1} + (180° - \beta_1)$$
$$\alpha_{23} = \alpha_{12} + (180° - \beta_2)$$
$$\alpha_{34} = \alpha_{23} + (180° - \beta_3)$$
$$\cdots \cdots$$
$$\alpha_{A1} = \alpha_{4A} + (180° - \beta_A) \text{（校核）}$$

写成一般公式为

$$\alpha_{前} = \alpha_{后} + (180° - \beta_{右}) \tag{7-5}$$

式中，$\alpha_{前}$、$\alpha_{后}$ 分别为相邻导线前、后边的坐标方位角；$\beta_{右}$ 为相邻两导线所夹的右转折角。

同理，当内角为左角（逆时针）时，导线各边的坐标方位角推算公式为

$$\alpha_{前} = \alpha_{后} - (180° - \beta_{左}) \tag{7-6}$$

式中，$\beta_{左}$ 为相邻两导线所夹的左转折角。

若算得的某边坐标方位角超过 360°时，应减去 360°，若为负数时则加上 360°；最后推

算起算边的坐标方位角，其计算结果应该与原值相等，若不相等，说明计算有误，应重新检查计算。

3. 计算坐标增量

坐标增量是指导线边的终点和起点的坐标值之差。如图 7-8 所示，起点为 $A(x_A, y_A)$，终点为 $1(x_1, y_1)$，点 A、1 之间的水平距离为 D_{A1}，方位角为 α_{A1}，若用 Δx_{A1} 表示纵坐标增量，用 Δy_{A1} 表示横坐标增量，则 A 点到 1 点的坐标增量 $\Delta x_{A1} = D_{A1}\cos\alpha_{A1}$、$\Delta y_{A1} = D_{A1}\sin\alpha_{A1}$。由此，坐标增量的通用公式为

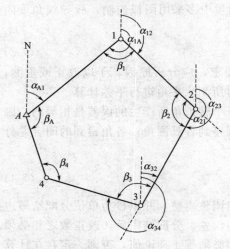
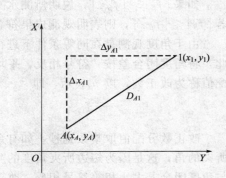

图 7-7　闭合导线坐标方位角的推算　　　　图 7-8　导线点间的坐标增量

$$\left.\begin{array}{l}\Delta x = D\cos\alpha \\ \Delta y = D\sin\alpha\end{array}\right\} \tag{7-7}$$

根据公式 (7-7)，可以依次算出各边的坐标增量。坐标增量有正有负，其符号由坐标方位角所在象限的正弦和余弦值的符号决定，具体符号见表 7-3 所示。

表 7-3　坐标增量的符号与坐标方位角所在象限的关系

坐标方位角所在象限	坐标增量的符号		坐标方位角所在象限	坐标增量的符号	
	Δx	Δy		Δx	Δy
Ⅰ	+	+	Ⅲ	−	−
Ⅱ	−	+	Ⅳ	+	−

在已知导线边长和坐标方位角的情况下，利用公式 (7-7) 推算坐标增量进而求出导线点的坐标称为坐标正算；反之，若已知 A 点和 1 点的坐标分别为 (x_A, y_A)、(x_1, y_1)，根据如下公式计算两点间的坐标方位角和水平距离，则称为坐标反算。

$$\left.\begin{array}{l}D_{A1}\sqrt{(x_1-x_A)^2+(y_1-y_A)^2} \\ \alpha_{A1}=\arctan\dfrac{y_1-y_A}{x_1-x_A}\end{array}\right\} \tag{7-8}$$

4. 计算与调整坐标增量闭合差

由图 7-9 (a) 可知，闭合导线各边纵坐标增量之和 $\sum\Delta x$ 以及各边横坐标增量之和 $\sum\Delta y$ 的理论值都应等于零，即

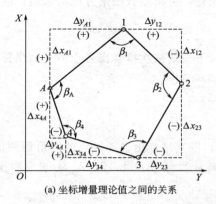 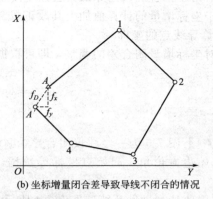

(a) 坐标增量理论值之间的关系　　(b) 坐标增量闭合差导致导线不闭合的情况

图 7-9　导线全长坐标增量闭合差

$$\left.\begin{array}{l}\sum \Delta x_{理}=0 \\ \sum \Delta y_{理}=0\end{array}\right\} \quad (7-9)$$

因为导线边长的测量和导线内角的测量都存在误差，由这些带有误差的数据推算而来的坐标增量也必然带有误差，所以，计算出来的纵坐标增量之和 $\sum \Delta x_{测}$ 与横坐标增量之和 $\sum \Delta y_{测}$ 通常不会等于零，而产生纵坐标增量闭合差 f_x 与横坐标增量闭合差 f_y，即

$$\left.\begin{array}{l}f_x=\sum \Delta x_{测} \\ f_y=\sum \Delta y_{测}\end{array}\right\} \quad (7-10)$$

由于存在坐标增量闭合差，因此，由坐标增量绘制出的闭合导线图形不能闭合，而产生一个缺口，缺口之间的距离称导线全长绝对闭合差，用 f_D 表示。从图 7-9（b）可以看出，缺口的长度与纵、横坐标增量闭合差构成直角三角形，故有

$$f_D=\sqrt{f_x^2+f_y^2} \quad (7-11)$$

f_D 与导线全长 $\sum D$ 之比称为导线全长相对闭合差，比值 K 通常用分子为 1 的分数形式来表示，即

$$K=\frac{f_D}{\sum D}=\frac{1}{\frac{\sum D}{f_D}}=\frac{1}{N} \quad (7-12)$$

导线全长相对闭合差是衡量导线测量精度的标准，K 值越小，说明精度越高；如果 K 值过大，则说明导线测量结果不满足精度要求，应首先检查内业计算有无错误，若无错误，则应再检查外业观测数据，并对明显错误或可疑数据进行重测。在园林工程测量中，钢尺量距导线的 K 值一般要求不超过 1/2000，即 $K_{容} \leqslant 1/2000$。

如果导线全长相对闭合差小于或等于容许值，就可对坐标增量闭合差进行调整，原则是将 f_x 和 f_y 的值按每边边长占导线全长的正比例进行分配，其符号则与坐标增量闭合差相反，即

$$\left.\begin{array}{l}v_{xi}=-\dfrac{f_x}{\sum D} \times D_i \\ v_{yi}=-\dfrac{f_y}{\sum D} \times D_i\end{array}\right\} \quad (7-13)$$

式中，v_{xi}、v_{yi} 分别为纵、横坐标增量闭合差的改正数；D_i 为改正数所对应的导线边边长。

改正数的最小单位通常为厘米，其总和应分别等于 $-f_x$ 和 $-f_y$，并以此进行校核。实

际计算中，由于四舍五入的原因，会产生凑整误差，可将差数酌情分配给某边；改正后的坐标增量等于坐标增量的计算值加上其改正数。

5. 计算导线点的坐标

通过对坐标增量闭合差的调整，即可根据以下公式依次推算出各点的平面坐标：

$$\left.\begin{array}{l}x_{i+1}=x_i+\Delta x_{i(i+1)}\\ y_{i+1}=y_i+\Delta y_{i(i+1)}\end{array}\right\} \tag{7-14}$$

式中，$i=1,2,3\cdots$

【例 7-1】图 7-6 为一经纬仪闭合导线略图，图上已标出各导线点的内角观测值、导线边长、起始边方位角、起始点坐标等数据，试计算导线点 1、2、3、4 的平面坐标各为多少？

解：内业计算过程及结果见表 7-4 所示。

表 7-4 经纬仪闭合导线内业计算表

点号	转折角 β(右角) 观测值	转折角 β(右角) 改正后值	坐标方位角	边长 /m	增量计算值 Δx /m	增量计算值 Δy /m	改正后增量 Δx' /m	改正后增量 Δy' /m	坐标 x /m	坐标 y /m
A			48°43′18″	115.10	+0.03 +75.93	+0.01 +86.50	+75.96	+86.51	536.27	328.74
1	+12″	97°03′12″							612.23	415.25
	97°03′00″		131°40′06″	100.09	+0.03 −66.54	0.00 +74.77	−66.51	+74.77		
2	+12″ 105°17′06″	105°17′18″							545.72	490.02
			206°22′48″	108.32	+0.03 −97.04	0.00 −48.13	−97.01	−48.13		
3	+12″ 101°46′24″	101°46′36″							448.71	441.89
			284°36′12″	94.38	+0.02 +23.80	0.00 −91.33	+23.82	−91.33		
4	+12″ 123°30′06″	123°30′18″							472.53	350.56
			341°05′54″	67.35	+0.02 +63.72	0.00 −21.82	+63.74	−21.82		
A	+12″ 112°22′24″	112°22′36″							536.27	328.74
1			48°43′18″ (检核)						(检核)	
Σ	539°59′00″	540°00′00″		485.24	−0.13	−0.01	0	0		

辅助计算：

$\sum\beta_{理}=(n-2)\times180°=540°$

$f_\beta=\sum\beta_{测}-\sum\beta_{理}=539°59′00″-540°=-60″$

$f_{\beta容}=\pm40″\sqrt{5}\approx\pm89″$

因 $|f_\beta|<|f_{\beta容}|$

故 $v_\beta=-\dfrac{f_\beta}{n}=-\dfrac{-60″}{5}=+12″$

$f_x=\sum\Delta x_{测}-\sum\Delta x_{理}=-0.13\text{m}$

$f_y=\sum\Delta y_{测}-\sum\Delta y_{理}=-0.01\text{m}$

$f_D=\sqrt{f_x^2+f_y^2}=0.13\text{m}$

$K=\dfrac{f_D}{\sum D}=\dfrac{0.13\text{m}}{485.24\text{m}}=\dfrac{1}{3732}$

要求 $K_{容}=\dfrac{1}{2000}$，由于 $K<K_{容}$，所以符合精度要求。

导线略图

(二) 附合导线的内业

附合导线的坐标计算与闭合导线的坐标计算基本相同，仅在角度闭合差的计算与坐标增量闭合差的计算方面稍有差别。

1. 计算与调整角度闭合差

（1）角度闭合差的计算　如图7-10所示的附合导线中，AB 和 CD 是已知边，它们的坐标方位角分别是 α_{AB}、α_{CD}。从已知边 AB 出发，根据实际测得的转折角（左角或右角）推算至另一条已知边 CD，推算所得到的 CD 边方位角 α'_{CD} 与已知的 CD 边方位角 α_{CD} 之差称为附合导线的角度闭合差，用 f_β 表示。

根据公式（7-6），图7-10中附合导线（左角）各边的坐标方位角为

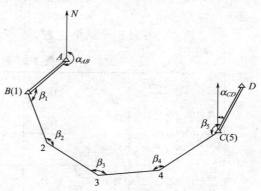

图 7-10　附合导线略图

$$\left.\begin{aligned} \alpha_{B2} &= \alpha_{AB} + \beta_1 - 180° \\ \alpha_{23} &= \alpha_{B2} + \beta_2 - 180° \\ \alpha_{34} &= \alpha_{23} + \beta_3 - 180° \\ \alpha_{4C} &= \alpha_{34} + \beta_4 - 180° \\ \alpha'_{CD} &= \alpha_{4C} + \beta_5 - 180° \end{aligned}\right\} \quad (7\text{-}15)$$

由公式（7-15）可得

$$\alpha'_{CD} = \alpha_{AB} + \sum\beta_{左i} - n \times 180° \tag{7-16}$$

若所测角为导线的右角，则 $\alpha'_{CD} = \alpha_{AB} - \sum\beta_{右i} - n \times 180°$。

上述计算中，每条边的方位角都应在 0°～360° 之间，若小于 0°，应加上 360°；若大于 360°，则应减去 360°。

附合导线的角度闭合差 f_β 为

$$f_\beta = \alpha'_{CD} - \alpha_{CD} \tag{7-17}$$

（2）角度闭合差的调整　当角度闭合差在容许范围内，若观测的是左角，则把角度闭合差以相反的符号平均分配到各左角上；如果观测的是右角，则应把角度闭合差以相同的符号平均分配到各右角上；具体调整方法与闭合导线角度闭合差的调整相同。

2. 计算与调整坐标增量闭合差

如图7-10所示，坐标增量的计算应从已知点 $B(1)$ 开始，根据外业测得的各边边长和推算所得的各边方位角，由公式（7-7）算出各边的坐标增量，直到已知点 $C(5)$ 结束。理论上的各边纵、横坐标增量之和 $\sum\Delta x_{理}$、$\sum\Delta y_{理}$ 应分别等于两已知点 $C(5)$ 和 $B(1)$ 的纵、横坐标之差，但由于测角和量边都存在误差，计算出的 $\sum\Delta x_{测}$、$\sum\Delta y_{测}$ 与 $\sum\Delta x_{理}$、$\sum\Delta y_{理}$ 分别不相等，即 $\sum\Delta x_{测} \neq \sum\Delta x_{理}$，$\sum\Delta y_{测} \neq \sum\Delta y_{理}$，从而产生坐标增量闭合差。其计算公式为

$$\left.\begin{aligned} f_x &= \sum\Delta x_{测} - \sum\Delta x_{理} = \sum\Delta x_{测} - (x_C - x_B) \\ f_y &= \sum\Delta y_{测} - \sum\Delta y_{理} = \sum\Delta y_{测} - (y_C - y_B) \end{aligned}\right\} \quad (7\text{-}18)$$

计算出附合导线的坐标增量闭合差后，再计算出导线的绝对闭合差 f_D 和相对闭合差 K，如果满足精度要求，则对坐标增量闭合差进行调整。调整后，附合导线的纵、横坐标增量总和的理论值应等于 $C(5)$、$B(1)$ 两点的已知坐标值之差。最后，便可根据控制点 $B(1)$ 的坐标以及改正后的坐标增量，逐点计算各导线点的坐标。

【例 7-2】 图 7-10 为一经纬仪附合导线略图，各导线点的转折角观测值、连接角的观测值、导线边长、起始点及控制点坐标等数据已列于表 7-5，试计算导线点 2、3、4 的平面坐标各为多少？

解：内业计算过程及结果见表 7-5 所示。

表 7-5 附合导线内业计算表

测站	转折角 β(左角) 观测值	改正后角	方位角	边长 /m	增量计算值 Δx /m	增量计算值 Δy /m	改正后增量 Δ_x' /m	改正后增量 Δ_y' /m	坐标 x /m	坐标 y /m
A			224°02′52″						843.40	1264.29
B (1)	−2″ 114°17′00″	114°16′58″	158°19′50″	82.17	0.00 −76.36	+0.01 +30.34	−76.36	+30.35	640.93	1068.44
2	−2″ 146°59′30″	146°59′28″	125°19′18″	77.28	0.00 −44.68	+0.01 +63.05	−44.68	+63.06	564.57	1098.79
3	−2″ 135°11′30″	135°11′28″	80°30′46″	89.64	0.00 +14.77	+0.02 +88.41	+14.77	+88.43	519.89	1161.85
4	−2″ 145°38′30″	145°38′28″	46°09′14″	79.84	0.00 +55.31	+0.01 +57.58	+55.31	+57.59	534.66	1250.28
C (5)	−2″ 158°00′00″	157°59′58″	24°09′12″						589.97	1307.87
D									793.61	1399.19
Σ	700°06′30″	700°06′20″		(检核) 328.93	−50.96	+239.38	−50.96	+239.43	(检核)	(检核)

辅助计算

① 计算方位角：

$$\alpha_{AB} = 180° + \arctan\frac{y_B - y_A}{x_B - x_A}$$
$$= 180° + \arctan\frac{1068.44\text{m} - 1264.29\text{m}}{640.93\text{m} - 843.40\text{m}}$$
$$= 180° + \arctan\frac{-195.85\text{m}}{-202.47\text{m}}$$
$$= 224°02′52″$$

$$\alpha_{CD} = \arctan\frac{y_D - y_C}{x_D - x_C}$$
$$= \arctan\frac{1399.19\text{m} - 1307.87\text{m}}{793.61\text{m} - 589.97\text{m}}$$
$$= \arctan\frac{91.32\text{m}}{203.64\text{m}}$$
$$= 24°09′12″$$

② 计算角度闭合差：

$$\alpha_{CD}' = 224°02′52″ + 700°06′30″ - 5 \times 180° = 24°09′22″$$
$$f_\beta = \alpha_{CD}' - \alpha_{CD} = 24°09′22″ - 24°09′12″ = +10″$$
$$f_{\beta容} = \pm 40″\sqrt{5} \approx \pm 89″$$

由于 $|f_\beta| < |f_{\beta容}|$，观测角又为左角，则 $v_\beta = -\frac{f_\beta}{n} = -\frac{+10″}{5} = -2″$

③ 计算坐标增量闭合差：

$$f_x = \Sigma\Delta x_测 - (x_C - x_B) = -50.96\text{m} - (589.97\text{m} - 640.93\text{m}) = 0\text{m}$$
$$f_y = \Sigma\Delta y_测 - (y_C - y_B) = 239.38\text{m} - (1307.87\text{m} - 1068.44\text{m}) = -0.05\text{m}$$
$$f_D = \sqrt{f_x^2 + f_y^2} = 0.05\text{m}$$

因 $K = \frac{0.05\text{m}}{328.93\text{m}} = \frac{1}{6578} < K_容 = \frac{1}{2000}$，所以符合精度要求。

四、导线测量错误的检查

如果计算所得的导线全长闭合差大大超出了容许值，而且原始记录和计算过程都没有发现错误，则可以根据如下方法进行检查。

1. 导线测角错误的查找方法

如果是附合导线，并假设导线中只有一个角值错误，如图 7-11 所示，可用角度的实际观测值分别从两端的已知点 A 和 B 出发，计算出两套待定点坐标值；若大部分点的两套坐标不相等，而只有一点的两套坐标近似相等，如图 7-11 中的 3 点，则该点的角度观测值可能有错误。对于闭合导线，则分别沿顺时针或逆时针方向，用实测值按支导线计算两套坐标值，同理，如果大部分点的两套坐标不相等，而只有一点的两套坐标近似相等，则该点的角度观测值多半有误。

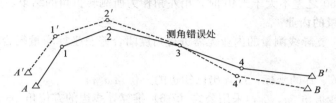

图 7-11　测角错误的查找

2. 导线边量距错误的查找方法

如果导线角度闭合差不超限，但相对闭合差的值大大超限，而且导线闭合差的方位角与某条导线边的方位角很接近，即闭合差方向与该边近似平行，则这条导线边的距离观测值可能错误。如图 7-12 所示的附合导线，从已知点 A 出发，用实测数据直接计算各点的坐标，到 B 点结束；把计算所得的 1、2、3、4、B 各点绘制到坐标纸上，同时，根据已知的 B 点坐标将 B' 也绘到坐标纸上；连接 B 和 B' 得导线的绝对闭合差 f_D。从图 7-12 中可以看出，闭合差的方向与边 1—2 最为接近，则边 1—2 的距离测量结果多半有错。

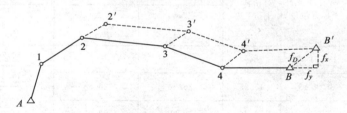

图 7-12　测距错误的查找

第三节　图根控制点的加密

虽然图根控制点的位置、数量在选点时已经得到全面考虑，但在具体园林工程测量中，还是会经常遇到图根控制点数量不足的问题；当需要加密的点数不多且位置选择合适时，一般采用支导线法和前方交会法，精度即可满足地形测绘的要求。

一、支导线法加密控制点

如图 7-13 所示，支导线法是使用经纬仪测出导线的转折角，并用钢尺丈量出导线边的水平距离，然后根据已知边的方位角和已知点的坐标计算未知点 1、2 的坐标。

（一）支导线测量的外业

1. 选点

如图 7-13 所示，C、B 为已知控制点，根据园林场地的实际情况，并考虑选点的有关问题，选定加密的导线点 1、2。

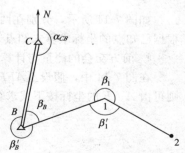

图 7-13　支导线略图

2. 量边

在图 7-13 中，用钢尺测量导线边 $B-1$、$1-2$ 的边长；要求采用往、返丈量的方法，当导线边长的精度不低于 1/2000 时，取平均值作为最后结果。

3. 测角

用经纬仪测回法测定支导线的左角 β_B、β_1，当上、下半测回角值不符值不超过 $\pm 40''$ 时，求其平均值。在园林工程测量中，通常还应同法观测出支导线的右角 β'_B、β'_1，如图 7-13 所示，当左、右角之和与 360° 之差不大于 $\pm 40''$ 时，用左角作为所测转折角的结果。

（二）支导线测量的内业

如图 7-13 所示，支导线测量的内业无需进行角度闭合差及坐标增量闭合差的计算与调整，计算步骤为：

① 根据已知点 C、B 的坐标，反算出已知边的方位角 α_{CB}；
② 根据观测的转折角 β_B、β_1，采用公式（7-6）推算导线边的方位角 α_{B1}、α_{12}；
③ 根据导线边的方位角和边长 D_{B1}、D_{12}，采用公式（7-7）计算坐标增量；
④ 根据起点的已知坐标和导线边的坐标增量，计算未知点 1、2 的坐标。

【例 7-3】 图 7-13 为一经纬仪支导线略图，连接角的观测值、转折角的观测值、导线边长、起始点及控制点坐标等数据已列于表 7-6，试计算导线点 1、2 的平面坐标各为多少？

解：内业计算过程及结果见表 7-6 所示。

表 7-6 支导线内业计算表

点号	转折角 β(左角)	坐标方位角	边长 /m	坐标增量 Δx /m	坐标增量 Δy /m	坐标 x /m	坐标 y /m
C		182°51′37″				650.70	287.68
B	33°16′36″					513.20	280.81
1	220°42′12″	36°08′13″	45.25	36.54	26.68	549.74	307.49
2		76°50′25″	54.36	12.38	52.93	562.12	360.42
辅助计算	\multicolumn{7}{l}{ $\alpha_{CB} = 180° + \arctan\dfrac{y_B - y_C}{x_B - x_C} = 180° + \arctan\dfrac{280.81 - 287.68}{513.20 - 650.70} = 182°51'37''$ }

二、前方交会法加密控制点

如图 7-14 所示，分别在两个已知控制点 A、F 上安置经纬仪，测出水平角 α、β，然后再根据已知点的坐标求算未知点 P 的坐标，此方法称为前方交会。

1. 前方交会的测量与计算

在图 7-14 中，假设 $\triangle AFP$ 中的 A、F、P 点按逆时针方向编号，若已测出水平角 α、β，则可由 A、F 的坐标按下式求算 P 点的坐标，即

$$\left.\begin{array}{l} x_P = \dfrac{x_A \cot\beta + x_F \cot\alpha - y_A + y_F}{\cot\alpha + \cot\beta} \\ y_P = \dfrac{y_A \cot\beta + y_F \cot\alpha + x_A - x_F}{\cot\alpha + \cot\beta} \end{array}\right\} \quad (7-19)$$

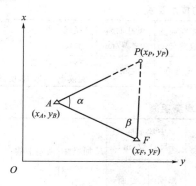
图 7-14 前方交会

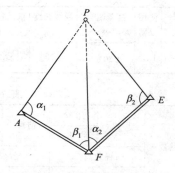
图 7-15 三个已知点的前方交会

为检核计算结果是否正确，可将求得的 P 点坐标值代入下式，推算出已知点 F 的坐标，并与其已知坐标值相比较，即

$$\left.\begin{array}{l}x_F=\dfrac{x_P\cot\alpha-x_A\cot(\alpha+\beta)-y_P+y_A}{\cot\alpha-\cot(\alpha+\beta)}\\[2mm]y_F=\dfrac{y_P\cot\alpha-y_A\cot(\alpha+\beta)+x_P-x_A}{\cot\alpha-\cot(\alpha+\beta)}\end{array}\right\} \quad (7-20)$$

2. 前方交会的注意事项

在测角交会的图形中，由未知点至相邻两起始点间方向的夹角称为交会角，为了提高 P 点坐标的计算精度，一般要求交会角处于 $30°\sim150°$ 之间，并要求布设有三个已知点的前方交会，如图 7-15 所示。根据所观测的 α_1、β_1 和 α_2、β_2，分两组各自计算 P 点的坐标，即在 $\triangle AFP$ 中求算 P 点的坐标 (x'_P, y'_P)，在 $\triangle FEP$ 中求算 P 点的坐标 (x''_P, y''_P)。当 P 点的点位误差在限差范围内时，取其平均值作为最终结果。

在园林工程测量中，一般规定两组计算得到的点位误差不大于两倍的比例尺精度，即

$$f_D=\sqrt{f_x^2+f_y^2}\leqslant 2\times 0.1M \quad (7-21)$$

式中，f_D 为点位误差限差，单位 mm，$f_x=x'_P-x''_P$，$f_y=y'_P-y''_P$；M 为测图比例尺分母。

第四节 高程控制测量

高程控制测量就是测定控制点的高程。小区域高程控制测量，根据情况可采用四等水准测量或光电测距三角高程测量等。

一、四等水准测量

（一）四等水准测量的技术要求

四等水准测量的精度要求高于普通水准测量，测量方法和技术要求也有所不同。四等水准网的建立是在一、二等水准网的基础上加密而成，以一、二等水准点为起止点建立附合水准路线或闭合水准路线，并尽可能相互交叉形成结点。四等水准路线一般以附合水准路线布设于高级水准点之间，长度不大于 80km；布设成闭合水准路线时，不大于 200km；其他技术指标见表 7-7 所示。

（二）四等水准测量的观测方法

四等水准测量主要采用双面水准尺观测法，每一测站上，首先安置仪器，调整圆水准器使

表 7-7 四等水准测量的技术要求

项目 等级	使用仪器	高差闭合差限差/mm	视线长度/m	前后视距差/m	前后视距累积差/m	黑红面读数差/mm	黑红面高差之差/mm	视线高度	备注
四	DS₃	$\pm 20\sqrt{L}$	≤100	≤3.0	≤10.0	≤3.0	≤5.0	三丝均能读数	L 为附合路线或环线的长度,单位为 km。

表 7-8 四等水准测量观测手簿

测站编号	点号	后尺 下丝 上丝 后视距离/m 前后视距差 d/m	前尺 下丝 上丝 前视距离/m 累积差 $\sum d$	方向及尺号	中丝水准尺读数/m 黑面	中丝水准尺读数/m 红面	K加黑减红/mm	高差中数/m	备注
		(1)	(5)	后	(3)	(8)	(13)		1号尺 $K_1=4787$
		(2)	(6)	前	(4)	(7)	(14)	(18)	
		(9)	(10)	后-前	(16)	(17)	(15)		
		(11)	(12)						
1	$A:TP_1$	1.614	0.774	后1	1.384	6.171	0		2号尺 $K_2=4687$
		1.156	0.326	前2	0.551	5.239	-1	+0.8325	
		45.8	44.8	后-前	+0.833	+0.932	+1		
		+1.0	+1.0						
2	$TP_1:TP_2$	2.188	2.252	后2	1.934	6.622	-1		
		1.682	1.758	前1	2.008	6.796	-1	-0.0740	
		50.6	49.4	后-前	-0.074	-0.174	0		
		+1.2	+2.2						
3	$TP_2:TP_3$	1.922	2.066	后1	1.726	6.512	+1		
		1.529	1.668	前2	1.866	6.554	-1	-0.1410	
		39.3	39.8	后-前	-0.140	-0.042	+2		
		-0.5	+1.7						
4	$TP_3:B$	2.041	2.220	后2	1.832	6.520	-1		
		1.622	1.790	前1	2.007	6.793	+1	-0.1740	
		41.9	43.0	后-前	-0.175	-0.273	-2		
		-1.1	+0.6						
校核		$\sum(9)=177.6$ $\sum(10)=177.0$ $\sum d=\sum(9)-\sum(10)=+0.6$ $\sum D=\sum(9)+\sum(10)=354.6$		$\sum(3)=6.876$ $\sum(4)=6.432$ $\sum(16)=\sum(3)-\sum(4)=+0.444$ $\sum(8)=25.825$ $\sum(7)=25.382$ $\sum(17)=\sum(8)-\sum(7)=+0.443$ $\sum(18)=[\sum(16)+\sum(17)]/2$ $=+0.4435$				$\sum(18)$ $=+0.4435$	

气泡居中,分别瞄准后、前视尺,估读视距,使前后视距差不超过表 7-7 中规定限值;如超限,则需移动前视尺或水准仪,以满足要求。然后按下列顺序进行观测,并将结果记录于表 7-8 中。

① 读取后视尺黑面读数：下丝、上丝、中丝，分别填入表7-8中（1）、（2）、（3）位置上。

② 读取前视尺黑面读数：中丝、下丝、上丝，分别填入表7-8中（4）、（5）、（6）位置上。

③ 读取前视尺红面读数：中丝，填入表7-8中（7）位置上。

④ 读取后视尺红面读数：中丝，填入表7-8中（8）位置上。

这样的观测顺序称为"后—前—前—后"，或者称为"黑—黑—红—红"，主要是为了抵消水准仪与水准尺下沉产生的误差；在地面坚硬的测区，也可采用"后—后—前—前"，即"黑—红—黑—红"的观测步骤。

（三）四等水准测量的计算与校核

1. 视距部分

后视距离(9)＝[(1)－(2)]×100

前视距离(10)＝[(5)－(6)]×100

后、前视距差(11)＝(9)－(10)

后、前视距累积差(12)＝本站的(11)＋前站的(12)

视距差和累积差的绝对值不得超过表7-7中规定的限值。

2. 高差部分

后视尺黑、红面读数差(13)＝K_1＋(3)－(8)

前视尺黑、红面读数差(14)＝K_2＋(4)－(7)

上两式中的K_1、K_2分别为两水准尺的黑、红面的起点差，又称尺常数；1号水准尺尺常数为K_1，2号水准尺尺常数为K_2，两水准尺交替前进，因此下一站要交换K_1和K_2在公式中的位置。读数差的绝对值不应超过表7-7中规定的限值。

黑面高差(16)＝(3)－(4)

红面高差(17)＝(8)－(7)

黑、红面高差之差(15)＝(16)－(17)±0.100＝(13)－(14)，其绝对值也不得超过表7-7中规定的限值。

高差中数(18)＝$\frac{1}{2}$×[(16)＋(17)±0.100]，以此作为该两点测得的高差。

3. 每页计算的总检核

当整个水准路线测量完毕，应逐页校核计算有无错误。校核时，首先分别计算出Σ(3)、Σ(4)、Σ(7)、Σ(8)、Σ(9)、Σ(10)、Σ(16)、Σ(17)、Σ(18)，然后：

检查视距差：Σ(9)－Σ(10)＝末站(12)

检查高差：Σ(16)＝Σ(3)－Σ(4)

$$\Sigma(17)＝\Sigma(8)－\Sigma(7)$$

当测站总数为奇数时，Σ(18)＝$\frac{1}{2}$×[Σ(16)＋Σ(17)±0.100]

当测站总数为偶数时，Σ(18)＝$\frac{1}{2}$×[Σ(16)＋Σ(17)]

最后算出水准路线总长度：ΣD＝Σ(9)＋Σ(10)。

4. 成果整理

根据四等水准测量高差闭合差的限差要求，采用普通水准测量的闭合差调整及高程计算方法，计算各水准点的高程。

（四）四等水准测量的注意事项

除了遵守普通水准测量的一般要求外，还应注意以下几点。

① 用于水准测量的水准仪、水准尺要经常检验与校正，确保处于良好状态，能满足四等水准测量的需要，以保证测量成果的质量。

② 四等水准测量的观测应在通视良好、成像清晰稳定的情况下进行。

③ 每一站上仪器和前、后视水准尺应尽量在一条直线上。

④ 同一测站上观测，不得两次调焦，微倾螺旋或测微螺旋最后旋转方向应为旋进。

⑤ 四等水准测量采用双面尺中丝读数法进行单程观测，但支线必须往返观测，使用尺垫作转点。

⑥ 为保证前、后视距大致相等，最好用测绳确定仪器或标尺的位置。

二、三角高程测量

当地面两点间的地形起伏较大而不便于施测水准时，可应用三角高程测量的方法测定两点间的高差，再求得高程。该法较水准测量精度低，但简便灵活、速度快，常用做山区各种比例尺测图的高程控制。如果用光电测距仪直接测定边长，用 DJ_6 光学经纬仪测定竖直角，再辅以相应的削弱观测误差的措施，其成果精度亦可达到四等水准测量的要求。

（一）三角高程测量的原理

如图 7-16 所示，A 点的高程 H_A 已知，欲求 B 点的高程 H_B。在 A 点安置经纬仪，在 B 点竖立觇标，量得仪器高 i 和觇标高 v，用经纬仪望远镜的中丝照准觇标顶部，观测竖直角 θ。

若已知 A、B 两点间的水平距离为 D，则高差 h_{AB} 为

$$h_{AB}=D\tan\theta+i-v \quad (7-22)$$

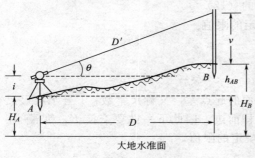

图 7-16 三角高程测量的原理

如果测得 A、B 两点间的斜距 D'，则高差 h_{AB} 为

$$h_{AB}=D'\sin\theta+i-v \quad (7-23)$$

根据 A 点的已知高程 H_A，可求出 B 点的高程 H_B 为

$$\left.\begin{array}{l}H_B=H_A+h_{AB}=H_A+D\tan\theta+i-v\\ \text{或}\quad H_B=H_A+h_{AB}=H_A+D\sin\theta+i-v\end{array}\right\} \quad (7-24)$$

当 A、B 两点距离大于 300m 时，应考虑地球曲率和大气折光对高差的影响，也称为两差改正或球气差改正，用 f 表示，其值为

$$f=\frac{0.43D^2}{R} \quad (7-25)$$

式中，D 为两点间水平距离，m；R 为地球半径，取平均值 6371km。

考虑两差改正后，高程的计算公式为

$$H_B=H_A+h_{AB}=H_A+D\tan\theta+i-v+f \quad (7-26)$$

为了提高观测精度，三角高程测量应进行往、返观测，即对向观测。图根控制测量中，经纬仪三角高程测量往、返测高差绝对值之差不大于限差时，可取平均值作为两点间的高差，高差符号取往测符号；限差为

$$f_{h容}=\pm 0.4D \quad (7-27)$$

式中，$f_{h容}$ 为高差限差，m；D 为两点间水平距离，km。

（二）三角高程测量的方法

1. 外业观测与记录

欲测绘基本等高距为 1m 的园林场地地形图，今在测区内选定 6 个点组成闭合导线，并按 A、B、C、D、E、F 的顺序编号，以进行三角高程测量，如图 7-17 所示。若已知 $H_A = 78.93\text{m}$，则其余各导线点高程的外业测量步骤如下所述。

① 安置经纬仪于高程已知的测站 A 上，量取仪高 i 和目标 B 的觇标高 v。

② 用盘左和盘右读取竖直度盘读数，测量出竖直角 θ。

③ 测出各导线边的平距 D，电磁波测距仪也可测出斜距 D'。

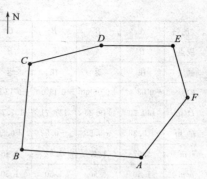

图 7-17 三角高程测量导线图

④ 仪器搬站到 B 点，瞄准 A 点，同法进行返测。观测记录见表 7-9 所示。

表 7-9 三角高程测量记录

仪器号_____ 班组_____ 观测者_____ 记录者_____ 日期_____

测站	测点	仪器高/m	觇标高/m	竖直度盘读数		竖直角	指标差	备注
				盘左	盘右			
A	B	1.57	1.50	90°08′48″	269°51′24″	−0°08′42″	+6″	
B	A	1.47	1.50	89°52′06″	270°08′06″	+0°08′00″	+6″	
B	C	1.52	1.50	90°12′48″	269°46′48″	−0°13′00″	−12″	
C	B	1.45	1.50	89°46′12″	270°14′00″	+0°13′54″	+6″	
C	D	1.49	1.50	89°45′48″	270°14′06″	+0°14′09″	−3″	盘左时竖盘注记
D	C	1.53	1.50	90°14′36″	269°45′00″	−0°14′48″	−12″	
D	E	1.57	1.50	89°45′06″	270°14′30″	+0°14′42″	−12″	
E	D	1.45	1.50	90°14′24″	269°45′24″	−0°14′30″	−6″	
E	F	1.47	1.50	90°15′42″	269°44′06″	−0°15′48″	−6″	
F	E	1.54	1.50	89°44′30″	270°15′42″	+0°15′36″	+6″	
F	A	1.51	1.50	89°43′42″	270°16′24″	+0°16′21″	+3″	
A	F	1.48	1.50	90°16′18″	269°43′54″	−0°16′12″	+6″	

2. 内业整理与计算

内业计算时，应首先整理、检查外业观测数据，在确认合格后方可进行计算，最终求出各待测图根点的高程。

（1）计算高差 根据公式（7-22）或公式（7-23）计算往测、返测的高差，然后计算两者较差，若不超出容许值，则取平均值作为最终高差值，符号同往测高差符号。具体结果见表 7-10 所示。

（2）计算高程 首先计算高差闭合差 $f_h = \sum h - (H_{终} - H_{始})$，再计算高差闭合差容许值 $f_{h容}$，即

$$f_{h容} = \pm 0.1 H_d \sqrt{n} \tag{7-28}$$

式中，$f_{h容}$ 为高差闭合差容许值，m；H_d 为基本等高距；n 为测站数。

当 $|f_h| \leq |f_{h容}|$ 时，说明精度达到要求，可进行高差闭合差的调整，高差改正数为

表 7-10　三角高程测量高差计算

测站	A	B	B	C	C	D	D	E	E	F	F	A
视点	B	A	C	B	D	C	E	D	F	E	A	F
视法	往	返	往	返	往	返	往	返	往	返	往	返
θ	$-0°08'42''$	$+0°08'00''$	$-0°13'00''$	$+0°13'54''$	$+0°14'09''$	$-0°14'48''$	$+0°14'42''$	$-0°14'30''$	$-0°15'48''$	$+0°15'36''$	$+0°16'21''$	$-0°16'12''$
D/m	149.20	149.20	137.71	137.71	106.53	106.53	77.34	77.34	77.95	77.95	110.95	110.95
h'/m	-0.38	$+0.35$	-0.52	$+0.56$	$+0.44$	-0.46	$+0.33$	-0.33	-0.36	$+0.35$	$+0.53$	-0.52
i/m	1.57	1.47	1.52	1.45	1.49	1.53	1.57	1.45	1.47	1.54	1.51	1.48
v/m	1.50	1.50	1.50	1.50	1.50	1.50	1.50	1.50	1.50	1.50	1.50	1.50
h/m	-0.31	$+0.32$	-0.50	$+0.51$	$+0.43$	-0.43	$+0.40$	-0.38	-0.39	$+0.39$	$+0.54$	-0.54
$h_{平均}/m$	-0.32		-0.51		$+0.43$		$+0.39$		-0.39		$+0.54$	

$$v_{hi} = -\frac{f_h}{\sum D} \times D_i \tag{7-29}$$

式中，D_i 为第 i 边的水平长度，$i=1,2,3\cdots$

将各边的高差加上改正数，便得改正后高差；根据起点 A 的已知高程，就可逐点推算出图 7-17 中各未知点的高程。具体计算见表 7-11 所示。

表 7-11　三角高程测量高程计算

点号	距离/m	高差/m	改正数/m	改正后高差/m	高程/m	备注
A	149.20	-0.32	-0.03	-0.35	78.93	高程已知
B	137.71	-0.51	-0.03	-0.54	78.58	
C	106.53	$+0.43$	-0.02	$+0.41$	78.04	
D	77.34	$+0.39$	-0.02	$+0.37$	78.45	
E	77.95	-0.39	-0.02	-0.41	78.82	
F	110.95	$+0.54$	-0.02	$+0.52$	78.41	
A					78.93	计算检核
$\sum$	659.68	$+0.14$	-0.14	0.00		
辅助计算	$f_h = \sum h = +0.14m$ 当测图用基本等高距 $H_d = 1m$ 时，$f_{h容} = \pm 0.1 H_d \sqrt{n} m = \pm 0.1 \times 1 \times \sqrt{6} m = \pm 0.24m$ 因 $|f_h| \leq |f_{h容}|$，说明符合精度要求。					

实训　图根控制测量

一、实训目的

掌握经纬仪钢尺导线的外业观测和内业计算，并掌握图根三角高程测量的方法步骤。

二、实训内容

1. 完成一条由 4～5 点组成的闭合导线的外业观测和内业计算。
2. 在导线边长和起点高程已知的情况下，利用经纬仪图根三角高程测量法观测高差，求算其余各导线点的高程。

三、仪器及工具

按 5～6 人为一组，每组配备：DJ_6 经纬仪 1 台，罗盘仪 1 台，标杆 3 根，水准尺 1 根，钢尺 1 副，测钎 1 组，斧子 1 把，木桩及小钉若干，记录板 1 块（含记录表格）；自备铅笔、小刀、计算器等。

四、方法提示

1. 导线测量

（1）选点　根据选点注意事项，在测区内选定 4～5 个点组成闭合导线；在各导线点上打入木桩，绘出导线略图。

（2）量距　用钢尺往、返丈量各导线边的边长，读数至毫米，若相对误差不大于 1/3000，则取其平均值至厘米位。

（3）测角　采用经纬仪测回法观测闭合导线各内角，每角观测一个测回，若上、下半测回角值差不超过 $\pm 40''$，则取平均值；若为独立测区，则需要用罗盘仪观测起始边的磁方位角。

（4）角度闭合差的计算和调整。$f_\beta = \sum \beta_测 - (n-2) \times 180°$，限差为 $f_{\beta容} = \pm 40''\sqrt{n}$。

（5）推算坐标方位角　采用 $\alpha_前 = \alpha_后 + (180° - \beta_右)$ 或 $\alpha_前 = \alpha_后 - (180° - \beta_左)$ 进行推算。

（6）计算坐标增量　根据 $\Delta x_{i(i+1)} = D_{i(i+1)} \cos\alpha_{i(i+1)}$、$\Delta y_{i(i+1)} = D_{i(i+1)} \sin\alpha_{i(i+1)}$ 进行计算。

（7）坐标增量闭合差的计算和调整　由 $f_x = \sum \Delta x_测$、$f_y = \sum \Delta y_测$ 计算出 $f_D = \sqrt{f_x^2 + f_y^2}$，然后得到 $K = \dfrac{f_D}{\sum D}$；若 $K \leqslant \dfrac{1}{2000}$ 时，则将 f_x、f_y 按符号相反、边长成正比的原则分配给各导线边。

（8）坐标计算　由已知点的坐标，根据 $x_{i+1} = x_i + \Delta x_{i(i+1)}$、$y_{i+1} = y_i + \Delta y_{i(i+1)}$，计算出各待测图根点的坐标。

2. 高程测量

（1）测高差　利用经纬仪图根三角高程测量法，往、返观测各相邻导线点间的高差。

（2）高差闭合差的计算与调整　计算闭合差 $f_h = \sum h - (H_终 - H_始)$ 和限差 $f_{h容} = \pm 0.1 H_d \sqrt{n}$，若 $|f_h| \leqslant |f_{h容}|$，则利用 $v_{hi} = -\dfrac{f_h}{\sum D} \times D_i$ 对高差闭合差进行调整。

（3）高程计算　由已知点的高程或假定高程以及改正后高差，根据 $H_{i+1} = H_i + h_{i(i+1)}$，可计算出各待测图根点的高程。

五、注意事项

1. 导线边长以 70～100m 为宜，若边长较短，则测角时应特别注意提高对中和瞄准的精度。

2. 若所布设的导线未与国家控制网联测，则起点坐标及高程均可假定，但要注意不使其他点位出现负值。

六、实训报告

要求每个小组上交钢尺量距记录计算、水平角观测记录计算、起始边磁方位角观测记录计算、三角高程观测记录计算各一份；每人必须上交经纬仪导线内业计算表和图根点三角高程计算表各一份。

复习思考题

1. 导线布设的基本形式有哪几种？各在什么情况下使用？

2. 试述经纬仪闭合导线与附合导线的内业计算有何异同点？

3. 图 7-18 所示为一闭合导线，已知 $\alpha_{12}=43°54′31″$，各内角观测值和导线边长已标于图上，假定 1 点的平面直角坐标为 (1000.00m，1000.00m)，若要求 $f_{\beta容}=\pm 40″\sqrt{n}$，$K_容=\dfrac{1}{2000}$，试计算导线点 2、3、4 的坐标。

4. 在一条经纬仪附合导线中，AB、CD 的坐标方位角和 B、C 点的坐标值已知，并与各转折角的观测值、各导线边长等数据一同填入表 7-12，若要求 $f_{\beta容}=\pm 40″\sqrt{n}$，$K_容=\dfrac{1}{2000}$，试计算导线点 1、2、3 的坐标。

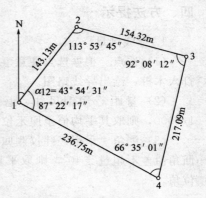

图 7-18 闭合导线略图（习题）

表 7-12 附合导线内业计算（习题）

点号	转折角 β(左角)		坐标方位角	边长 /m	增量计算值		改正后增量		坐 标	
	观测角	改正后角			Δx /m	Δy /m	Δ'_x /m	Δ'_y /m	x /m	y /m
A			150°35′18″							
B	110°32′18″								1523.680	2134.740
				137.581						
1	205°13′36″									
				157.642						
2	155°37′24″									
				128.572						
3	217°38′06″									
				145.260						
C	120°17′12″								1446.880	2675.740
D			59°53′24″							
Σ										
辅助计算										

5. 当测图比例尺为 1:1000 时，根据表 7-13 的记录，用前方交会法计算 P 点的坐标。

表 7-13 前方交会坐标计算（习题）

点名	观测角		坐标 /m		/m	略 图
P			x'_P		y'_P	
A	α_1	40°41′57″	x_A	37477.54	y_A 16307.24	
B	β_1	75°19′02″	x_B	37327.20	y_B 16078.90	
P			x''_P		y''_P	
B	α_2	59°11′35″	x_B	37327.20	y_B 16078.90	
C	β_2	69°06′23″	x_C	37163.69	y_C 16046.65	
P			中数 x_P		中数 y_P	

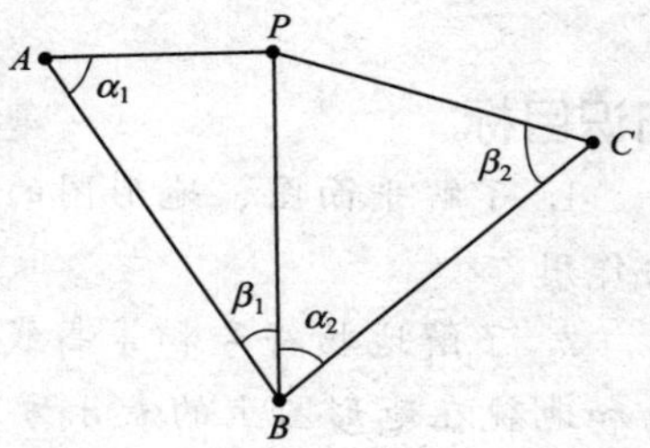

6. 采用三角高程测量的方法，从 A 点观测 B 点，并从 B 点进行返测 A 点，测量数据均记录于表 7-14 中，求初算高差 h' 和高差 h。

表 7-14 三角高程测量高差计算（习题）

测站	觇点	觇法	θ	D /m	h' /m	i /m	v /m	h /m	备注
A	B	往	+14°06′30″	341.23		1.31	3.80		
B	A	返	−13°19′00″	341.23		1.47	4.03		

第八章 地形图测绘与应用

知识目标

1. 了解平面图、地形图的概念，熟悉比例尺的种类，掌握比例尺精度对测图和用图的作用。
2. 了解地物符号和等高线的概念，熟悉地物符号和等高线的种类及其特性，掌握地物和地貌在地形图上的表示方法。
3. 了解高斯投影的概念，熟悉高斯投影带的划分方法以及投影特点，掌握高斯平面直角坐标系中自然坐标、通用坐标的相同点与不同点。
4. 了解地形图分幅与编号的方法，熟悉地形图图廓以及图廓外的注记。

技能目标

1. 能在图纸上绘制平面直角坐标格网，并能正确展绘测量控制点的平面位置、标注控制点的高程数据。
2. 学会综合取舍测区范围内的地物、地貌，合理地选择碎部点，能够熟练地利用经纬仪进行测图。
3. 根据外业测量成果，能够在图纸上正确绘制地物、勾绘等高线，并能对所测地形图进行拼接与检查、整饰与清绘。
4. 能够利用地形图计算图上某点的平面位置与高程、求算两点间的距离及方向、求算地面坡度、求算图形的面积、选择拟定坡度的最短路线、绘制指定方向的断面图，并能在野外进行地形图的实地定向、确定站立点在图上的位置，以解决常见的园林工程问题。

第一节 地形图及其比例尺

测绘地形图时，应根据测图目的及测区的具体情况建立平面控制、高程控制，然后由控制点进行地物和地貌的测绘，最终将地面上的各种地物和地貌按一定的投影关系，依一定的比例，用规定的符号缩绘在图纸上。

一、平面图与地形图

1. 平面图

当测区面积不大时，可把大地水准面当做平面。将地面上的地物沿铅垂方向投影到水平面上，再按规定的比例和符号缩绘而成的图，称为平面图。平面图能反映实际地物的形状、大小以及地物之间的相对平面位置关系。

2. 地形图

在图上既表示出测区内各种地物的平面位置，又用规定的符号表示出地貌，这种图称为地形图。地形图既能反映实际地物的形状、大小以及地物之间的相对平面位置关系，又能反映地面高低起伏的形态。

二、测图比例尺

（一）比例尺的概念

绘图时不可能将地面上的各种地物按其真实大小描绘在图纸上，而必须按一定的比例缩小后绘制。因此，图上任一线段长度与实地上相应线段水平距离之比，称为图的比例尺。

（二）比例尺的种类

由于测图和用图的需要，比例尺的表示方法有数字比例尺和图示比例尺。

1. 数字比例尺

用分子为1的分数或数字比例形式来表示的比例尺称为数字比例尺，即

$$\frac{d}{D} = \frac{1}{M} \tag{8-1}$$

式中，d 为两点间图上长度；D 为两点间实地水平距离；M 为比例尺的分母，表示缩小的倍数，当 M 越小时，比例尺就越大。

数字比例尺可以写成 $\frac{1}{500}$、$\frac{1}{1000}$、$\frac{1}{2000}$ 等，也可以写成 1∶500、1∶1000、1∶2000 等。在园林工程测量中，通常把 1∶500、1∶1000、1∶2000、1∶5000 比例尺的地形图称为大比例尺地形图；1∶10000、1∶25000、1∶50000、1∶100000 比例尺的地形图称为中比例尺地形图；小于 1∶100000 比例尺的地形图称为小比例尺地形图。

根据数字比例尺，可以由图上线段长度求出相应的实地水平距离；同样由实地水平距离也可求出其在图上的相应长度。

【例 8-1】在 1∶1000 的地形图上，量得某花坛的南边界线长 5.5cm，其实地水平距离为多少？

解：由公式（8-1）得
$$D = M \times d = 1000 \times 5.5\text{cm} = 55\text{m}$$

【例 8-2】在实地量得某公园一条园路的水平距离为 480m，将其绘在 1∶2000 的地形图上，其图上相应长度为多少？

解：由公式（8-1）得
$$d = \frac{D}{M} = \frac{480\text{m}}{2000} = 0.24\text{m} = 24\text{cm}$$

2. 图示比例尺

常见的图示比例尺为直线比例尺，能够直接进行图上长度与相应实地水平距离的换算，并可避免因图纸伸缩而引起的误差，如图 8-1 所示。直线比例尺是根据数字比例尺直接绘制在图纸上的，方法如下：

① 先在图纸上绘制一直线（单线或双线），然后视比例尺的大小，将其等分成若干个 1cm 或 2cm 长的基本单位；

② 将左端的一个基本单位等分成十等份（一等份为一小格），再在小格与基本单位的分界处注以"0"；

③从"0"分划线起,向左、向右分别在各基本单位分划线上标注其相应的实地水平距离。

使用时,先张开分规的两脚尖,对准图上待量的两点,然后移至直线比例尺上,使左脚尖落在"0"刻划左边的小格内,同时使右脚尖落在某基本单位的分划线上,取两脚尖的读数之和,即为图上两点相应的实地水平距离。如在图 8-1 中,所量取的水平距离为 37.5m。

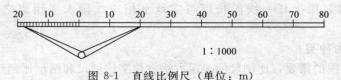

图 8-1 直线比例尺(单位:m)

(三) 比例尺的精度

通常情况下,人们用肉眼能分辨的图上最短长度为 0.1mm,即在图纸上当两点的长度小于 0.1mm 时,人眼就无法分辨。因此,把相当于图纸上 0.1mm 的实地水平距离称为比例尺的精度。

比例尺精度的概念对测图和用图都具有十分重要的意义。一方面,根据测图的比例尺,能确定实地量距时应准确的程度;另一方面,根据预定的量距精度要求,可选用合适的测图比例尺。例如,测绘 1:1000 比例尺地形图时,实地量距精度只要达到 0.1m 即可;若测图时要求在图上反映出地面上 0.5m 的细节,则选用的测图比例尺不应小于 1:5000。

第二节 地形图图式

地球表面十分复杂,但总的来说,大致可分为地物和地貌两类。地面上具有明显轮廓的固定性物体称为地物,如房屋、河流、森林等;地面上高低起伏的形态称为地貌,如高山、深谷等;地物和地貌合称地形。为便于测图和用图,用各种规定的符号将实地的地物和地貌在图上表示出来,这些符号称为地形图图式。图式是由国家测绘总局统一制定的,它是测绘和使用地形图的重要依据,如表 8-1 所示。

一、地物符号

地形图上用来表示房屋、河流、森林、矿井等固定物体的符号称为地物符号。

(一) 按地物性质分类

按地物性质的不同,地形图图式可分为以下几种符号:
① 测量控制点符号,如三角点、水准点、图根点等;
② 居民地和垣栅符号,如房屋、窑洞、围墙、篱笆等;
③ 工矿建(构)筑物符号,如探井、吊车、饲养场、气象站等;
④ 交通符号,如铁路、公路、隧道、桥梁等;
⑤ 管线符号,如电力线、通信线、管线等;
⑥ 水系符号,如河流、湖泊、沟渠等;
⑦ 境界符号,如国界、省界、县界等;
⑧ 地貌和地质符号,如等高线、石堆、沙地、盐碱地、沼泽地等;
⑨ 植被符号,如森林、耕地、草地、菜地等。

表 8-1 地形图图式摘录

编号	符号名称	图例	编号	符号名称	图例
1	三角点	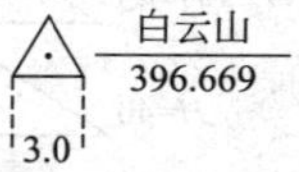 白云山 396.669 3.0	8	栏杆	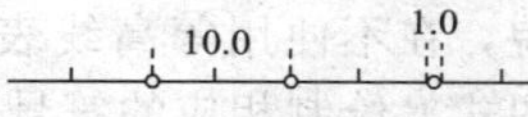 10.0 1.0
2	小三角点	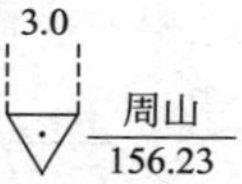 3.0 周山 156.23	9	假石山	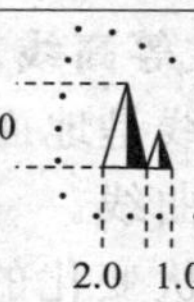 4.0 2.0 1.0
3	埋石的图根点 不埋石的图根点	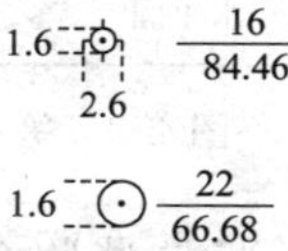 1.6 ⌀ 16/84.46 2.6 1.6 ⊙ 22/66.68	10	气象站	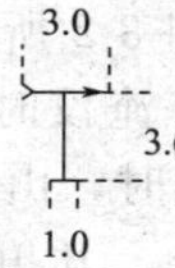 3.0 3.6 1.0
4	水准点	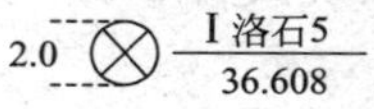 2.0 ⊗ I洛石5/36.608	11	温室	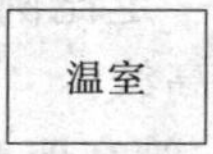 温室
5	普通房屋 2—房屋层数	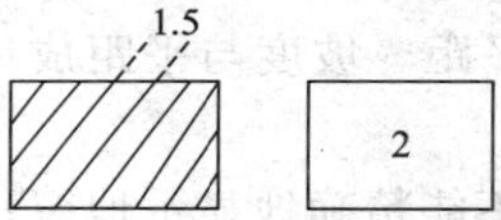 1.5 2	12	水塔	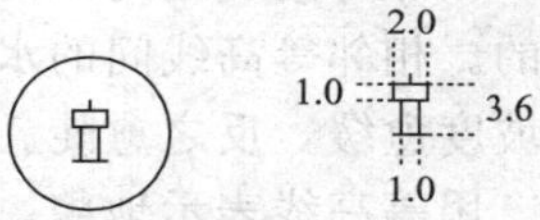 2.0 1.0 3.6 1.0
6	台阶	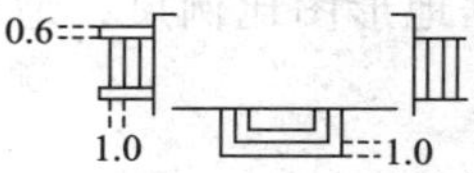 0.6 1.0 1.0	13	烟囱	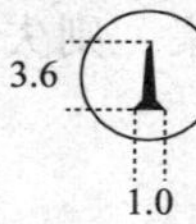 3.6 1.0
7	围墙门 有门房的院门	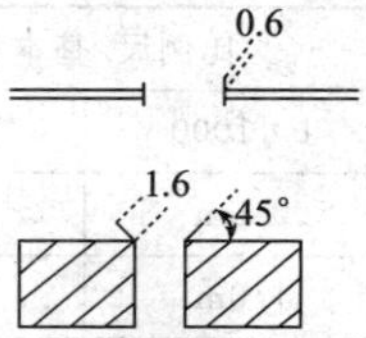 0.6 1.6 45°	14	路灯	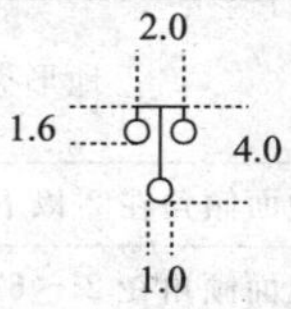 2.0 1.6 4.0 1.0

（二）按比例关系分类

1. 依比例符号

当地物较大时，可将其形状、大小的水平投影按测图比例尺缩绘在图上的符号，称为依比例符号，如房屋、森林等。

2. 非比例符号

当地物轮廓很小但又很重要，在图上无法反映其真实形状和大小时，可采用规定的符号表示，这种符号称为非比例符号，如水井、独立树、纪念碑等。

3. 半比例符号

对于一些线状而延伸的地物，其长度能按比例缩绘，但其宽度不能按比例缩绘，这种符号称为半比例符号，如电力线、小路、沟渠等。

二、地貌符号

地形图上用来表示地面高低起伏形态的符号称为地貌符号。因为等高线不仅能表示出地面的起伏状态，而且还能科学地表示地面的坡度和地面点的高程及山脉走向，故通常用等高线表示地貌；但对梯田、峭壁、冲沟等特殊的地貌，在不便用等高线表示时，可根据《地形图图式》绘制相应的符号。

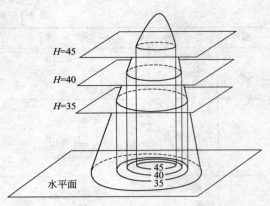

图 8-2　等高线原理（单位：m）

（一）等高线表示地貌的原理

等高线是地面上高程相等的相邻点连接而成的闭合曲线。一组等高线，在图上不仅能表达地面起伏变化的形态，而且还具有一定的立体感。如图 8-2 所示，设有一座小山头的山顶被洪水恰好淹没时的水面高程为 50m，当水位每下降 5m 时，山体坡面与水面的交线即为一条闭合曲线，其相应高程分别为 45m、40m、35m 等。将这些闭合曲线垂直投影在水平面上，并按一定比例尺缩绘在图纸上，从而得到一组表现山头形状、大小、位置以及高低起伏变化的等高线。

（二）等高距和等高线平距

相邻等高线之间的高差 h，称为等高距或等高线间隔，在同一幅地形图上，等高距是相同的。相邻等高线间的水平距离 d，称为等高线平距。坡度与平距成反比，d 愈大，表示地面坡度愈缓，反之愈陡。

用等高线表示地貌，若等高距选择过大，就不能精确地显示地貌；反之，选择过小，等高线太密集，则失去图面的清晰度。因此，应根据地形图比例尺、地形类别，参照表 8-2 选用等高距。

表 8-2　地形图的基本等高距

地形类别	比例尺/基本等高距			
	1∶500	1∶1000	1∶2000	1∶5000
平地（地面倾角在 2°以下）	0.5m	0.5m	1.0m	2.0m
丘陵（地面倾角在 2°～6°之间）	0.5m	1.0m	2.0m	5.0m
山地（地面倾角在 6°～25°之间）	1.0m	1.0m	2.0m	5.0m
高山地（地面倾角在 25°以上）	1.0m	2.0m	2.0m	5.0m

（三）等高线的种类

1. 首曲线

根据基本等高距测绘的等高线称为首曲线，又称基本等高线。首曲线的高程必须是等高距的整倍数，在图上用细实线描绘，如图 8-3 所示。

2. 计曲线

如图 8-3 所示，为了读图方便，规定每逢 5 倍（等高距 2.5m 时为 4 倍）等高距的等高线应加粗描绘，并在该等高线上的适当部位注记高程，该等高线称为计曲线，也叫加粗等高线。

3. 间曲线

为了显示首曲线不能表示的详细地貌特征，可按 1/2 基本等高距描绘等高线，这种等高线叫间曲线，又称半距等高线，在地形图上用长虚线描绘，如图 8-3 所示。

4. 助曲线

如图 8-3 所示，按 1/4 基本等高距描绘的等高线称为助曲线，在图上用短虚线描绘。间曲线和助曲线都是用于表示平缓的山头、鞍部等局部地貌，或者在一幅图内坡度变化很大时，用来表示平坦地区的地貌；间曲线和助曲线都是辅助性曲线，应在图幅的何处加绘没有硬性规定，在图幅中也可不自行闭合。

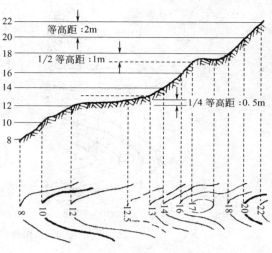

图 8-3 等高线的种类（单位：m）

（四）典型地貌及其等高线

地貌的形态繁多，但主要由一些典型的地貌组合而成。

1. 山头和洼地（盆地）

隆起而高于四周的高地称为山，图 8-4 (a) 为表示山头的等高线；四周高而中间低的地形称为洼地，图 8-4 (b) 为表示洼地的等高线。

山头和洼地的等高线均表现为一组闭合曲线。在地形图上，区分山头和洼地，可采用注记高程或描绘示坡线的方法。高程注记可在最高点或最低点上注记高程；示坡线则是从等高线起向下坡方向垂直于等高线的短截线。示坡线从内圈指向外圈，说明中间高、四周低，为山头或山丘；示坡线从外圈指向内圈，说明中间低、四周高，故为洼地或盆地，如图 8-4 所示。

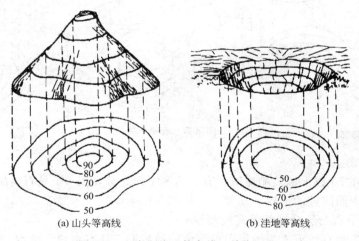

(a) 山头等高线　　　　(b) 洼地等高线

图 8-4 山头和洼地等高线（单位：m）

2. 山脊和山谷

山脊是沿着一定方向延伸的高地，其最高棱线称为山脊线，又称分水线，如图 8-5 (a) 所示；山脊的等高线是一组向低处凸出的曲线。山谷是沿着一方向延伸的两个山脊之间的凹地，贯穿山谷最低点的连线称为山谷线，又称集水线，如图 8-5 (b) 所示；山谷的等高线是一组向高处凸出的曲线。

山脊线和山谷线可显示地貌的基本轮廓，统称为地性线，它在测图和用图中都具有重要的作用。

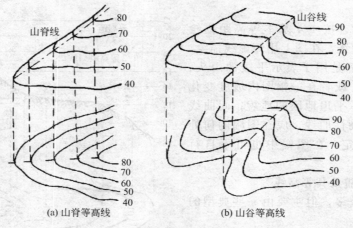

(a) 山脊等高线　　　　　(b) 山谷等高线

图 8-5　山脊和山谷（单位：m）

3. 鞍部

鞍部是相邻两山头之间低凹部位且呈马鞍形的地貌，如图 8-6 所示。鞍部（A 点处）俗称垭口，是两个山脊与两个山谷的会合处，其等高线由一对山脊等高线和一对山谷等高线组成。

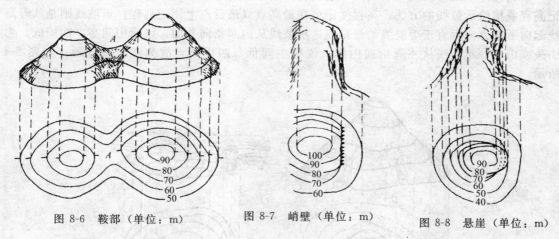

图 8-6　鞍部（单位：m）　　　图 8-7　峭壁（单位：m）　　　图 8-8　悬崖（单位：m）

4. 峭壁和悬崖

峭壁是坡度在 70°以上的陡峭崖壁，有石质和土质之分，图 8-7 是石质峭壁的表示符号。悬崖是上部突出中间凹进的地貌，其等高线如图 8-8 所示。

5. 其他地貌形态与综合地貌等高线阅读

地面上由于各种自然或人为的原因而形成的地貌形态还有雨裂、冲沟、陡坎等，这些形态难以用等高线表示，可参照《地形图图式》规定的符合配合使用。

熟悉了典型地貌的等高线特征，就能很容易地识别各种地貌形态，图 8-9 是某测区综合地貌示意图及其对应的等高线图，应仔细对照阅读。

（五）等高线的特性

根据等高线的原理和典型地貌的等高线，可概括出等高线的特性如下。

① 同一条等高线上的各点，其高程必相等，但一幅图中高程相等的点并非一定在同一条等高线上。

② 等高线均是闭合曲线，如不在本图幅内闭合，则必在图外闭合，故等高线必须延伸

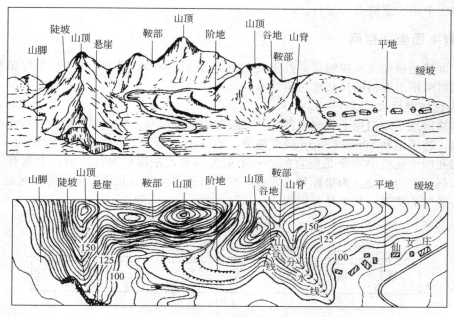

图 8-9 某测区综合地貌等高线

到图幅边缘。

③ 除在悬崖或峭壁处以外,等高线在图上不能相交或重合。

④ 等高线与山脊线、山谷线呈正交。

⑤ 一幅图中,等高线的平距越小,表示坡度越陡,平距大则坡度缓,即平距与坡度成反比。

⑥ 等高线不能在图内中断,但遇道路、房屋、河流等地物符号和注记处可以局部中断。

三、注记

有时地物、地貌除了用相应的符号表示外,对于地物的性质、名称等,在图上还需要用文字或数字加以注记。文字注记如地名、路名、单位名等,数字注记如房屋层数、等高线高程、河流的水深及流速等。

第三节 测图前的准备

在地形测图以前,首先应收集控制点的成果,并到实地踏勘、了解控制点完好情况和测区地形概况,然后拟定施测方案,进行仪器的检查校正,同时选择绘图纸、绘制坐标格网、展绘控制点等。

一、选择绘图纸

为保证测图的质量,应选择优质绘图纸,图幅大小一般为 50cm×50cm 或 40cm×40cm。临时性测图时,可直接将图纸固定在图板上进行测绘;需要长期保存的地形图,为减少图纸的伸缩变形,通常将其裱糊在铝板或胶合板上。目前大多采用聚酯薄膜代替绘图纸,厚度为 0.07~0.1mm,表面打毛,可直接在底图上着墨、晒蓝图;如果表面不清洁,还可用水洗涤;具有透明度好、伸缩性小、牢固耐用等特点,但易燃、易折和老化,故在使用保管过程中应注意防火、防折。

二、绘制平面坐标格网

为了准确地展绘图根控制点，首先要在图纸上绘制 10cm×10cm 的平面坐标格网。绘制坐标格网可采用坐标格网尺法或对角线法。

1. 坐标格网尺法

坐标格网尺是专门用于绘制格网和展绘控制点的金属尺，它由温度膨胀系数很小的铟钢合金制成，适于绘制 50cm×50cm 的方格网，如图 8-10 所示。尺上有六个间距为 10cm 的小方孔，每孔四个孔壁中三个是竖直的，一个壁为斜面；左端起始孔的斜面上刻有一条细直线，它与斜面底边的交点为坐标尺的零点，其他各孔斜面底边和尺子末端的斜面底边是以零点为圆心的同心圆弧，其半径分别为 10cm，20cm，…，50cm 及 70.711cm（50cm×50cm 正方形的对角线长）。

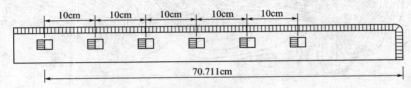

图 8-10　坐标格网尺

用坐标格网尺绘制坐标格网的步骤如下。

① 在图纸下方且平行于下边缘的适当位置处画一直线，在直线左端合适位置选取一点 A，将坐标尺放在直线上，使尺子的零点与 A 点重合，并使尺上各孔的斜面中心通过该直线，然后沿各孔的斜边画弧线，分别与直线相交于 1、2、3、4、B，如图 8-11（a）所示。

② 将坐标格网尺的零点与 B 点重合，并使尺子置于和 AB 垂直的状态，然后沿各孔斜面底边画弧线，如图 8-11（b）所示。

③ 如图 8-11（c）所示，将坐标格网尺的零点对准 A，使尺子沿对角线放置，根据其末端画出的弧线与图 8-11（b）中右上方的弧线相交于 C 点，AC 为对角线长。

④ 使尺子的零点对准 A 点，也把尺子置于和 AB 垂直的状态，然后沿各孔斜面底边画弧线，如图 8-11（d）所示。

⑤ 将坐标格网尺的零点与 C 点重合，并使尺子置于和 CB 垂直的状态，沿各孔斜面底边画弧线，左端最后一孔的弧线与左上方的弧线交于 D 点，如图 8-11（e）所示。

⑥ 连接 A、B、C、D 得边长为 50cm 的正方形；再连接各边上相对应的点，则得各边为 10cm 的坐标格网，如图 8-11（f）所示。

2. 对角线法

① 如图 8-12 所示，用直尺在绘图纸上画出两条相交于 O 点的对角线，并从 O 点起沿对角线方向量取等长线段，得 A、B、C、D 四点，连接后即为矩形 $ABCD$。

② 由 A、D 两点起，各沿 AB、DC 方向每隔 10cm 定出一点，分别可得点 1、2、3、4、5；再从 A、B 两点起，各沿 AD、BC 方向每隔 10cm 确定一点，又可各自得出 a、b、c、d、e 点。

③ 连接矩形对边上的相应点，即 1—1、2—2、3—3、4—4、5—5 和 a—a、b—b、c—c、d—d、e—e，并将对角线和多余线条擦去后，便可得到坐标格网。

坐标格网是测绘地形图的基础，每一个方格的边长都应准确无误，纵横格网线也应严格垂直，因此，绘制好坐标格网后，还要进行格网边长和垂直度的检查。每一个小方格的边长

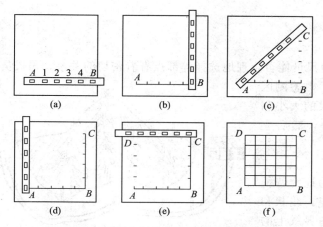

图 8-11 用坐标格网尺绘制坐标格网

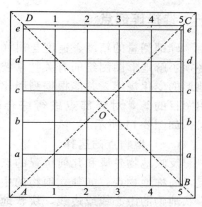

图 8-12 用对角线法绘制坐标格网

检查，可用比例尺量取，其值与 10cm 的误差不应超过 0.2mm；每一个小方格对角线长度与 14.14cm 的误差不应超过 0.3mm；方格网垂直度的检查，可用直尺检查格网的交点是否在同一条直线上，其偏离值不应超过 0.2mm。若检查值超限，应重新绘制方格网。

三、展绘控制点

1. 标注坐标值

根据所有控制点的最大和最小坐标，确定坐标格网线的坐标值，使控制点处于图纸上的适当位置，然后将坐标值注记在相应格网边线的外侧，如图 8-13 所示。

2. 展绘控制点

如图 8-13 所示，根据控制点的平面直角坐标，确定控制点所在的方格，展绘出其平面位置。如 E (683.20，465.80) 应在方格 $ghij$ 中，首先分别从 g、j 往上用比例尺截取 33.20m（683.20m－650m＝33.20m），得 k、n 两点；再分别由 g、h 往右用比例尺截取 15.80m（465.80m－450m＝15.80m），得 p、q 两点；然后分别连接 kn、pq 得一交点，即为控制点 E 在图纸上的位置。

同法可展绘出其他图根控制点的位置。

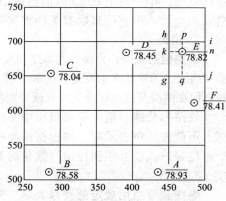

图 8-13 展绘控制点（单位：m）

3. 检查控制点

用比例尺在图上量取各相邻图根控制点间的距离，然后与其已知距离进行比较，若不相符，其差值在图上不得超过 0.3mm，否则应重新展点。图纸上的控制点要注记点名和高程，可在控制点的右侧以分数形式注明，分子为点名，分母为高程，如图 8-13 中 E 点注记为 $\frac{E}{78.82}$。

第四节 碎 部 测 量

碎部测量就是以控制点为测站，测定其周围地物点和地貌点的平面位置与高程，并按规定的图式符号绘制成图。

一、选择碎部点

碎部测量的精度、速度与司（立）尺员能否合理地选择碎部点有着密切的关系，司尺员必须了解地形图测绘的有关技术要求，熟悉测区地形的变化规律，并能根据测图比例尺的大小和用图目的等，对碎部点进行综合取舍，然后立尺，如图8-14所示。

（一）地物点的选择

反映地物轮廓和几何位置的点称为地物特征点，简称地物点。如独立地物的中心点，线状和带状地物的中心线或边线，块状地物边界线上的起点、终点、转折（弯）点、交（分）叉点等，都是地物特征点。在地形图测绘中，应根据地物轮廓线的情况，做到"直稀、曲密"，正确合理地选择地物点，现结合各类地物予以说明。

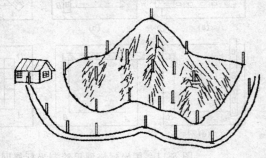

图8-14　选择碎部点

1. 居民地

根据所需测图比例尺的不同，测绘居民地时，对于居民区的外轮廓应准确测绘，其内部的主要街道以及较大的空地应区分出来；对散列式的居民地、独立房屋应分别测绘。

测绘房屋时，由于房角一般是90°，所以仅需在长边的两个房角立尺，再量出房宽即可，但为了校核，有时还需要在第三个房角上立尺。如房屋有凸凹情况，可根据测图比例尺进行取舍，小于图上0.4mm的凸凹部分可以舍去不测；若凸凹部分较大，也仅需要在几个角点上立尺，再直接量取有关的宽度和长度即可。

2. 道路

道路包括铁路、公路、大车路和人行小路等，均属于线状地物，除交叉口外，都是由直线和曲线组成，其特征点主要是直线和曲线的连接点以及曲线上的变化点。在直线部分立尺点可少些，但在曲线及道岔部分立尺点就要密集一些。当弯曲部分小于图上0.4mm时，可不立尺。

铁路和公路一般需要测量出中心线，同时测出其实际宽度。根据测图比例尺，如宽度在图上不能按比例表示时，则根据所测中心线的位置按图式符号表示。有时道路除在图上表示平面位置外，还必须测注适当数量的高程点。

3. 管线

电线和管道用规定的符号表示。架空管线在转折处的支架塔柱应实测，当位于直线部分时，可用档距长度在图上以图解法确定。塔柱上有变压器时，变压器的位置按其与塔柱的相应位置绘出。

4. 水系

水系包括河流、湖泊、水库、沟渠、池塘和井、泉等。

当河流、沟渠的宽度在图上不超过0.5mm时，可在其中心线的转折点、弯曲点、汇合点、分岔点、变坡点以及起点、终点上立尺，并用单线表示。当宽度在图上大于0.5mm时，可在一边的岸线上立尺，并量取宽度用双线表示；当宽度较大时，则应在两边岸线的特征点上立尺。

泉眼、水井应测出其中心位置，并用相应的符号表示；水系的主要附属物，如水闸、水坝、堤岸等，应逐一立尺测绘；所有河流均应注明水流方向，较大的还应注记名称。

至于河流、湖泊、水库是否要测出水涯线（水面与地面的交线）、洪水位（历史上最高水位的位置）或平水位（常年一般水位的位置），应根据用图单位的要求进行测绘。

5. 植被

植被包括森林、苗圃、果园、竹林、草地和耕地等。植被的测绘主要是测定各类植被边界线上的轮廓点，按实地形状用地类界符号描绘其范围大小，再加注植物符号和说明。如果地类界与道路、河流等重合时，则可不绘出地类界；当地类界与境界、高压线等重合时，地类界应移位绘出。

（二）地貌点的选择

地貌虽然千姿百态、错综复杂，但其基本形态可以归纳为山地、丘陵地、盆地、平地。地貌可近似地看作由许多形状、大小、坡度、方向不同的斜面所组成，这些斜面的交线称为地貌特征线，通常叫地性线，如山脊线、山谷线是主要的地性线。地性线上的坡度变化点和方向改变点、峰顶、鞍部的中心、盆地的最低点等都是地貌特征点，简称地貌点。

为了能详尽地表示地貌形态，除对明显的地貌特征点必须选测外，还需在其间保持一定的立尺密度，使相邻立尺点间的最大间距不超过表 8-3 的规定。

表 8-3 地貌点间距表

测图比例尺	立尺点最大间隔/m	测图比例尺	立尺点最大间隔/m
1∶500	15	1∶2000	50
1∶1000	30	1∶5000	100

二、经纬仪测图

经纬仪测图是将经纬仪安置在测站上，测算测站至碎部点连线与导线边之间的夹角，以及测站到碎部点的水平距离和高差。该方法简单灵活，不受地形限制，边测边绘，适用于各类测区。

1. 安置仪器

如图 8-15 所示，首先安置经纬仪于测站（控制点）A 上，量取仪器高 i，记入表 8-4 所示碎部测量记录手簿，然后将绘图板安置在仪器旁边。

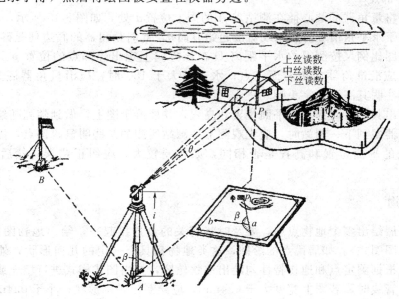

图 8-15 经纬仪测图

表 8-4　碎部测量记录手簿

班组_____　天气_____　日期_____　观测者_____　记录者_____

仪器高____1.41m____　定向点____B____　测站高程____78.93m____

测站	碎部点	视距尺读数/m				竖盘读数	竖角 θ	高差 h/m	水平角 β	水平距离 D/m	高程 H/m	备注
		中丝	下丝	上丝	尺间隔 l							
A	P_1	1.35	1.768	0.932	0.836	90°24′	−0°24′	−0.52	45°23′	83.60	78.41	
	P_2	1.52	1.627	1.413	0.214	89°39′	+0°21′	+0.02	47°34′	21.40	78.95	
	P_3	1.65	1.810	1.490	0.320	90°01′	−0°01′	−0.25	56°25′	32.00	78.68	

2. 调"零方向"

经纬仪对中、整平后，用盘左瞄准另一控制点 B，并调整水平度盘读数为 0°00′00″，以此作为起始方向即零方向。

3. 立视距尺

在地形特征点（碎部点）上立尺的工作通称为跑尺。跑尺前，司（立）尺员应弄清测区范围和实地情况，并与观测员、绘图员共同商定跑尺路线，然后再依次将视距尺立置于地物、地貌特征点上。

4. 外业观测

如图 8-15 所示，转动照准部，用盘左瞄准碎部点 P_1 上的视距尺，读取上、中、下三丝的读数；然后转动竖盘指标水准管微动螺旋，使竖盘指标水准管气泡居中，读取竖盘读数；最后读取水平度盘读数，并将测量数据分别记入表 8-4。对于有特殊作用的碎部点，如房角、山头、鞍部等，应在备注中加以说明。

5. 数据计算

根据上、下丝读数算得视距尺间隔 l；若仪器的竖盘注记形式为顺时针，由竖盘读数算得竖角 θ；利用视距测量公式计算水平距离 D 和高差 h，并依据测站的高程算出碎部点的高程 H；将计算结果分别记入表 8-4。

6. 展绘碎部点

用大头针将量角器的圆心插在测站点 A 的图上位置 a 处，如图 8-15 所示，转动量角器，将量角器上等于水平角值 β 的刻划线对准起始方向 b，此时量角器的底边便是碎部点 P 的方向；然后用测图比例尺按测得的水平距离 D 在该方向上定出碎部点的位置 p。当水平角值小于 180°时，应沿量角器底边右面定点；水平角大于 180°时，应沿量角器底边左面定点，并在点的右侧注明其高程，字头朝北。

同法，测出其余各碎部点的平面位置和高程，并展绘于图上，做到随测随绘。为了检查测图质量，仪器搬到下一测站时，应先观测上一测站所测的某些明显碎部点，以检查两个测站观测同一点的平面位置和高程是否相同，如相差较大，应纠正错误，然后再继续进行测绘。

三、绘制地物

当图纸上展绘出多个地物点后，要及时将有关的点连接起来，绘出地物图形；绘制时，要依据《地形图图式》。如居民点的绘制，这类地物都具有一定的几何形状，外轮廓一般都呈折线型，应根据测定点和地物特性勾绘出地物轮廓，并由图式样式进行填充或标注。绘制道路、水系、管线时，若图上宽度大于 0.4mm，应绘制出轮廓形状；小于 0.4mm 的，则应连接成线状图式，并适当测注高程。水塔、烟囱、纪念碑等独立地物的绘制，因它们多是判定方位、确定位置、指示目标的重要标志,故必须准确测绘其位置;凡地物轮廓图上大于符号尺寸的均依比例尺表示,加绘符号;小于符号尺寸的用非比例符号表示,并测注高程;有的独立地物应加注其性质,如油井应加注"油"字样。对于植被的测绘,如森林、果园、草地等,主要是测绘各种植被的边界,并在其范围内配置相应的符号;测绘耕地的轮廓时,还应区分出是旱田或水田等。

四、勾绘地貌

碎部测量中,当图纸上有足够数量的地貌特点时,要及时将山脊线、山谷线勾绘出来,用细实线表示山脊线,用细虚线表示山谷线,如图8-16所示。等高线是根据所测得的地貌特征点高程进行勾绘的,等高线的高程必须是等高距的整数倍,而地貌点的高程不一定恰好符合等高线的要求,所以勾绘等高线时,首先必须根据这些标注高程的地貌点,按内插法求出符合等高线高程的点位,最后再将高程相等的相邻点用平滑的曲线连接起来。内插等高线高程点位的方法有以下三种。

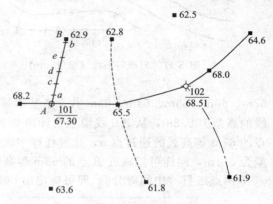

图8-16 内插等高线通过点(单位:m)

1. 解析法

因地貌特征点选择在坡度变化处,故相邻两点间的坡度一定是均匀的,即两点间的平距和高差成正比例;根据这个原理,可定出两相邻地貌特征点间各条等高线通过点的位置。如图8-16所示,已知数个地貌点的平面位置和高程,欲在图上绘出等高距为1m的等高线,首先用解析法确定各相邻两地貌点间的等高线通过点。

【例8-3】如图8-16所示,已知A、B两相邻地貌特征点间为一均匀山坡,且A、B两点的高程分别为67.30m和62.9m,欲在其间绘出等高距为1m的等高线,如何在A、B连线上找出67m、66m、65m、64m和63m的等高线通过点?

解:经实量,A、B两点间的图上长度为30.8mm,因此,可按比例求出67m和63m等高线通过点的位置,如图8-16中的a、b点。

$$Aa = \frac{67.30m - 67m}{67.30m - 62.9m} \times 30.8mm = 2.1mm$$

$$bB = \frac{63m - 62.9m}{67.30m - 62.9m} \times 30.8mm = 0.7mm$$

在图8-16中,首先用直尺自A点沿AB方向量出2.1mm,即得到67m等高线的通过点a;用直尺自B点沿BA方向量出0.7mm,可得到63m等高线的通过点b。然后在a、b两点间,将ab进行四等分,便得到66m、65m、64m等高线通过点c、d、e。

同法,能解析内插出其他相邻两地貌点间的等高线通过点。最后根据实际地貌情况,把高程相同的相邻点用圆滑的曲线连接起来,便勾绘出等高线图,如图8-17所示。

2. 图解法

现仍以求取图8-16中A、B两相邻地貌特征点间等高线通过点为例。取一张透明纸,如图8-18所示,在透明纸上绘出等间隔若干条平行线,平行线间距和数目视地形坡度而定,陡坡地区可增加根数和缩小间距;将透明纸蒙在等待内插等高线的A、B上,转动透明纸,

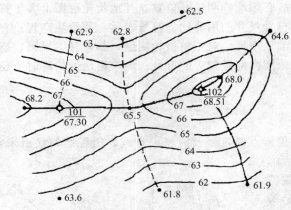

使 A、B 两点分别位于所在两平行线间间距的 0.3 和 0.1 位置上,则直线 AB 和 5 条平行线的交点 a、c、d、e、b 便是高程为 67m、66m、65m、64m、63m 的等高线通过位置。

3. 目估法

根据解析法的原理,用目估法来确定等高线的通过位置,其要领为"取头定尾,中间等分"。现继续以求取图 8-16 中 A、B 两相邻地貌特征点间等高线通过点为例。如图 8-19 所示,A、B 两点的高程分别为 67.30m 和 62.9m,若勾绘等高距为 1m 的等高线,则 A、B 两点间有

图 8-17 勾绘等高线(单位:m)

67m、66m、65m、64m、63m 共 5 条基本等高线通过。A 点的高程为 67.30m,与 67m 等高线的高差为 0.3m,从 AB 线段上估计出 0.3m 高差相应在图上的位置,这就确定了临近 A 点的 67m 等高线的通过点 a,此过程称"取头";B 点的高程为 62.9m,与 63m 等高线的高差为 0.1m,同样可把临近 B 点的 63m 等高线的通过点 b 确定出来,称为"定尾";最后对 a、b 两点进行"中间等分",即可确定出 66m、65m、64m 等高线的通过点 c、d、e。

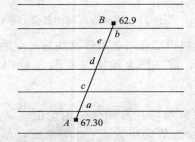

图 8-18 图解法内插等高线(单位:m)

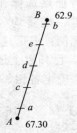

图 8-19 目估法内插等高线(单位:m)

第五节 地形图的成图

在较大的测区测图,地形图是分幅测绘的。测完图后,还需要对图幅进行拼接、检查与整饰,方能获得符合要求的地形图;为便于规划设计、工程施工等,还需要对所绘制的地形图进行复制。

一、地形图的拼接与检查

(一)地形图的拼接

1. 聚酯薄膜测图的拼接

当采用聚酯薄膜测图时,利用薄膜的透明性,可将相邻图幅直接叠合起来进行拼接。首先让公共图廓线严格地重合,并使两图幅同值坐标线严密对齐,然后仔细观察拼接线上两边各地物轮廓线是否相接,地形的总貌和等高线的走向是否一致,等高线是否接合,各种符号、注记名称、高程注记是否一致等等。若图边拼接误差不大于表 8-5 和表 8-6 规定值的 $2\sqrt{2}$ 倍时,可将接边误差平均配赋在相邻两幅图内,即两图幅各改正一半。改正直线地物

时，应将相邻图幅中直线的转折点或直线两端的地物点以直线连接之；改正等高线位置时，应顾及连接后的平滑性和协调性，这样才能使地物轮廓线或等高线自然流畅地接合，且合乎实地形状。

2. 裱糊图纸的拼接

如图8-20所示，当测图用的是裱糊图纸时，则需用一条宽4～5cm、长度与图边相应的透明纸条，先蒙在西图幅的东拼接边上，用铅笔把坐标网线、地物、等高线描在透明纸上，然后把透明纸条按网格对准蒙在东图幅的西拼接边上，并将其地物和等高线也描绘上去，就可看出相应地物和等高线的偏差情况。接下来同聚酯薄膜测图拼接方法一样进行拼接，若接边误差不超限，在接图边上进行误差配赋，再依其改正原图。接图时，若接合误差超限时，则应分析原因并到超限处实地进行检查和重测。

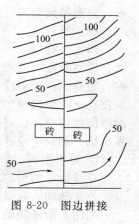

图8-20 图边拼接

表8-5 地物点的点位中误差

测区类别	图上平面位置中误差/mm		备注
	主要地物	次要地物	
一般地区	±0.6	±0.8	①平面位置中误差指的是地物点相对于邻近解析图根点的点位中误差；
城镇居住区、工矿区	±0.4	±0.6	②隐蔽或施测困难的地区,可放宽50%

表8-6 等高线内插点的高程中误差

测区类别	等高线高程中误差	备注
平地	$\frac{1}{3}H_d$	
丘陵	$\frac{1}{2}H_d$	①H_d为等高距(单位:m);
山地	$\frac{2}{3}H_d$	②隐蔽或施测困难的地区,可放宽50%
高山地	$1H_d$	

为了保证相邻图幅的拼接，每一幅图的各边均应测出图廓线外5mm。线状地物若图幅外附近有转弯点（或交叉点）时，则应测至图外的转弯点（或交叉点）；图边上具有轮廓的地物，若范围不太大时，则应完整地测绘出其轮廓。

（二）地形图的检查

1. 室内检查

主要检查观测和计算手簿的记载是否齐全、清楚、正确，各项限差是否符合规定，图上地物和地貌的真实性、清晰性、易读性，各种符号的运用、名称注记等是否正确，等高线与地貌特征点的高程是否符合，相邻图幅的接边有无问题等。如发现错误或疑点，应做好记录，然后到野外进行实地检查与修改。

2. 外业检查

首先以室内检查结果为依据，按预定的巡视路线，进行实地对照查看；然后再进行仪器设站检查。巡视检查主要查看原图的地物、地貌有无遗漏，勾绘的等高线是否合理，符号、注记是否正确等。如果发现出的错误太多，应进行补测或重测。

二、地形图的整饰与清绘

1. 地形图的整饰

当原图经过拼接和检查后，需要进行整饰，以使图面更加合理、清晰和美观。进行整饰时，应遵循先图内后图外、先地物后地貌、先注记后符号的原则，首先用橡皮擦掉不必要的点、线、符号、文字和数字注记，然后用绘图铅笔对地物、地貌按规定的符号进行描绘。

图上地物以及等高线的线条粗细、注记字体大小均按规定的图式进行绘制。文字注记应该在适当位置，既能说明注记的地物和地貌，又不遮盖符号；一般要求字头朝北，河流名称、等高线高程等注记可随线状弯曲的方向排列，高程的注记应注于点的右方，字体要端正清楚；一般居民地名用宋体或等线体，山名用长等线体，河流、湖泊用左斜体。最后还需要画出图廓边框，注记图名、图号、接图表，标注比例尺、坡度尺、三北方向、坐标系统及高程系统、测绘单位、测绘日期等。

2. 地形图的清绘

在整饰好的铅笔原图上用绘图针管笔进行清绘，清绘的次序一般为图廓、注记、控制点、独立地物、居民地、道路、水系、建筑物、植被、地类界、地貌等。

如用聚酯薄膜测图时，在清绘前应先把图面冲洗干净，晾干后才可清绘。清绘时，线划接头处一定要等先画好的笔划晾干后再连接，以免弄脏图面；绘图笔移动的速度要均匀，以使划线粗细一致。若清绘有误，可用刀片刮去，并用沙橡皮轻轻擦毛后再清绘。

三、地形图的复制

经过清绘的地形图原图，通过缩放、描图、晒蓝图或静电复印等，可制作成各种地形图，以利于园林规划设计、园林工程施工等使用，为生产和建设提供图面资料。

第六节　地形图的识读

为了正确应用地形图，必须了解高斯投影的规律，熟悉地形图的分幅与编号方法，掌握有关地形图识读的知识和技能。

一、高斯投影概述

（一）高斯投影的概念

当测区范围较大时，若要建立平面坐标系，就不能忽略地球曲率的影响。为了解决球面与平面这对矛盾，则必须采用地图投影的方法将球面上的大地坐标转换为平面直角坐标。目前我国采用的高斯投影是由德国数学家、测量学家高斯提出的一种等角横切椭圆柱投影，该投影解决了将椭球面转换为平面的问题。从几何意义上看，就是假设一个椭圆柱横套在地球椭球体外并与椭球面上的某一条子午线相切，这条相切的子午线称为中央子午线。假想在椭球体中心放置一个光源，通过光线将椭球面上一定范围内的物像映射到椭圆柱的内表面上，然后将椭圆柱面沿一条母线剪开并展成平面，即获得投影后的平面图形，如图 8-21 所示。

该投影的经纬线图形有以下特点。

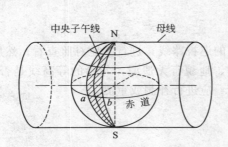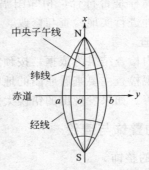

图 8-21　高斯投影

(1) 投影后的中央子午线为直线，无长度变化；其余的经线投影为凹向中央子午线的对称曲线，长度较球面上的相应经线略长。

(2) 赤道的投影也为一直线，并与中央子午线正交；其余的纬线投影为凸向赤道的对称曲线。

(3) 经纬线投影后仍然保持相互垂直的关系，说明投影后的角度无变形。

（二）高斯投影带的划分

高斯投影没有角度变形，但有长度变形和面积变形，离中央子午线越远，变形就越大。为了对变形加以控制，测量中采用限制投影区域的办法，即将投影区域限制在中央子午线两侧一定的范围，此范围称为投影带。对于（1：25000）～（1：500000）地形图采用 6°分带，1：10000 及更大比例尺地形图则采用 3°分带，如图 8-22 所示。

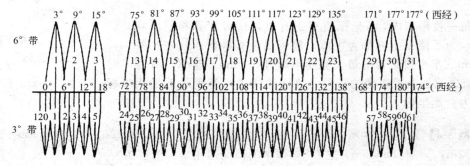

图 8-22　高斯投影带

1. 高斯 6°投影带的划分

6°投影带是从英国格林尼治起始子午线开始，自西向东，每隔经差 6°分为一带，将全球分成 60 个带，其编号分别为 1，2，…，60，如图 8-22 所示。6°带每带的中央子午线经度可用下式计算

$$L_6 = n_6 \times 6° - 3° \tag{8-2}$$

式中，L_6 为 6°投影带的中央子午线经度；n_6 为 6°投影带的带号。

如已知某地的经度 L，则其所在 6°投影带的带号可用下式计算

$$n_6 = \left[\frac{L}{6°}\right] + 1 \tag{8-3}$$

式中：[ ] 为取商的整数。

6°带的最大变形在赤道与投影带最外一条经线的交点上，长度变形为 0.14％，面积变形为 0.27％。

2. 高斯 3°投影带的划分

3°投影带是从东经 1°30′的子午线开始，自西向东每隔经差 3°为一带，将全球划分成 120 个投影带，其中央子午线在奇数带时与 6°带中央子午线重合，如图 8-22 所示。3°带每带的中央子午线经度为

$$L_3 = n_3 \times 3° \tag{8-4}$$

式中，L_3 为 3°投影带的中央子午线经度；n_3 为 3°投影带的带号。

若已知某地的经度 L，则其所在 3°投影带的带号可用下式计算

$$n_3 = \left[\frac{L}{3°}\right] \quad (如果余数大于 1°30′要加 1，小于 1°30′则不加 1) \tag{8-5}$$

式中，[ ] 为取商的整数。

3°带的边缘最大变形较 6°带的最大变形小,即长度变形为 0.04%、面积变形为 0.14%。

我国领土位于东经 72°～136°之间,共包括了 11 个 6°投影带,即 13～23 带;22 个 3°投影带,即 24～45 带。

(三)高斯平面直角坐标

通过高斯投影,将中央子午线的投影作为纵坐标轴,用 x 表示;将赤道的投影作为横坐标轴,用 y 表示;两轴的交点作为坐标原点,由此构成的平面直角坐标系称为高斯平面直角坐标系,如图 8-23 所示。对应于每一个投影带,都有一个独立的高斯平面直角坐标系,区分各带坐标系则利用相应投影带的带号。

在每一投影带内,y 坐标值有正有负,这对计算和使用均不方便,为了使 y 坐标都为正值,故将纵坐标轴向西(左)平移 500km(半个投影带的最大宽度不超过 500km)至 X,并在 y 坐标值之前加上投影带的带号,这样的横坐标 Y 值称为通用坐标,未加 500km 和带号的坐标则为自然坐标。

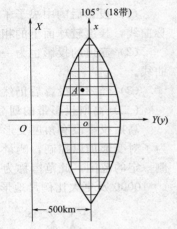

图 8-23 高斯平面直角坐标系

【例 8-4】如图 8-23 所示,图中的 A 点位于第 18 个 6°投影带,其自然坐标为 $x=3394532m$,$y=-85385m$,它在 18 带中的高斯通用坐标为多少?

解:由题意,$X=3394532m$

$Y=500000m-85385m$(计算结果前面冠上投影带号"18")$=18414615m$。

二、地形图的分幅与编号

(一)梯形分幅与编号

1992 年 12 月,我国颁布了《国家基本比例尺地形图分幅和编号(GB/T 13989—92)》新标准,并于 1993 年 3 月开始实施。新的分幅编号方法如下所述。

1. 分幅

1:100 万地形图的分幅标准仍按国际分幅法进行,其余比例尺的分幅均以 1:100 万地形图为基础,按照横行数、纵列数的多少划分图幅,见表 8-7 所示。

表 8-7 我国基本比例尺地形图分幅

地形图比例尺	图幅大小		1:1000000 图幅包含关系		
	纬差	经差	行数	列数	图幅数
1:100 万	4°	6°	1	1	1
1:50 万	2°	3°	2	2	4
1:25 万	1°	1°30′	4	4	16
1:10 万	20′	30′	12	12	144
1:5 万	10′	15′	24	24	576
1:2.5 万	5′	7′30″	48	48	2304
1:1 万	2′30″	3′45″	96	96	9216
1:5000	1′15″	1′52.5″	192	192	36864

2. 编号

1∶100万图幅的编号，由图幅所在的"行号列号"组成，它与旧式编号基本相同，但行与列的称谓相反，并去掉了字母和数字之间的短线。如北京所在1∶100万图幅编号为J50。

（1∶50万）～（1∶5000）图幅的编号，均以1∶100万地形图编号为基础，采用行列编号方法，即由图幅所在的"1∶100万图幅行号（字符码）1位、列号（数字码）2位，比例尺代码（字符码见表8-8）1位，该图幅行号（数字码见图8-24）3位、列号（数字码）3位"共10位代码组成。

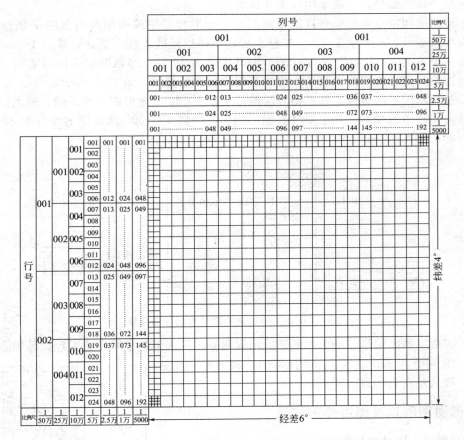

图 8-24　（1∶50万）～（1∶5000）比例尺地形图行列与编号

表 8-8　我国基本比例尺代码

比例尺	1∶50万	1∶25万	1∶10万	1∶5万	1∶2.5万	1∶1万	1∶5000
代码	B	C	D	E	F	G	H

（二）矩形分幅与编号

1. 分幅

为了适应各种园林工程设计和施工的需要，对于大比例尺地形图，大多按纵横坐标格网线进行等间距分幅，即采用正方形分幅与编号方法。图幅大小见表8-9所示。

表 8-9　正方形分幅的图幅规格与面积大小

地形图比例尺	图幅大小/cm	实际面积/km²	1∶5000 图幅包含数
1∶5000	40×40	4	1
1∶2000	50×50	1	4
1∶1000	50×50	0.25	16
1∶500	50×50	0.0625	64

2. 编号

正方形图幅的编号，一般采用以下几种方法。

（1）按图幅西南角坐标编号。图幅西南角坐标编号是用该图幅西南角的 x 坐标和 y 坐标的公里数来编号，x 坐标在前，y 坐标在后，中间以短线连接。例如，某幅 1∶5000 地形图的西南角坐标为 $x=40$ km、$y=20$ km，则其编号为 40-20；当该图幅采用国家统一坐标系统时，把图幅所在投影带的中央子午线的经度加写在最前面，如 114°-40-20。

（2）按基本图号法编号。基本图号法编号是以 1∶5000 地形图作为基础，较大比例尺图幅的编号是在它的编号后面加上罗马数字。例如，一幅 1∶5000 地形图的编号为 30-10，则其他图幅的编号见图 8-25。

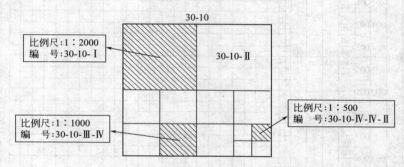

图 8-25　1∶5000 基本图号法的分幅编号

（3）按数字顺序编号。小面积测区的图幅编号，可采用数字顺序或工程代号等方法进行编号。如图 8-26 所示，虚线表示测区范围，数字表示图幅编号，一般从左到右、由上到下。

三、地形图图廓以及图廓外的注记

（一）图名、图号和接图表

1. 图名

每幅地形图都以图幅内最大的村镇或突出地物、地貌的名称来命名，也可用该地区的习惯名称等命名。每幅图的图名注记在北外图廓外面正中处。如图 8-27 所示，地形图的图名为"爽明街"。

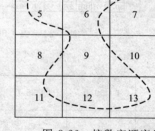

图 8-26　按数字顺序编写

2. 图号

为便于保管、查找及避免同名异地等，每幅图应按规定进行编号，并将图号写在图名的下方。如图 8-27 所示，地形图的图号为"3510-220"。

3. 接图表

为了方便检索一幅图的相邻图幅，在图名的左边需要绘制接图表。它由 9 个矩形格组成，中央填绘斜线的格代表本图幅，四周的格表示上下、左右相邻的图幅，并在每个格中注有相应图幅的图名。如图 8-27 所示。

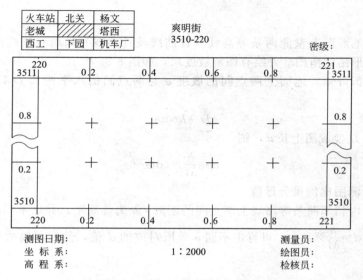

图 8-27　图名、图号和接图表

（二）地形图图廓与分度带

1. 图廓

图廓是地形图的边界，正方形图廓只有内、外图廓之分；内图廓为平面直角坐标格网线，外图廓用较粗的实线描绘。外图廓与内图廓之间的短线用来标记坐标值，如图 8-27 所示，左下角的纵坐标为 3510km，横坐标为 220km。

由经纬线分幅的地形图内图廓呈梯形，如图 8-28 所示。西图廓经线为东经 128°45′，南图廓纬线为北纬 46°50′，两线的交点为图廓点。

2. 分度带

如图 8-28 所示，内图廓与外图廓之间绘有黑白相间的分度带，每段黑白线段长表示经、纬差 1′。连接东西、南北相对应的分度带值，便得到大地坐标格网，可供图解点位的地理坐标用。

3. 坐标格网

分度带与内图廓之间注记了以"km"为单位的高斯直角坐标值。如图 8-28 所示，图中左下角从赤道起算的 5189km 为纵坐标，其余的 90、91 等，为

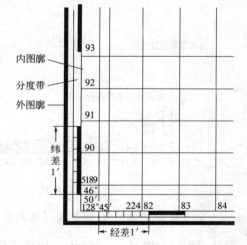

图 8-28　地形图图廓

省去了前面千、百两位（51）的公里数；高斯通用坐标的横坐标值为 22482km，其中 22 为该图所在的投影带号，482km 为该纵线的横坐标值；纵横坐标线构成了公里格网。另外，在四边的外图廓与分度带之间还注有相邻图幅的图号，以供接边查用。

（三）测图比例尺与坡度尺

1. 测图比例尺

在大、中比例尺地形图上，一般都将直线比例尺绘在图幅南图廓外的正中处，再加注数

字比例尺。直线比例尺是将图上的线段用实际的长度来表示，因此，可以用分规或直尺在地形图上量出两点之间的长度，然后与直线比例尺进行比较，就能直接得出这两点间的实际长度值。

2. 坡度尺

为了便于在地形图上量测两条等高线（首曲线或计曲线）间两点连线的坡度，通常在中、小比例尺地形图的南图廓外绘有图解坡度尺，如图8-29所示。

由等高线知识可知，地面上两点间的坡度 α 与两点间的水平距离 D 以及高差 h 的关系为

$$D = h\cot\alpha \tag{8-6}$$

如将实地长 D 换成图上长 d，则

$$d = \frac{h}{M} \times \cot\alpha \tag{8-7}$$

式中，M 为测图比例尺分母值。

如 d 为图幅内相邻两条等高线上两点间的距离，h 为等高距，并以不同的坡度 α 值代入公式（8-7），即 $d = \frac{h}{M} \times \cot\alpha$，可算出不同 α 角所对应的 d 值，然后再绘成平滑的曲线即成坡度尺。

设坡度 α 等于 $30'$，$1°$，$2°$，$\cdots$，$30°$，代入 $d = \frac{h}{M} \times \cot\alpha$，可算出相应的 $d_{30'}$，$d_{1°}$，$d_{2°}$，$\cdots$，$d_{30°}$。如图8-29所示，首先绘一水平直线作为基线，在基线上每隔2mm等分直线，过各分点作垂线，并在各垂线上依次截取 $d_{30'}$，$d_{1°}$，$d_{2°}$，$\cdots$，$d_{30°}$ 长的线段，然后将各端点连成平滑的曲线，且于下端注明相应的坡度值，即得量取相邻两条等高线时使用的坡度尺。

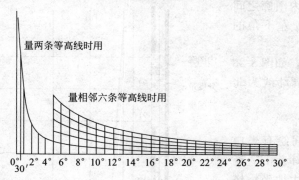

图 8-29 坡度尺

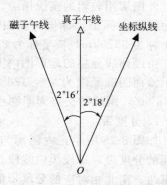

图 8-30 三北方向图

为了量取相邻6条等高线（即两条计曲线）间的坡度，可分别用 $2h$、$3h$、$4h$、$5h$ 代入公式（8-7），即 $d = \frac{h}{M} \times \cot\alpha$，同样可绘成量取相邻3条、4条、5条、6条等高线间坡度的坡度尺，如图8-29所示。

（四）三北方向关系图

中、小比例尺地形图的南图廓线下方，通常绘有真北、磁北和坐标北之间的角度关系，如图8-30所示。利用三北方向图，可对图上任一方向的真方位角、磁方位角和坐标方位角进行相互换算。

（五）测图说明与注记等

中、小比例尺地形图的南图廓线右下方，通常有测图的坐标系统、高程系统、基本等高

距、成图方式、测绘单位、测绘日期、出版机关等；在东图廓线外，把图内所用符号以图例列出说明。除此之外，地形图上还有其他的文字和数字注记，用来补充解释地形图各基本要素尚不能显示的内容。

（六）地物和地貌的判读

1. 地物的判读

地形图上的地物主要是用地物符号和注记符号来表示，因此，判读地物时，首先要熟悉国家测绘总局颁布的相应比例尺《地形图图式》中的符号；然后，要区分依比例符号、半比例符号和非比例符号的不同，弄清各种地物符号在图上的真实位置。另外，要懂得注记的含义，注意有些地物在不同比例尺图上所用符号可能不同。

2. 地貌的判读

要正确判读地貌，必须熟悉等高线表示典型地貌的方法和等高线的特性，分清等高线表达的地貌要素及地性线，找出地貌变化的规律。由山脊线即可看出山脉连绵，由山谷线可看出水系的分布，由山峰、鞍部、洼地和特殊地貌，则可看出地貌的局部变化。若是国家基本比例尺地形图，还可根据其颜色大概判读地物和地貌，如蓝色用于溪、河、湖、海等水系，绿色用于森林、草地、果园等植被，棕色用于地貌、土质符号及公路，黑色用于其他要素和注记。

第七节　地形图的应用

地形图是各项园林工程建设中所必需的基础资料，在地形图上确定地物的位置、相互关系以及地貌的起伏形态等情况，要比实地更方便、更迅速。

一、地形图的室内应用

（一）求算点的平面位置

1. 求图上一点的平面直角坐标

如图 8-31 所示，平面直角坐标格网的边长为 100m，P 点位于 a、b、c、d 所组成的坐标格网中，欲求 P 点的直角坐标，可以通过 P 点作平行于直角坐标格网的直线，交格网线于 e、f、g、h 点。用比例尺（或直尺）量出 ae 和 ag 两段长度分别为 27m、29m，则 P 点的直角坐标为

$$x_p = x_a + ae = 21100\text{m} + 27\text{m} = 21127\text{m}$$
$$y_p = y_a + ag = 32100\text{m} + 29\text{m} = 32129\text{m}$$

【例 8-5】如图 8-31 所示，若地形图的平面直角坐标格网原始边长 l 为 100m，现图纸受潮伸缩变形后，坐标格网的边长为 99.9m，为了消除误差，如何计算 P 点的直角坐标？

解：
$$x'_p = x_a + \frac{ae}{ab} \times l = 21100\text{m} + \frac{27\text{m}}{99.9\text{m}} \times 100\text{m} = 21127.03\text{m}$$
$$y'_p = y_a + \frac{ag}{ad} \times l = 32100\text{m} + \frac{29\text{m}}{99.9\text{m}} \times 100\text{m} = 32129.03\text{m}$$

2. 求图上一点的地理坐标

在求某点的地理坐标时，首先应根据地形图内、外图廓中的分度带，绘出经纬度格网，接着作平行于该格网的纵、横直线，交于地理坐标格网，然后按照求算直角坐标的方法即可计算出点的地理坐标。

（二）求算两点间的距离及方向

1. 求算两点间的距离

① 根据两点的平面直角坐标计算。欲求图 8-31 中 P、Q 两点间的水平距离，可先求算出 P、Q 的平面直角坐标 (x_P, y_P) 和 (x_Q, y_Q)，然后再利用下式计算

$$D_{PQ} = \sqrt{(x_Q-x_P)^2 + (y_Q-y_P)^2}$$

② 根据数字比例尺计算。当精度要求不高时，可使用直尺在图 8-31 上直接量取 P、Q 两点的长度，再乘以地形图比例尺的分母，即得两点间的水平距离。

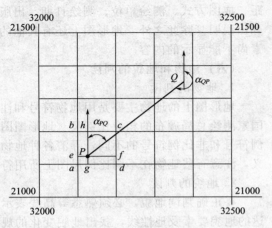

图 8-31 求图上一点的平面直角坐标（单位：m）

③ 根据直线比例尺直接量取。为了消除图纸的伸缩变形给计算距离带来的误差，可以在图 8-31 上用分规量取 P、Q 间的长度，然后与该图的直线比例尺进行比较，便可得出两点间的水平距离。

④ 量取折线和曲线的长度。地形图上的园路、通信线、电力线、给排水管线等多为折线，它们的总长度可分段量取，各线段的长度相加便可；分段量测较繁琐且精度不高，可用两脚规逐段累加，截取最后累计得到的直线段，然后在直线比例尺上读出其长度即可。曲线的长度，可将曲线近似地看作折线，用量测折线长度的方法量取；或先用伸缩变形很小的细线与曲线重合，然后拉直该细线，用直尺量取长度并计算出其实际距离；使用曲线仪也可方便地量出曲线的长度，但精度较低。

2. 求图上两点间的方位角

① 根据两点的平面直角坐标计算。欲求图 8-31 中直线 PQ 的坐标方位角 α_{PQ}，可由 P、Q 的平面直角坐标 (x_P, y_P) 和 (x_Q, y_Q) 计算得出

$$\alpha_{PQ} = \arctan\frac{y_Q - y_P}{x_Q - x_P}$$

求得的 α_{PQ} 在平面直角坐标系中的象限位置，取决于 (x_Q-x_P) 和 (y_Q-y_P) 的正、负符号。

② 用量角器直接量取。如图 8-31 所示，若求直线 PQ 的坐标方位角 α_{PQ}，当精度要求不高时，可以先过 P 点作一条平行于坐标纵轴的直线，然后用量角器直接量取坐标方位角 α_{PQ}。

（三）求算点的高程

根据地形图上的等高线，可确定任一地面点的高程。如果地面点恰好位于某一等高线上，则根据等高线的高程注记或基本等高距，便可直接确定该点高程。如图 8-32 所示，p 点的高程为 20m。

在图 8-32 中，当确定位于相邻两等高线之间的地面点 q 的高程时，可以采用目估的方法确定；更精确的方法是，先过 q 点作一条直线，与相邻两等高线相交于 m、n 两点，再依高差和平距成比例的关系求解。若图 8-32 中的等高线基本等高距 h 为 1m，线段 mn、mq 的长度分别为 20mm 和 16mm，则 q 点高程 H_q 为

$$H_q = H_m + \frac{mq}{mn} \times h = 23\text{m} + \frac{16\text{m}}{20\text{m}} \times 1\text{m} = 23.8\text{m}$$

如果要确定图上任意两点间的高差，则可采用该方法确定出两点的高程后相减即得。

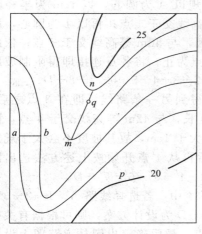

图 8-32 求图上一点的高程

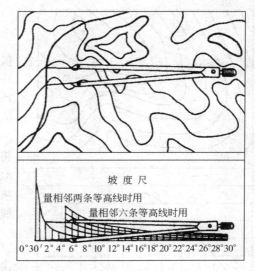

图 8-33 坡度尺法量测坡度

(四) 求算地面坡度

1. 计算法

如图 8-32 所示,欲求 a、b 两点之间的地面坡度,可先分别求出这两点的高程 H_a、H_b,计算出高差 $h_{ab}=H_b-H_a$,然后再求出 a、b 两点间的水平距离 D_{ab},按下式即可计算地面坡度

$$i=\frac{h_{ab}}{D_{ab}}\times 100\% \tag{8-8}$$

或

$$\alpha_{ab}=\arctan\frac{h_{ab}}{D_{ab}} \tag{8-9}$$

2. 坡度尺法

使用坡度尺,可在地形图上分别测定 2~6 条相邻等高线间任意方向的坡度。在图上量测时,先用两脚规量取相邻 2~6 条等高线上两点间的宽度,然后到坡度尺上比对,在相应垂线下面就可读出它的坡度值。此时要注意,量测几条等高线就要在坡度尺上相应比对几条。如图 8-33 所示,所量两条等高线处的地面坡度为 2°。当地面两点间穿过的等高线平距不等时,量测所得坡度则为地面两点间的平均坡度。

(五) 选择拟定坡度的最短路线

如图 8-34 所示,地形图的等高距为 1m,比例尺为 1:2000。现根据园林道路工程规划,需在该地形图上选出一条由车站 A 至某景区 D 的最短线路,并且要求在该线路任何处的坡度都不超 5%,操作步骤如下所述。

① 将 5% 的坡度换算成倾斜角度,然后用两脚规在坡度尺上截取所对应相邻两等高线间的平距;一般情况下,也可根据等高距 h、地形图比例尺分母 M 和坡度 i,计算出相邻两等高线间的图上最小平距,即

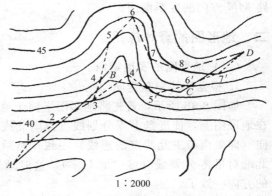

图 8-34 按规定坡度在图上选线

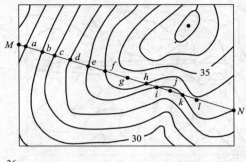

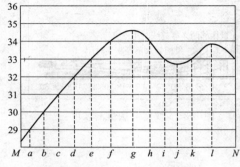

图 8-35 绘制地形断面图

$$d=\frac{h}{iM}=\frac{1m}{0.05\times 2000}=0.01m=1cm$$

② 用两脚规以 A 为圆心,以 1cm 为半径画弧,与 39m 等高线交于 1 点;再以 1 为圆心,以 1cm 为半径画弧,与 40m 等高线交于 2 点;依此作法,直到 D 点为止;将各点连接即得限制坡度的路线 $A-1-2-3-4-5-6-7-8-D$。

这里还会得到另一条路线,即在 3 点之后,将线段 2-3 延长,与 42m 等高线交于 $4'$ 点,因 3、$4'$ 两点距离大于 1cm,故其坡度不会大于规定坡度 5%,然后再从 $4'$ 点开始按上述方法选出路线 $A-1-2-3-4'-5'-6'-7'-D$。

③ 在图 8-34 中,若选择线路 $A-1-2-3-4'-5'-6'-7'-D$ 为设计方案,则可根据有关要求将其去弯取直,最后确定出园林道路图上设计线路 $A-B-C-D$。

(六)绘制指定方向的断面图

如图 8-35 所示,若沿地形图上 MN 方向绘制纵断面图,其操作步骤如下所述。

① 连接 M、N,分别与等高线相交于 a、b、c、d、e、f、h、i、k 点,然后根据等高线上的高程注记,得到 M、N 两点以及各交点处的高程分别为 28.4m、29m、30m、31m、32m、33m、34m、34m、33m、33m、33m;为了更好地反映地形的特征,纵断面所经过的山脊、山顶、山谷等地貌特征点也应标示在图上,如图 8-35 中的 g、j、l 点,并经过内插法计算,得到这些特征点的高程各为 34.7m、32.8m、33.9m。

② 在绘图纸(或毫米方格纸)上绘出两条相互垂直的线段作为坐标轴,建立坐标系,其中横轴表示水平距离,纵轴表示高程,单位均为米;为突显线路 MN 方向的地形起伏程度,高程所用比例尺一般比水平距离所用比例尺大 10 倍或 20 倍。

③ 在地形图上,从 M 点开始,沿线路 MN 方向分别量取两相邻点间的水平距离,并按一定比例尺将 $M,a,b,\cdots,N$ 各点依次展绘在坐标横轴上;然后再根据 $M,a,b,\cdots,N$ 各点的高程,按给定的比例尺分别在平面直角坐标系中展点。

④ 将所展绘的相邻各坐标点用平滑的曲线连接起来,即得线路 MN 方向的纵断面图。

二、地形图的野外应用

(一)地形图的实地定向

1. 根据手持罗盘定向

如图 8-36 所示,首先将地形图平铺于地面,并把手持罗盘放在地形图上,使度盘上零分划线(或南北线)与图上磁子午线方向(即磁南与磁北两点的连线)一致;然后转动地形图,使磁针北端对准零分划线(或"北"字),这时地形图的方向便与实地的方向一致了。

2. 根据直线状地物定向

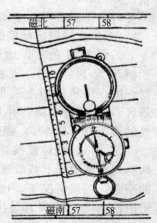

图 8-36 手持罗盘定向

如图 8-37 所示，当站立点位于直线状地物（如园林道路、渠道等）上时，可先将铅笔或三棱比例尺的边缘吻切在图上线状符号的直线部分，然后转动地形图，用视线瞄准地面相应线状物体。这时，地形图即已定向。

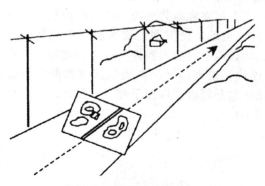

图 8-37　直线状地物定向

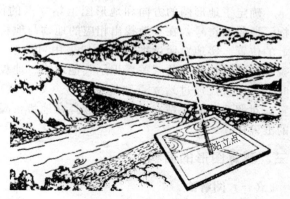

图 8-38　方位物定向

3. 根据方位物定向

当用图者能够确定站立点在图上的位置时，可根据控制点、独立树、独立房屋、山头等方位物作地形图定向。即先将铅笔或三棱比例尺的边缘在图上吻切站立点和远处某一方位物符号的连线，然后转动地形图，当照准线通过地面上的相应方位物中心时，地形图即已定好方向，如图 8-38 所示。

（二）确定站立点在地形图上的位置

1. 比较判定法

如图 8-39 所示，在园林工程现场，对比站立点四周明显地形特征点在图上的位置，再依它们与站立点的关系确定站点在图上的位置。此法是确定站立点最简便、最常用的方法，但站立点应尽量设在明显的地形特征点上。

图 8-39　比较判定法

2. 透明纸后方交会法

如图 8-40（a）所示，先在站立点上铺平图纸，在地形图上蒙上一张透明纸，从一点出发，在地面上选择三个明显目标点描绘出方向线；然后松开并移动透明纸，如图 8-40（b）

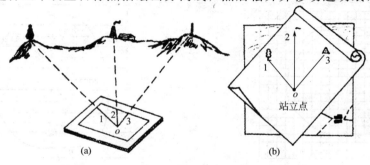

图 8-40　透明纸后方交会法

所示，当所描各方向线都同时通过图上相应目标点的符号时，将透明纸上的站立点刺到地形图上，就是地面站立点的图上位置。

（三）对照实地判读地物与地貌

确定了地形图的方向和地形图上站立点的位置之后，就可以依照图上站立点周围的地物、地貌的符号，在实地找出相应的地物与地貌，或者观察实地的地物、地貌，识别其在图上的位置。实地对照读图时，一般采用目估法，由近至远，先识别主要而明显的地物、地貌，再根据相关的位置关系识别其他地物、地貌。如因地形复杂不容许确定某些地物、地貌时，可用直尺通过站立点和地物符号（如山顶）连线，依方向和距离确定该地物的实地位置。对照读图时，站立点应尽量选择在地势较高或视线开阔处，以便于观察，保证野外用图的准确性。

三、测算图形的面积

（一）图解法

1. 几何图形法

如图 8-41 所示，当欲求面积的边界为直线时，可以把该图形分解为若干个规则的几何图形，如三角形、梯形或平行四边形，然后量出这些图形的高、边长等要素，就可以利用几何公式计算出每个图形的面积。将所有图形的面积求和并乘以该地形图比例尺分母的平方，即为其实地面积。

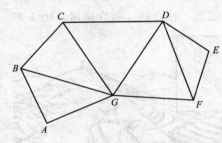

图 8-41 几何图形法测算面积

2. 方格法

对于不规则图形，可采用方格法求算图形面积。方格法通常是在透明纸上绘出边长为 d（可用 1mm、2mm、5mm）的小方格，如图 8-42 所示。测算图上面积时，将绘好方格的透明纸固定在待测图形上，先数出图形内完整小方格数 n_1，再数出图形边缘不完整的小方格数 n_2，然后按下式计算整个图形的实地面积

$$S = \left(n_1 + \frac{n_2}{2}\right) \times \frac{(dM)^2}{10^6} \tag{8-10}$$

式中，S 为实地面积，m^2；M 为地形图比例尺分母；d 为小方格边长，mm。

3. 平行线法

在透明纸或胶片上，按间隔 h 刻划一些互相平行的直线，如图 8-43 中的实线条，制作成模片。测算面积时，把透明模片放在欲量测的图形上，使图形边缘上的 A、B 两点分别位

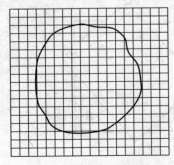

图 8-42 方格法测算面积

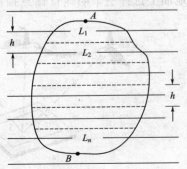

图 8-43 平行线法测算面积

于模片任意两平行线中间,这样,整个图形就被平行线分割成许多等高的近似梯形和两个近似三角形(图中虚线图形),而近似梯形和两个近似三角形的高即是两平行线的间距 h。图 8-43 中虚线为三角形的底或梯形的上底、下底,图中实线 $L_1,L_2,\cdots,L_n$ 恰好分别是三角形和梯形的中间线长度,则所测算的图形面积为

$$S = h(L_1+L_2+\cdots+L_n) = h\sum_{i=1}^{n}L_i \tag{8-11}$$

式中,L_i 为被量测图形内平行线的线段长度,$i=1,2,\cdots,n$;h 为制作模片时所用相邻平行线间的间隔,可视被量测图形的大小而确定。

(二) 解析法

如果图形为任意多边形,并且各顶点的坐标已知,可利用坐标计算法精确解析出该图形的面积。如图 8-44 所示,图上草坪种植边界 1、2、3、4 各点坐标已知,如 $1(x_1,y_1)$;则图形 1234 的面积为梯形 $12ba$ 面积加上梯形 $23cb$ 面积,然后再减去梯形 $14da$ 面积与梯形 $43cd$ 面积,即

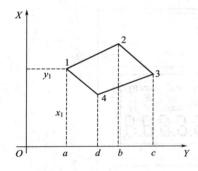

图 8-44 解析法测算面积

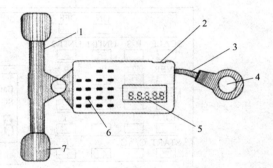

图 8-45 KP-90N 型电子求积仪

1—动极臂;2—交流转换器插座;3—跟踪臂;4—跟踪放大镜;
5—显示屏;6—数字键和功能键;7—动极轮

$$S = \frac{1}{2}[(x_1+x_2)(y_2-y_1)+(x_2+x_3)(y_3-y_2)-(x_1+x_4)(y_4-y_1)-(x_3+x_4)(y_3-y_4)]$$

分解括号,归并同类项得

$$\left.\begin{array}{r}S = \dfrac{1}{2}[x_1(y_2-y_4)+x_2(y_3-y_1)+x_3(y_4-y_2)+x_4(y_1-y_3)] \\ \text{或}\quad S = \dfrac{1}{2}[y_1(x_4-x_2)+y_2(x_1-x_3)+y_3(x_2-x_4)+y_4(x_3-x_1)]\end{array}\right.$$

将其推广至 n 边形图形,面积为

$$\left.\begin{array}{r}S = \dfrac{1}{2}\sum_{i=1}^{n}x_i(y_{i+1}-y_{i-1}) \\ \text{或}\ S = \dfrac{1}{2}\sum_{i=1}^{n}y_i(x_{i-1}-x_{i+1})\end{array}\right\} \tag{8-12}$$

式中,当括号内坐标的下标出现 0 或 ($n+1$) 时,要分别以 n 或 1 代之;两个算式的结果可用于相互检核。

(三) 电子求积仪法

电子求积仪是一种用来测定任意形状图形面积的仪器,具有快速、精确的特点。图 8-45 为 KP-90N 型电子求积仪,现将其主要部件及其使用方法介绍如下。

1. 主要部件

如图 8-45 所示，KP-90N 型电子求积仪的主要部件为动极臂、跟踪臂和微型计算机；微型计算机表面的功能键见表 8-10 所示；各功能键显示的符号在显示屏上的位置，见图 8-46 所示。

表 8-10　KP-90N 型电子求积仪的功能键

功能键符号	功能键的功能	功能键符号	功能键的功能
ON	电源键（开）	OFF	电源键（关）
0～9	数字键	·	小数点键
START	启动键	HOLD	固定键
MEMO	存储键	AVER	结束及平均值键
UNIT	单位键	SCALE	比例尺键
R-S	比例尺确认键	C/AC	清除键

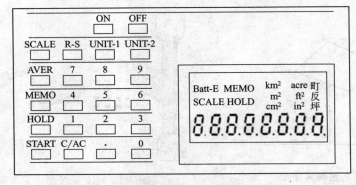

图 8-46　各功能键及显示符号的位置

2. 使用方法

① 准备工作。将图纸固定在平整的图板上，把跟踪放大镜大致放在图的中央，使动极臂与跟踪臂约成 90°角；用跟踪放大镜沿图形轮廓线试绕行 2～3 周，检查动极臂是否平滑移动；如果转动中出现困难，可调整动极臂位置。

② 打开电源。按下 ON 键，显示屏上显示"0."。

③ 设定面积单位。按 UNIT 键，选定面积单位；面积单位有米制、英制和日制。

④ 设定比例尺。设定比例尺的主要使用数字键、SCALE 键和 R-S 键；例如，当测图比例尺为 1∶500 时，其设定的操作步骤见表 8-11。

表 8-11　设定比例尺 1∶500 的操作

键 操 作	符 号 显 示	操 作 内 容
5　0　0	cm² 500.	对比例尺分母 500 进行置数
SCALE	SCALE cm² 0.	设定比例尺 1∶500
R-S	SCALE cm² 250000.	$500^2 = 250000$ 确认比例尺 1∶500 已设定
START	SCALE cm² 0.	比例尺 1∶500 设定完毕，可开始测量

⑤ 跟踪图形。在图形边界上选取一个较明显点作为起点，使跟踪放大镜中心与之重合，按下 START 键，蜂鸣器发出声响，显示窗显示"0."；用右手拇指和食指控制跟踪放大镜，使其中心准确沿图形边界顺时针方向绕行一周，然后回到起点，按下 AVER 键，即显示所测图形的面积。

⑥ 累加测量。如果所测图形较大，需分成若干块进行累加测量。即第一块面积测量结束后（回到起点），不按 AVER 键而按 HOLD 键（把已测得的面积固定起来）；当测定第二块图形时，再按 HOLD 键（解除固定状态），同法测定其他各块面积；结束后按 AVER 键，即显示所测大图形的面积。

⑦ 平均测量。为提高测量精度，可对一块面积重复测量几次，取平均值作为最后结果；即每次结束后，按 MEMO 键，数次测量全部结束时按 AVER 键，则显示这几次测量的平均值。

实训 8-1　经纬仪碎部测量

一、实训目的

熟悉地物、地貌在地形图上的表示方法，掌握经纬仪测绘碎部点的实施步骤。

二、实训内容

1. 根据测区情况，合理选择碎部点。
2. 在图根控制点上安置经纬仪，测定周围地物点、地貌点。
3. 用地形图图式表示地物，用解析法、图解法或目估法勾绘等高线。

三、仪器及工具

按 5～6 人为一组，每组配备：DJ_6 经纬仪 1 台，视距尺 1 根，标杆 1 根，钢尺 1 副，记录板 1 块（含记录表），图板 1 块（含已展绘图根控制点的图纸），三棱比例尺 1 把，量角器一个，三角板一副，《地形图图式》1 本，以及计算器、大头针、透明胶带、铅笔、橡皮、小刀等。

四、方法提示

1. 如图 8-15 所示，安置经纬仪于控制点 A，对中、整平后量取仪器高 i；在另一控制点 B 上立一根标杆，以盘左位置瞄准 B 点，并将水平度盘配置为 $0°00'00''$；将绘图板安置在控制点 A 近旁，连接 A、B 两点在绘图纸上的位置 a、b，再用大头针将量角器中心钉在图上 a 点。

2. 按事先商定路线，在已选择的碎部点上分别竖立视距尺，用经纬仪盘左位置照准目标，按视距测量方法依次观测记录上丝读数、中丝读数、下丝读数、水平角以及竖盘读数；然后计算经纬仪至碎部点间的水平距离和高差，并根据 A 点高程计算碎部点的高程，同时记录碎部点的名称。

3. 根据水平角和水平距离大小，分别用量角器和测图比例尺（1∶500）将碎部点展绘于图上，并注高程数据于碎部点旁。

4. 同法测绘其他碎部点，并随测随连地物轮廓线和地貌特征线；对照实地地形用相应的图式符号表示地物，用解析法、图解法或目估法在地貌特征线上求等高线通过点（等高距为 1m），连接相关点即得等高线。

5. 对照实地检查无漏测、错测后，搬迁测站，同法测绘，直至测完规定的范围；最后清绘与整饰地形图。

五、注意事项

1. 在确保准确反映测区实际情况的前提下，应根据地貌的复杂程度、测图比例尺等，综合考虑碎部点的密度。

2. 在每个测站测绘开始之前，应对测站周围地形特点、测区范围、跑尺路线和分工等问题有统一认识，以便做到既不重测，又不漏绘；对地物点一般只测其平面位置，当地物点可作为地貌点时，才应测定其高程。

3. 鉴于绘图时使用量角器和三棱比例尺，因此碎部测量时，经纬仪仅采用盘左观测，量距也只需进行往测，水平角、水平距离、高程分别精确到分（′）、分米（dm）、厘米（cm）即可。

4. 立尺人员应将标尺竖直，并随时观察立尺点周围情况，弄清碎部点之间的关系，地形复杂时还需绘出草图；绘图人员要做到随测、随绘、随检查。

5. 每测站工作结束后应进行检查，在确认地物、地貌测量无误或无漏测时方可迁站。

六、实训报告

每个测量组需上交经纬仪碎部测量实训记录表（表 8-12）和所测图纸各一份。

表 8-12 经纬仪碎部测量实训记录表

仪器号_____ 班组_____ 仪器高_____ 定向点_____ 测站高程_____ 日期_____

测站	碎部点	视距尺读数/m			竖盘读数/(°′″)	竖角/(°′)	高差/m	水平角/(°′)	水平距离/m	高程/m	备注
		中丝	下丝	上丝							

实训 8-2　地形图的应用与面积测定

一、实训目的

熟悉地形图图廓及图廓外各种注记，学会地形图室内应用的基本内容和地物、地貌的判读，掌握 2～3 种常用的面积测算方法。

二、实训内容

1. 对照教学用地形图，解释图廓及图廓外各种注记的作用和意义。
2. 对地形图室内应用的数据、图形等进行量算或绘制。
3. 测算地形图上某一图形的实地面积。

三、仪器及工具

按 5～6 人为一组，每组配备：电子求积仪 1 台，《地形图图式》1 本。每人配备：教学用地形图 1 幅，记录板 1 块（含记录表），两脚规 1 个，三角板一副，量角器 1 个，三棱比例尺 1 把，透明方格纸和透明纸（20cm×20cm）各一张，以及绘图纸、计算器、大头针、透明胶带、细线、铅笔、橡皮、小刀等。

四、方法提示

（一）地形图的室内应用

1. 在地形图上找出图名、图号、接图表、测图比例尺、坡度尺、图廓、公里网、经纬网、三北方向图等内容，并说明其作用、含义。
2. 求算图上某点的平面直角坐标、地理坐标、高程，并求出两点间的距离及方向、两点间曲线长。
3. 根据测图比例尺，按指定坡度在图上选定最短路线，并按指定方向绘制纵断面图。

（二）方格法、平行线法测算面积

1. 用方格法测算地形图上某一图形的实地面积。
2. 在透明纸上画出等间隔的若干条平行线，然后覆盖在地形图上，测算某一图形的实地面积。
3. 将方格法、平行线法测算的某一图形实地面积与电子求积仪法测算的同一面积进行比较。

（三）电子求积仪法测算面积

1. 熟悉电子求积仪各部件的名称及各功能键的作用。
2. 按照使用说明书，用电子求积仪测算面积。

五、注意事项

1. 在地形图上，求算高程的点假如位于山顶或凹地上，处于同一等高线的包围中，那么，该点的高程等于最近首曲线的高程加上或减去半个基本等高距；若是山顶应加半个等高距，若是凹地应减去半个等高距。
2. 当求某地区的平均坡度时，首先按该区域地形图等高线的疏密情况，将其划分为若干同坡小区；然后在每个小区内绘一条最大坡度线，求出各线的坡度作为该小区的坡度；最后取各小区的平均值，即为该地区的平均坡度。
3. 为了保证量测面积的精度和可靠性，应将图纸平整地固定在图板或桌面上；当需要测量的面积较大时，也可以在待测的面积内划出一个或若干个规则图形，如四边形、三角形等，用几何图形法求算面积，剩下的小块面积再用电子求积仪测量。
4. 电子求积仪不能放在太阳直射、高温、高湿的地方；表面有脏物时，应用柔软、干燥的布抹拭，不能使用稀释剂、挥发油及湿布等擦洗；电池取出后，严禁把电子求积仪和交流转换器连接使用。

六、实训报告

每人上交地形图室内应用与面积测定实训数据、图、表（表 8-13）一套。

表 8-13　面积测算实训记录表

方　法	面积观测值/m²			备　注
	第一次观测	第二次观测	平均值	
方格法				
平行线法				
电子求积仪法				

复习思考题

1. 试解释，平面图与地形图、比例尺及比例尺精度、等高线与等高距以及等高线平距。
2. 什么是地物？地物符号按比例关系可分为哪几类？各在什么情况下应用？
3. 什么是地貌？等高线可分为哪几类？等高线有哪些特性？
4. 用经纬仪视距法测绘地形图，其一个测站上的工作有哪些？
5. 根据图 8-47 所示的碎部点高程，勾绘出等高距为 1m 的等高线。
6. 根据图 8-48 所提供的信息（单位：m），试完成以下问题：

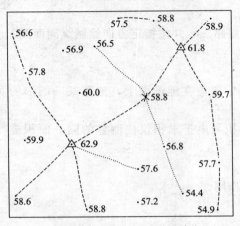

图 8-47 勾绘等高线（习题）（单位：m）

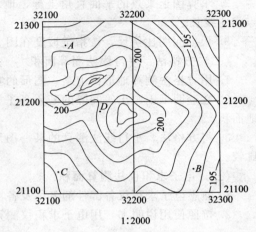

图 8-48 地形图应用（习题）（单位：m）

① 在地形图上用符号标出山顶（△）、鞍部的最低点（×）、山脊线（——）、山谷线（……）；
② 求算 A、B 两点的平面直角坐标；
③ 计算 AB 的水平距离和坐标方位角；
④ 绘制 A、B 两点连线方向的断面图，要求平距比例尺为 1∶2000，高程比例尺为 1∶200；
⑤ 求算 C、D 两点的高程及其连线的坡度；
⑥ 由 B 点到 D 点选出一条坡度不大于 5% 的线路。

第九章　园林道路测量

知识目标

1. 熟悉园林道路的种类及其功能，掌握园林道路选线的原则和步骤。
2. 了解转角的概念，掌握测算转角和确定角分线方向的方法。
3. 了解圆曲线的半径大小与园林道路类型之间的关系，掌握圆曲线测设数据和里程桩桩号的计算方法。

技能目标

1. 能够熟练地进行园林道路中线测量，并正确绘制中线平面图。
2. 能对园林道路中线进行纵断面水准测量，并能按照合适的纵、横比例尺绘制纵断面图。
3. 能在纵断面图上标定控制点、经济点的位置，并能按要求进行纵向设计和竖曲线的设置。
4. 能够确定园林道路横断面的方向，进而对园林道路中线进行横断面测量，并正确绘制横断面图。
5. 掌握园林道路路基设计的方法步骤，能够正确计算土石方工程量，并对路基进行测设。

第一节　园林道路中线测绘

园林道路的中心线由直线和曲线构成。中线测绘包括选线、确定各交点和转点、量距和钉桩、测量转向角、测设圆曲线以及绘制园路中线平面图等内容。

一、园林道路的种类

园林道路简称园路，是园林景观的重要组成部分，也是联络各景区、景点以及活动中心的纽带，具有引导浏览、分散人流的功能，同时也可供游人散步和休息之用。园林道路按照使用功能，一般可分为主干道、次干道等。

1. 主干道

主干道是园林道路系统的骨干，与园林绿地的主要入口、各功能分区以及景点相联系，也是各区的分界线。其宽度视园林绿地性质、规模和游人数量而定。

2. 次干道

为主干道的分支，是直接联系各区及景点的道路，可引导人流到各景点，具有一定的导游性。

二、选定道路中心线

1. 选线的原则

① 统一布局、全线勘测。在园林道路的起、终点以及中间必需经过的景点寻找可能通

行的"线路带",确定一些大景点并将它们连接起来,形成路线的基本走向。

② 逐段安排、阶段实施。为了进一步连接细部景点,解决局部性线路走向问题,可以在大景点之间逐段结合地形、地质、水文、气候等情况,选定大景点间的次干道以及支路。

2. 选线的步骤

① 收集规划设计区域各种比例尺地形图、平面图和断面图资料,并收集沿线水文、地质以及控制点等有关资料。

② 根据工程要求,利用已有地形图,结合现场勘察,在中、小比例尺图上确定规划路线走向,编制比较方案,进行初步设计。

③ 根据设计方案,在实地标出线路的基本走向并进行控制测量,包括平面控制测量和高程控制测量;结合线路工程的需要,测绘带状地形图或平面图。

④ 将园路设计中心线上的各种点位测设到实地,即测量线路起止点、转折点、曲线主点和线路中心里程桩、加桩等内容。

三、测量转向角

1. 测算右角与转角

如图 9-1 所示,因受实际地形和道路设计功能等的影响,致使园路前进的方向经常会有转弯、迂回;园路在所选线路上改变前进方向时,前、后视线的转折点称为交点,用 JD 表示。

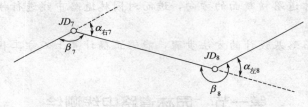

图 9-1 转角测定

在园路交点处,前、后视线的夹角有左角与右角之分,当夹角在路线前进方向的右侧时为右角,表示为 $\beta_右$;夹角在前进方向左侧时为左角,表示为 $\beta_左$。在园林道路中线测量时,通常观测路线的右角,如图 9-1 中 β_7、β_8;右角用 DJ_6 经纬仪按测回法观测一个测回,当上、下半测回较差不大于 $\pm 40''$ 时,取平均值作为最后结果。

当路线由一个方向偏转向另一个方向后,偏转后的方向与原来方向延长线的夹角称为转角,用 α 表示。转角有左转角和右转角之分。在园路交点处,前视导线位于后视导线延长线的左侧时为左转角,表示为 $\alpha_左$,如图 9-1 中的 $\alpha_{左8}$;前视导线在后视导线的延长线右侧时为右转角,表示为 $\alpha_右$,如图 9-1 中 $\alpha_{右7}$。

由图 9-1 可看出

当 $\beta > 180°$ 时,为左转角

$$\alpha_左 = \beta - 180° \tag{9-1}$$

当 $\beta < 180°$ 时,为右转角

$$\alpha_右 = 180° - \beta \tag{9-2}$$

2. 确定分角线方向

根据圆曲线测设的需要,还应在交点处标出前、后两视线间小于 180°夹角的分角线方向。如图 9-2 所示,由于测量右角结束时,经纬仪处于盘右状态,现若已知盘右后视时的度盘读数为 a,盘右前视时的度盘读数为 b,则分角线方向的盘右度盘读数 c 应为

$$c = b + \frac{\beta}{2}$$

由于 $\beta = a - b$，故

$$c = \frac{a+b}{2} \tag{9-3}$$

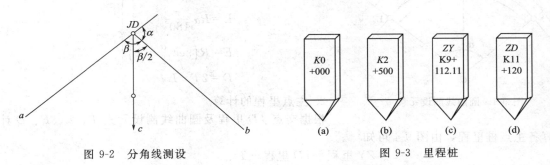

图 9-2　分角线测设　　　　　　　　图 9-3　里程桩

在园路测量中，无论是在路线左侧还是右侧设置分角线，均可按公式（9-3）计算 c 值。在盘右时转动经纬仪照准部，使水平度盘读数为 c，此时望远镜视线方向即为分角线的方向。若望远镜视线方向在前、后两视线间大于 180°夹角的分角线方向时，则需要倒转望远镜。找到分角线的方向后，应在该方向线上钉设一个木桩，以供测设圆曲线"中点"时使用。

四、设置里程桩

园路中线在实地的位置由一系列带有编号的木桩加以标定，这些木桩称为里程桩或中桩。里程桩或中桩的编号称为桩号，是指园路中线上某个桩点沿中线方向到路线起点的长度，表示为"K×+×××"的形式，其中，"+"号前的数字为整千米数，"+"号后则是不足一千米数的米数。园路起点桩号为"K0+000"，如图 9-3（a）所示；从起点开始，按规定每隔某一整数需要设置一个整数桩，整桩之间的距离一般为 20m、30m 或 50m，如图 9-3（b）所示；在相邻整桩之间，若地面坡度变化较大或遇圆曲线，要增设加桩或曲线桩，如图 9-3（c）所示；在地面上标定交点位置的木桩称交点桩，当相邻两个交点相距较远或互不通视时，还应在其间适当位置增设转点，表示为 ZD，并钉设转点桩，如图 9-3（d）所示。

五、测设圆曲线

当园路由一个方向转向另一个方向时，必须用适当半径的曲线来连接，圆曲线半径的参考值见表 9-1 所示。圆曲线是最常用的一种平面曲线，测设时，应首先测设出圆曲线的三主点，即起点、中点和终点，又称直圆点（ZY）、曲中点（QZ）、圆直点（YZ）；然后在主点间进行圆曲线的详细测设。

表 9-1　圆曲线的半径

半径大小 园路类型	园路内侧圆曲线半径/m		备　注
	一般情况	最小值	
主干道	≥10.0	8.0	园路中线圆曲线半径为内侧
次干道	6.0～30.0	5.0	半径值加上半个路宽大小

（一）测设圆曲线的主点

1. 测设元素的计算

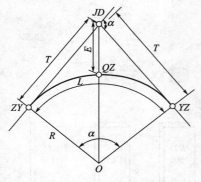

图 9-4 圆曲线测设元素

如图 9-4 所示,为了在实地测设圆曲线的主点,需要求得切线长 T、曲线长 L、外矢距 E、切曲差 D 等测设元素。若转角 α 及半径 R 已知,则主点测设元素可按下式计算

$$\left.\begin{aligned} T &= R\tan\frac{\alpha}{2} \\ L &= R\alpha\frac{\pi}{180°} \\ E &= R\left(\sec\frac{\alpha}{2}-1\right) \\ D &= 2T-L \end{aligned}\right\} \quad (9\text{-}4)$$

2. 主点里程的计算

根据交点 JD 里程及圆曲线测设元素 T、L、E、D 计算各主点桩里程,由图 9-4 可知

$$\left.\begin{aligned} ZY\ 里程 &= JD\ 里程 - T \\ YZ\ 里程 &= ZY\ 里程 + L \\ QZ\ 里程 &= YZ\ 里程 - \frac{L}{2} \\ JD\ 里程 &= QZ\ 里程 + \frac{D}{2}\ (检核) \end{aligned}\right\} \quad (9\text{-}5)$$

3. 主点的测设方法

将经纬仪置于 JD 上,望远镜照准后视相邻交点或转点,沿此方向线自 JD 量取切线长 T,得曲线起点 ZY,打下曲线起点桩。转动仪器照准部,照准前视相邻交点或转点,自 JD 沿该方向量取切线长 T,得曲线终点 YZ,打下曲线终点桩。转动仪器照准部,照准分角线方向,自 JD 量取外矢距 E,得曲中点 QZ,打下曲线中点桩。

【例 9-1】已知某交点的里程为 $K3+182.76$,测得转角 $\alpha_右 = 25°48'$,拟定圆曲线半径 $R = 300\text{m}$,求该圆曲线的测设元素及主点桩里程。

解:(1)计算圆曲线测设元素。由公式(9-4)可得

$$T = R\tan\frac{\alpha}{2} = 300\text{m} \times \tan\frac{25°48'}{2} = 68.71\text{m}$$

$$L = R\alpha \times \frac{\pi}{180°} = 300\text{m} \times 25°48' \times \frac{\pi}{180°} = 135.09\text{m}$$

$$E = R\left(\sec\frac{\alpha}{2}-1\right) = 300\text{m} \times \left(\sec\frac{25°48'}{2}-1\right) = 7.77\text{m}$$

$$D = 2T - L = 2 \times 68.71\text{m} - 135.09\text{m} = 2.33\text{m}$$

(2)计算主点桩里程。由公式(9-5)可得

```
JD          K3+182.76
-) T              68.71
ZY          K3+114.05
+) L             135.09
YZ          K3+249.14
-) L/2            67.54
QZ          K3+181.60
+) D/2             1.16
JD          K3+182.76 (检核)
```

（二）圆曲线的详细测设

当地形变化大，圆曲线又较长时，除测定主点外，还应在圆曲线上按一定间距测设细部点，这样才能把曲线的形状和位置详细地反映出来，以便于园路工程施工。细部点的间距大小一般为 20m、10m、5m，且圆曲线半径越小，细部点的间距也越小，这些间距（弧长）称为整弧；在圆曲线上，短于整弧的弧长称为分弧。

1. 偏角法

偏角法是根据偏角 Δ（弦切角）和弦长 c 测设细部点，如图 9-5 所示。从 ZY（或 YZ）点出发，根据偏角 Δ_1 及弦长 c_1，测设细部点 P_1；根据偏角 Δ_2 及弦长 c_2，测设细部点 P_2；以此类推。

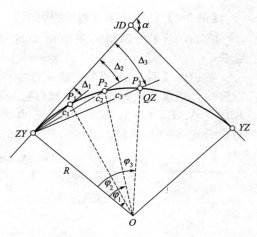

图 9-5 偏角法详测圆曲线

按几何原理，偏角等于弦长所对圆心角的一半，则有

$$\left. \begin{array}{l} \Delta_i = \dfrac{l_i}{2R} \times \rho'' \\ c_i = 2R\sin\Delta_i \\ \delta = l_i - c_i \approx \dfrac{l_i^3}{24R^2} \end{array} \right\} \quad (9\text{-}6)$$

式中，l_i 为相邻细部点间的弧长；c_i 为相邻细部点间的弦长；$\rho''=206264.81$；δ 为弦弧差。

当圆曲线上各相邻细部点间的弧长均相等时，则各偏角值为

$$\left. \begin{array}{l} \Delta_2 = 2\Delta_1 \\ \Delta_3 = 3\Delta_1 \\ \cdots\cdots \\ \Delta_n = n\Delta_1 \end{array} \right\} \quad (9\text{-}7)$$

从图 9-5 可看出，曲中点 QZ 的偏角 Δ_{QZ} 为 $\alpha/4$，终点 YZ 的偏角 Δ_{YZ} 为 $\alpha/2$，利用这两个偏角值，可作为测设检核。

偏角法测设细部点的具体步骤如下所述。

① 在检核三个主点（ZY、QZ、YZ）的位置准确无误后，安置经纬仪于 ZY 点，水平度盘配置为 $0°00'00''$，照准 JD 点。

② 向右转动照准部，使度盘读数为 P_1 点的偏角值 Δ_1，用钢尺沿视线方向测设弦长 c_1，标定出细部点 P_1；继续向右转动照准部，使度盘读数为 P_2 点的偏角值 Δ_2，并从 P_1 点起量取弦长 c_2 与视线方向，即 $ZY—P_2$ 方向相交，定出细部点 P_2，同法定出曲线上所有细部点。

③ 转动照准部，使度盘读数为 YZ 点的偏角值 $\Delta_{YZ}=\alpha/2$，由曲线上最后一个细部点起量出所对应的弦长与视线方向相交，所得交点应与先前测设的主点 YZ 重合。如不重合，其闭合差在半径方向应不超过 ± 0.1m，在切线方向不应超过曲线长 L 的 $1/2000$。

为提高测设精度，可将经纬仪安置在 ZY 和 YZ 点，分别向 QZ 点测设，并利用先前测设的 QZ 主点作闭合检验。

【例9-2】已知某交点的里程为 K3+182.76，测得转角 $\alpha_{右}=25°48'$，拟定圆曲线半径 $R=300$m，若采用偏角法按 20m 整桩号增设细部点，试计算圆曲线上各加桩的偏角和弦长。

解：由【例9-1】可知，圆曲线主点桩里程分别为 K3+114.05、K3+181.60、K3+249.14，则该曲线所增设的细部点桩号应为 K3+120、K3+140、K3+160、K3+180、K3+200、K3+220、K3+240；若由 ZY 点和 YZ 点分别向 QZ 点测设加桩，其测设数据可由公式（9-6）求出，具体结果见表 9-2 所示。

表 9-2 偏角法计算表

桩号	各桩至 ZY 或 YZ 的曲线长度 l_i/m	偏角值	偏角读数	相邻桩间弧长/m	相邻桩间弦长/m
ZY K3+114.05	0	0°00′00″	0°00′00″	5.95	5.95
+120	5.95	0°34′05″	0°34′05″	20	20.00
+140	25.95	2°28′41″	2°28′41″	20	20.00
+160	45.95	4°23′16″	4°23′16″	20	20.00
+180	65.95	6°17′52″	6°17′52″	1.60	1.60
QZ K3+181.60	67.55	6°27′00″	6°27′00″		
			353°33′00″	18.40	18.40
+200	49.14	4°41′33″	355°18′27″	20	20.00
+220	29.14	2°46′58″	357°13′02″	20	20.00
+240	9.14	0°52′22″	359°07′38″	9.14	9.14
YZ K3+249.14	0	0°00′00″	0°00′00″		

2. 切线支距法

切线支距法也称直角坐标法，它是以圆曲线起点 ZY 或终点 YZ 为独立坐标原点，以切线为 x 轴，以通过原点的径向为 y 轴，根据独立坐标系中的坐标来测设圆曲线上的细部点 $P_i(x_i, y_i)$。

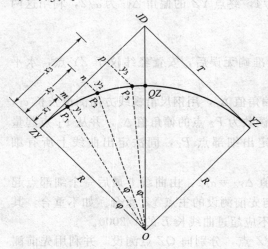

图 9-6 切线支距法详测圆曲线

如图 9-6 所示，设 l_i 为待测设细部点 P_i 至原点间的弧长，φ_i 为 l_i 所对的圆心角，R 为半径，则待定点 P_i 的坐标按下式计算

$$\left. \begin{array}{l} x_i = R\sin\varphi_i \\ y_i = R(1-\cos\varphi_i) \end{array} \right\} \quad (9-8)$$

式中，$\varphi_i = \dfrac{l_i}{R} \times \dfrac{180°}{\pi}$；$i=1,2,3\cdots$

测设的具体步骤如下所述。

① 在检核圆曲线上三个主点（ZY、QZ、YZ）的位置准确无误后，用钢尺自 ZY 沿切线方向分别量取 x_1、x_2、x_3……并在地面上定出 m、n、p……

② 分别在 m、n、p……点安置经纬仪或方向架，测定切线的垂线方向，并在圆曲线一侧

用钢尺量出 y_1、y_2、y_3……便得到细部点 P_1、P_2、P_3……打入木桩标定位置。

③ 曲线上各点测设完毕后，量取 QZ 点至其最近一个曲线桩的距离，然后与相应的桩号之差进行比较，在考虑弦弧差的情况下，若较差小于曲线长 L 的 1/1000，即认为合格；否则应查明原因予以改正。

六、绘制园林道路中线平面图

园路平面图所采用的绘图比例尺较小，其路线是用粗实线沿着中线绘制的，中线由直线、圆曲线组成，可表达路线的方向、平面线形等。在园路中线平面图上，按道路前进方向将交点依次编号为 $JD_1 \sim JD_n$，转角为 $\alpha_1 \sim \alpha_n$；在每个交点处的圆曲线上，标出三主点 ZY、QZ、YZ 的位置，同时需标注出圆曲线的测设元素值。

路线平面图应由左向右绘制，中线的长度用里程表示，桩号注在道路中线上。由于路线具有狭长、带状的特点，需要分段绘在若干张图纸上，使用时可将它们拼接起来；分段绘图时，分段处应处于直线部分，并选在整数桩号断开，如图 9-7 所示。

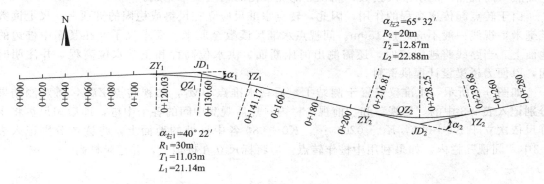

图 9-7　园路中线平面图局部

第二节　园林道路纵断面测绘

纵断面图是沿中线方向绘制的反映地面起伏状态和纵坡设计的线状图，能表示出各路段纵坡大小、坡长及中线桩的填挖高度，是园路设计和施工的重要技术资料。纵断面测绘的任务就是测定中线上各里程桩的地面高程，绘制中线纵断面图。路线纵断面测量分两步进行，即首先在路线方向上设置水准点，建立高程控制，即基平测量；然后再根据各水准点高程，分段进行中桩水准测量，即中平测量。在园林道路工程测量中，基平测量按普通水准测量的要求进行，而中平测量的精度要求低于基平测量。

一、基平测量

（一）路线水准点设置

1. 水准点的位置

根据需要和园路沿线情况，永久性水准点设立在固定的标石或建筑物上，临时性的则可设立在树木伐桩上或钉设木桩。为避免道路施工时被破坏而又方便寻找，要求水准点远离中线 20~30m。选定的水准点要进行编号，如 BM_1、BM_2……同时要做好点之记。

2. 水准点的密度

根据地形条件和园林工程需要，一般每隔 0.5~1.0km 设置一个水准点，在重要工程地段如桥涵、高填深挖和工程集中地段，还应适当增设水准点数量。

（二）基平测量方法

基平测量即利用水准仪实地观测所布设水准点高程的工作。待测水准点高程的观测应联测到国家水准点，进行附合水准路线测量或闭合水准路线测量；园路通常采用假定高程系统，测量时，一般用一台水准仪在相邻两个水准点间往、返各测量一次即支水准路线测量，若两次所测高差误差不大于 $\pm 10\sqrt{n}$ mm 或 $\pm 40\sqrt{L}$ mm 时，则取其平均值作为两水准点之间的高差。

二、中平测量

园路中线上的里程桩简称中桩，测量中桩高程称为中平或中桩抄平，中平测量就是利用水准仪观测每个中桩点的地面高程。中平测量以相邻两水准点为一测段，从一个水准点出发，逐个测定中桩的地面高程，再附合到下一个水准点上。

测量时，在每一测站上首先读取后、前两转点的水准尺读数，再读取两转点间所有中桩地面点（间视点）的水准尺读数；间视点的立尺由后司尺员来完成。

由于转点起传递高程的作用，因此，转点水准尺应立在尺垫或稳固的桩顶上，尺上读数至毫米，视线一般不应超过 150m。间视点水准尺读数至厘米，要求尺子立在紧靠中桩边的地面上。当路线跨越河流时，还需测出河床断面、洪水位高程和正常水位高程，并注明时间，以便为桥梁设计提供资料。

如图 9-8 所示，水准仪安置于测站 I，后视水准点 BM_1，前视转点 ZD_1，将观测结果分别记入表 9-3 中的"后视"和"前视"栏内；然后观测中间的各个中桩，即后司尺员将水准尺依次立于 $K0+000$，$K0+020$，…，$K0+080$ 各中桩处的地面上，将读数分别记入表 9-3 中"间视"栏内。如果利用中桩作转点，应将标尺立在桩顶上，并记录桩高。

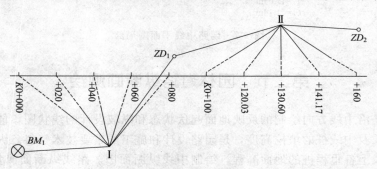

图 9-8 中平测量

同理，将仪器迁至测站 II，后视转点 ZD_1，前视转点 ZD_2，再观测各中桩地面点，直至附合到另一水准点 BM_2，并与其进行校核。

若高差闭合差在 $\pm 50\sqrt{L}$ mm 或 $\pm 12\sqrt{n}$ mm 范围内时，即符合精度要求，所测中桩高程无需平差，但在进行下一测段的中平测量时，必须从 BM_2 开始起测，且 BM_2 高程采用基平测量出的结果；若高差闭合差超限，则需要重测。

中桩的地面高程及前视点高程按所属测站的视线高程计算，每一测站的计算公式为

$$\left.\begin{array}{l} H_i = H_{后} + a \\ H_{转} = H_i - b \\ H_{中} = H_i - z \end{array}\right\} \tag{9-9}$$

式中，H_i 为视线高程；$H_{后}$ 为后视点高程；$H_{转}$ 为转点高程；$H_{中}$ 为中间点高程；a 为后视读数；b 为前视读数；z 为中间视读数。

表 9-3 中平测量记录

测 点	水准尺读数/m			视线高程/m	高程/m	备 注
	后视	间视	前视			
BM_1	2.191			514.505	512.314	①BM_1为高程已知水准点:512.314m; ②BM_2高程为基平测得:524.824m
$K0+000$		1.62			512.89	
$+020$		1.90			512.61	
$+040$		0.62			513.89	
$+060$		2.03			512.48	
$+080$		0.90			513.61	
ZD_1	3.162		1.006	516.661	513.499	
$+100$		0.50			516.16	
$+120$		0.52			516.14	
$+140$		0.82			515.84	
$+160$		1.20			515.46	
$+180$		1.01			515.65	
ZD_2	2.246		1.521	517.386	515.140	
…					…	
$K1+240$		2.32			523.06	
BM_2			0.606		524.782	
校核计算	$L=(K1+240)-(K0+000)=1.24\text{km}$ $f_{h容}=\pm50\sqrt{L}\text{mm}=\pm50\sqrt{1.24}\text{mm}\approx\pm0.056\text{m}$ $\Delta h_{理}=524.824\text{m}-512.314\text{m}=12.510\text{m}$ $\Delta h_{测}=524.782\text{m}-512.314\text{m}=12.468\text{m}$ 同样,$\Delta h_{测}=\sum a-\sum b=(2.191+3.162+2.246+\cdots)\text{m}-(1.006+1.521+\cdots+0.606)\text{m}=12.468\text{m}$ $f_h=\Delta h_{测}-\Delta h_{理}=12.468\text{m}-12.510\text{m}=-0.042\text{m}$ 因$|f_h|<|f_{h容}|$,故本段测量成果符合精度要求,无需平差。					

三、纵断面图的绘制

1. 绘制平面直角坐标

纵断面图是在以中桩的里程为横坐标、以其地面高程为纵坐标的直角坐标系中绘制的,里程比例尺和高程比例尺应根据工程实际进行选取,为了明显地反映地面起伏变化,一般水平比例尺取 1:5000、1:2000 或 1:1000,而垂直比例尺较里程比例尺大 10 倍,取 1:500、1:200 或 1:100。高程在纵坐标中按比例尺注记,但最低、最高数字区间应稍大于园路中桩高程的波动范围,以便使绘出的地面线处在图上适当位置。

具体绘制平面坐标时,应将整个绘图纸分为上、下两部分,上半部分用于绘制路线纵断面图,下半部分则用于绘制有关表格,以便填写主要项目的数据,如图 9-9 所示。

2. 填写中桩桩号

在图 9-9 "桩号"栏中,自左至右按规定的里程比例尺,依中线桩号由小到大的顺序,分别标注上各公里桩、百米桩、圆曲线主点桩及加桩的桩号。如 $K0$、$K0+020.00$、$K0+040.00$……

3. 填写地面高程

在"地面高程"栏中,按中平测量成果,分别填写相应各里程桩的地面高程,要求所填数据与"桩号"栏内的相应桩号对齐。如图9-9中,对应 $K0$、$K0+020.00$、$K0+040.00$ ……的地面高程分别为199.38m、198.78m、196.96m……

4. 绘制线路平面示意图

在图9-9"线路平面"栏内,按里程桩号标明路线的直线部分和曲线部分。圆曲线用凸或凹的折线表示,其中上凸表示路线右转,凹下表示路线左转,并在凸起或凹下处注明交点编号、转角大小、圆曲线半径以及其他有关测设元素。

5. 绘制线路纵断面图

在绘图纸的上半部分,以"桩号"为横坐标、以其对应的"地面高程"为纵坐标进行展点,然后将各坐标点用折线连接起来,便可得到园路中线方向的实际地面线即纵断面图,如图9-9中的细折线。

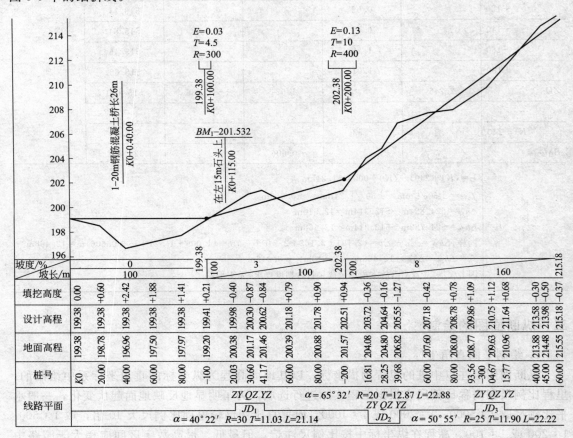

图9-9 园路中线纵断面图

四、纵向设计

(一)"控制点"、"经济点"的标定

园路地面在中线方向上一般起伏较频繁,因此,需要按一定的坡度要求分段取直,即纵向设计。"控制点"是指直接影响设计纵坡高程的点,如路线上的起点、终点、桥涵以及其他因素限制线路必须通过的点;而路基填、挖方平衡的高程点称"经济点",在纵断面图上

均应予以标出。

（二）确定坡度线，计算设计坡度和坡长

在既要以"控制点"为依据又要满足多数"经济点"的前提下，将设计坡度线在这些点位之间进行穿插与裁弯取直，可以试定出若干个纵坡线，然后将它们进行综合分析和比较，并经过调整、核对，最终确定出不但符合技术标准而且能满足各控制点的要求，园路总体填、挖土石方量也较平衡的设计线作为纵坡线。如图9-9所示，园路纵向设计线可确定为三段：第一段设计线的起点桩号为$K0$，设计高程定为199.38m，终点的桩号为$K0+100$，设计高程为199.38m；第二段设计线的起点即第一段的终点，末点的桩号为$K0+200$，设计高程为202.38m；第三段的起点即第二段的末点，终点在$K0+360.00$，设计高程为215.18m。将各段设计线的起点、终点位置进行展绘，然后再用粗折线逐点予以连接，便得到园路纵向设计线。

纵坡线的变坡点一般设在里程为10m倍数的整桩号上，其高程可预先设定，也可由坡度、坡长计算出来。设计的纵向坡度用百分值i表示，当结果为"+"时表示上坡，"-"则为下坡；在园路工程中，i值一般不超过8%，计算公式为

$$i=\frac{h}{D}\times 100\% \tag{9-10}$$

式中，h为设计坡段的起点与终点高程之差；D为设计坡段的水平长度。

在图9-9中的"坡度/坡长"栏，从左至右按比例尺标示路段的坡度及坡长，上坡、下坡和平坡分别用上斜线、下斜线、水平线表示，数字表示坡度的百分比及坡长，不同的坡段利用竖线分开。

（三）计算中桩的设计高程

由设计的纵向坡度，就可计算出设计线上任一点的设计高程，即

$$H_{设}=H_{始}+i\times D' \tag{9-11}$$

式中，$H_{始}$为设计坡段的起始高程；i为设计坡度；D'为设计坡段上某桩点至该坡段起点的水平长度。

【例9-3】如图9-9所示，园路第二段设计线的起点桩号为$K0+100$，设计高程为199.38m，末点的桩号为$K0+200$，设计高程为202.38m，试计算该坡段的长度、坡度以及$K0+160.00$桩的设计高程。

解：该坡段的长度为$(K0+200m)-(K0+100m)=100m$。

由公式（9-10）可得，该段设计线的设计坡度为

$$i=\frac{h}{D}\times 100\%=\frac{202.38m-199.38m}{100m}\times 100\%=+3\%$$

由公式（9-11）可得，$K0+160.00$桩的设计高程为

$$H_{K0+160.00}=H_{始}+i\times D'=199.38m+[(K0+160.00)-(K0+100)]m\times(+3\%)=201.18m$$

（四）园路竖曲线的设置

1. 竖曲线及其形式

为行车方便，在园路中线纵向设计线的变坡点前后适当范围内，采用平滑的竖直曲线将相邻两个不同坡度的设计线连接起来，称为竖曲线设置。

如图9-10所示，园路的纵向坡度线有上坡（i_1、i_3）和下坡（i_2）之分。当相邻两纵坡的坡度代数差

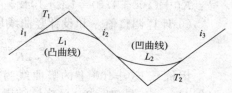

图9-10 凸曲线与凹曲线

大于零时，即 $\Delta i = i_1 - i_2 > 0$，为凸曲线；当 $\Delta i = i_2 - i_3 < 0$ 时，为凹曲线。

通常当 $|\Delta i| \geq 2\%$ 时，园路应设置竖曲线，其半径的取值见表 9-4 所示。

表 9-4 竖曲线参考半径

竖曲线类型	园路类型	主干道	次干道
凸曲线		200～400m	100～200m
凹曲线		100～200m	70～100m

2. 竖曲线的测设元素

图 9-11 中 L、T、E 为竖曲线的测设元素，因园路的竖曲线半径一般取值较大，故其曲线长、切线长、外距可用下式计算

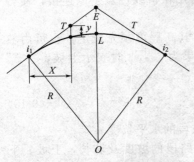

图 9-11 竖曲线测设与高程调整

$$\left. \begin{array}{l} L \approx 2T \\ T \approx \dfrac{|i_1 - i_2|}{2} \times R \\ E \approx \dfrac{T^2}{2R} \end{array} \right\} \quad (9\text{-}12)$$

竖曲线的测设元素与半径应标注于图 9-9 的上部，除此之外，在园路工程的纵断面图上还需标注水准点位置、水准点编号与高程、桥涵的类型与长度等有关资料。

3. 竖曲线上设计高程的调整

在竖曲线范围内包含有若干个中桩，各中桩在切线上的设计高程与其在竖曲线上的设计高程不等，必须对切线上的设计高程加以调整，用 "y" 表示。如图 9-11 所示，设计竖曲线后中桩的 "设计高程" 等于切线上的 "设计高程" 加上（或减去）y 值，其中，凹曲线时取"加"，凸曲线时取"减"。

调整值 y 的计算公式为

$$y \approx \dfrac{x^2}{2R} \quad (9\text{-}13)$$

式中，x 为竖曲线上任一点所对应桩号与竖曲线起点（或终点）桩号之差。

【例 9-4】如图 9-9 所示，变坡点 $K0+100$ 的设计高程为 199.38m，园路第一、第二段设计线的坡度分别为 0% 和 $+3\%$，若竖曲线半径取 300m，试计算竖曲线的测设元素、设计竖曲线后 $K0+100$ 桩的设计高程。

解：① 计算竖曲线的测设元素。由公式（9-12）得

$$T \approx \dfrac{|i_1 - i_2|}{2} \times R = \dfrac{|0\% - 3\%|}{2} \times 300\text{m} = 4.5\text{m}$$

$$L \approx 2T = 2 \times 4.5\text{m} = 9.0\text{m}$$

$$E \approx \dfrac{T^2}{2R} = \dfrac{4.5\text{m} \times 4.5\text{m}}{2 \times 300\text{m}} = 0.03\text{m}$$

② 计算竖曲线起点、终点桩号。起点桩号：$K0+(100-4.5)=K0+095.5$。终点桩号：$K0+(100+4.5)=K0+104.5$

③ 计算调整值 y 和设计竖曲线后的设计高程。由公式（9-13）得

$$y \approx \dfrac{x^2}{2R} = \dfrac{(100\text{m} - 95.5\text{m})^2}{2 \times 300\text{m}} = 0.03\text{m}$$

因桩号 $K0+100$ 上的竖曲线为凹形，故调整后的设计高程为：199.38m＋0.03m＝199.41m；在图 9-9 中，已将该结果替换到桩号 $K0+100$ 的"设计高程"栏。

(五) 计算填高与挖深

同一里程桩号的设计高程与地面高程之差为填、挖高度，填方为正，挖方为负。

> **【例 9-5】** 如图 9-9 所示，$K0+060.00$ 桩的设计高程为 199.38m，地面高程为 197.50m，则该桩的填、挖高 h 为多少？
> 解：$h=199.38m-197.50m=+1.88m$
> 因计算结果为正，故该桩需填高 1.88m。

第三节　园林道路横断面测绘

垂直于园路中线方向的断面称为园路横断面。测量园路横断面的主要任务是，在各中桩处测定垂直于中线方向上、一定宽度范围内地面变坡点之间的水平距离和高差，然后绘制成横断面图，作为路基设计、土石方工程量计算、施工时边桩测设的依据。横断面的施测宽度应视地形复杂程度、路基宽度、填挖高度、边坡大小以及工程的具体要求而定，一般向中桩左、右两侧各测量不少于路基宽度的两倍，深挖、高填以及地形复杂地段还应当加大施测范围。

一、确定横断面的方向

测定横断面方向的方法与中桩在园路中线上所处的位置、地形的复杂程度有关，当地面开阔平坦，横断面方向的偏差对测量结果影响不大时，可以依照路线中心线方向目估确定横断面方向；而在地形较复杂的地段，则需要借助十字架或经纬仪来测定。

1. 直线段横断面方向的确定

直线段上的横断面方向是线路中线的垂直方向，一般采用方向架标定，精度要求较高的断面定向可使用经纬仪。

如图 9-12（a）所示，在欲测设横断面方向的中桩点"$K4+400$"（A）上，放置杆头有十字形木条的方向架，用其中一个方向瞄准直线上任一中桩"$K4+420$"，则另一方向 AB 即为 A 点的横断面方向。

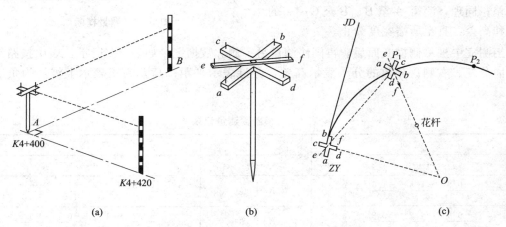

图 9-12　测定路线横断面方向

当用经纬仪测定横断面方向时，可首先安置仪器于中桩"$K4+400$"上，盘左瞄准前视中线桩"$K4+420$"，然后将照准部向中线左侧或右侧各拨转 90°，则望远镜所瞄方向即为横断面的方向。

2. 曲线段横断面方向的确定

园路曲线段中桩的横断面方向指向圆心，即垂直于该中桩在圆曲线上的切线。曲线段横断面方向虽然通过圆心，但在实际工作时却往往无需确定圆心，因此，横断面方向可利用求心方向架上的定向杆来确定。如图 9-12（b）所示，求心方向架是在方向架上安装一根可在水平方向旋转的定向杆，杆的两端钉有小钉 e、f，并装有一个制动螺旋，可以固紧定向杆。确定圆曲线上桩点的横断面方向采用"等角"原理，即同一圆弧上的弦切角相等。

如图 9-12（c）所示，为测定圆曲线上 P_1 的横断面方向，先将求心方向架置于 ZY 点上，用固定杆 ab 瞄准切线方向上的交点 JD，则另一固定杆 cd 就指向圆心；保持方向架不动，转动定向杆 ef 瞄准 P_1 并将其固定；然后将求心方向架搬至 P_1，用固定杆 cd 瞄准 ZY 点，则定向杆 ef 所指方向即为 P_1 的横断面方向。在测定 P_2 的横断面方向时，可在 P_1 的横断面方向上插一花杆，以固定杆 cd 瞄准它，ab 杆的方向即为切线方向；此后的操作与测定 P_1 的横断面方向完全相同，保持求心方向架不动，用定向杆 ef 瞄准 P_2 并固定之；将方向架搬至 P_2，用固定杆 cd 瞄准 P_1，定向杆 ef 所指方向即为 P_2 的横断面方向。如果圆曲线上桩距相等，在定出 P_1 的横断面方向后，保持定向杆 ef 固定，将方向架搬至 P_2，用固定杆 cd 瞄准 P_1，定向杆 ef 所指方向即为 P_2 的横断面方向。

二、横断面测量的方法

中桩的地面高程已在纵断面测量时测出，此时，只要测量出横断面上各地形变坡点相对于中桩的平距和高差，就可以确定其点位和高程。

1. 标杆钢尺法

如图 9-13 所示，A、B、C、……为中桩"$K4+000$"横断面上的变坡点。施测时，将标杆立于 A 点，从中桩处地面将钢尺拉平量出至 A 点的距离，并测出钢尺截取的标杆位置高度，即 A 相对于中桩地面的高差；同理，测得 A 至 B、B 至 C……的距离和高差，直至所需宽度为止。

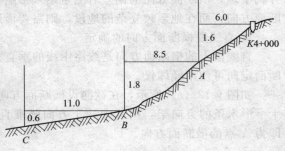

图 9-13 测量横断面

当测完中桩一侧横断面后，再同法测量另一侧。数据记录如表 9-5 所示，表中按路线前进方向分左、右侧；分数的分子表示高差，分母表示平距；高差为正表示上坡，为负表示下坡。

表 9-5 横断面测量记录

左 侧/m			桩 号	右 侧/m			
……			……	……			
$\dfrac{-0.6}{11.0}$	$\dfrac{-1.8}{8.5}$	$\dfrac{-1.6}{6.0}$	$K4+000$	$\dfrac{+1.5}{4.6}$	$\dfrac{+0.9}{4.4}$	$\dfrac{-1.6}{7.0}$	$\dfrac{+0.5}{10.0}$
$\dfrac{-0.5}{7.8}$	$\dfrac{-1.2}{4.2}$	$\dfrac{-0.8}{6.0}$	$K3+980$	$\dfrac{+0.7}{7.2}$	$\dfrac{+1.1}{4.8}$	$\dfrac{-0.4}{7.0}$	$\dfrac{+0.9}{6.5}$
……			……	……			

此法简便易行，但精度较低，适于地形变化较大的园路测量。

2. 水准仪钢尺法

施测时，选一适当位置安置水准仪，后视中桩地面的水准尺并读数，分别前视中桩两侧横断面方向上各变坡点的水准尺并读数，前、后视读数均至厘米；用后视读数减去前视读数，便得到各变坡点与中桩地面高差。再用钢尺分别量出各变坡点到中桩的水平距离，且量至分米。

此法适用于施测横断面较宽的平坦测区。

3. 经纬仪视距法

此法就是在中桩上安置经纬仪，在中桩横断面方向上的变坡点处竖立水准尺，分别测量每个变坡点与仪器安置点之间的水平距和高差。为方便横断面图的绘制，通常将视距测量数据换算为中桩与相邻变坡点、一变坡点与相邻另一变坡点之间的水平距和高差；换算后的数据应严格按照中桩的左、右两侧各自采用分数形式进行记录。

该法适用于任何地形，包括地形复杂、坡度陡峻的园路横断面测量。

三、横断面图的绘制

将各中桩点横断面方向上的地面高低起伏变化情况，按照一定的比例和要求测绘而成的图面资料称园路横断面图。绘制横断面图的比例尺一般为 1∶200 或 1∶100。绘图时，首先应在毫米方格纸的纵向上确定一条直线作为园路中线，再按一定的间隔在该直线上定出各中桩的位置并标注出相应的桩号，然后就可根据横断面测量记录绘制各中桩横断面方向的地面线。各中桩的地面线在图纸上应由下至上，并按桩号递增顺序依次进行绘制，如图 9-14 所示。

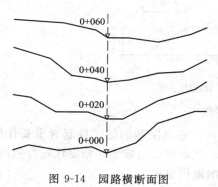

图 9-14　园路横断面图　　　　图 9-15　路基与路面

第四节　路基设计与土石方计算

一、路基设计

路基即园林道路的地面基础部分。根据园路纵向设计后中桩的填高或挖深数据以及规定的路基宽度、边坡和边沟大小等，在园路中线横断面图上绘制出路基横断面图，称为路基设计。

（一）路基宽度

路基的宽度包括路面宽和路面两侧的路肩宽，如图 9-15 所示。

一般情况下，园路的主干道、次干道主要供园务运输车辆通行，车速较慢，因而路基设计可以不考虑错车道，曲线段的路基无需加宽，同时曲线段路基的外侧也不需要抬高。路基宽度参考值见表 9-6 所示。

表 9-6　园路路基宽度参考值

园路类型	公园大小与路基宽度	公园陆地面积/hm²			
		<2	2~10	10~50	>50
	主干道	2.0~3.5m	2.5~4.5m	3.5~5.0m	5.0~7.0m
	次干道	1.5~2.0m	2.0~3.5m	2.0~3.5m	3.5~5.0m

（二）路基高度

路基高度一般指填挖深度，它是路基设计标高与中桩原地面标高之差。路基高度是通过纵坡设计确定的，为了保证路基的强度与稳定性，在纵坡设计之前就应对路基高度控制提出要求；在条件许可情况下，路基高度应尽量满足路基临界高度的规定。

（三）路基边坡

路基边坡采用边坡高度 H 与边坡宽度 b 的比值表示，即 $i=\dfrac{H}{b}$，以 $i=1:m$ 表示，m 称为坡度系数，m 愈大坡度愈平缓，边坡就愈稳定。

如图 9-16（a）所示，路基边坡坡度 $i=\dfrac{5.0}{2.5}=\dfrac{1}{0.5}=1:0.5$；图 9-16（b）中，路基边坡坡度 $i=\dfrac{2.0}{3.0}=\dfrac{1}{1.5}=1:1.5$。

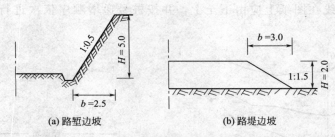

图 9-16　路基边坡坡度

路基设计的内容之一，就是合理确定路基边坡坡度，它对路基的稳定性起着重要作用，也影响着园路工程的投资。边坡陡，稳定性差，容易形成塌方；边坡缓，稳定性好，但因土石方工程量增大而使造价增加，路基受雨水冲刷侵蚀的面积也变大。

（四）路基的形式

由于填挖情况的不同，路基横断面的形式可归纳为路堤、路堑和半填半挖路基三种。

1. 路堤

高于自然地面的填方路基称路堤，图 9-17 所示为路堤的几种常用横断面形式。按填土高度的不同，路堤分为矮路堤、高路堤和一般路堤。填土高度小于 1.0~1.5m 者，属于矮路堤；填方总高度超过 18.0m（土质）或超过 20.0m（石质）的路基，称为高路堤；填土高在 1.5~1.8m 范围的路堤为一般路堤。按其所处的地形条件和加固类型的不同，还有浸水路堤、护脚路堤及挖沟填筑路堤等形式。

如图 9-17（a）所示，矮路堤常在平坦地区取土困难时选用，水文条件较差，易受地面水和地下水的影响，设计时应注意满足最小填土高度的要求，并在路基两侧分别设置边沟，使路基处于干燥或中湿状态。高路堤和浸水路堤的边坡可采用上陡下缓的折线形式，或在坡脚与沟渠之间设置 1~2m 甚至大于 4m 宽度的护坡道；为防止水流侵蚀和冲刷坡面，还可采取铺草皮、砌石等防护和加固措施，如图 9-17（b）、图 9-17（c）所示。图 9-17（d）中，当地面横坡较陡时,为防止填方路堤沿山坡向下滑动,可将天然地面挖成台阶,或设置成石砌护脚路堤。当填方高度在2~3m,且填方数量较少时,全部或部分填方可以在路基两侧设置取土坑,使之与排水沟渠结合,并在坡脚设置护坡道,形成挖沟填筑路堤,如图9-17(e)所示。

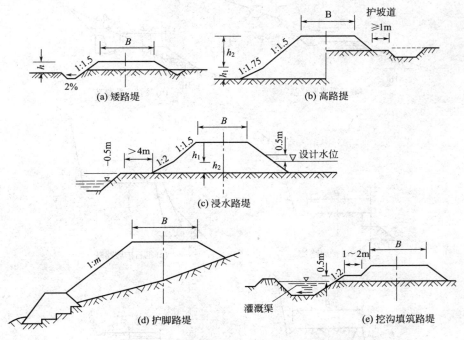

图 9-17　路堤的几种常用横断面形式

2. 路堑

低于自然地面的挖方路基称路堑,有全挖路基、台口式路基及半山洞路基等形式,如图9-18所示。图9-18(a)中的挖方边坡,可视高度和岩土层情况设置成直线或折线,坡脚处设置边沟,以汇集和排除路基范围内的地表水;路堑的上方还应设置拦水沟,以拦截和排除流向路基的地表径流。陡峻山坡上的半路堑,园路中线宜向内侧移动,尽量采用台口式路基,如图9-18(b)所示。当遇有整体性的坚硬岩层时,为节省石方工程,可采用图9-18(c)所示的半山洞路基。

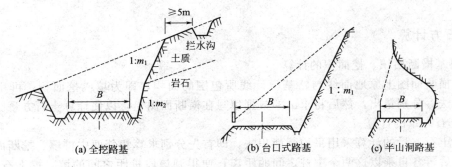

图 9-18　路堑的几种常用横断面形式

3. 半填半挖路基

介于路堤和路堑之间的路基称半填半挖路基,图9-19所示为半填半挖路基的几种常见横断面形式。位于坡面上的园路路基，路中心的设计标高通常取接近原地面的标高，以便减少土石方数量，保持土石方数量的横向平衡，形成半填半挖路基；该形式路基兼有路堤和路堑的特点，若处理得当，路基稳定可靠，是比较经济的断面形式。

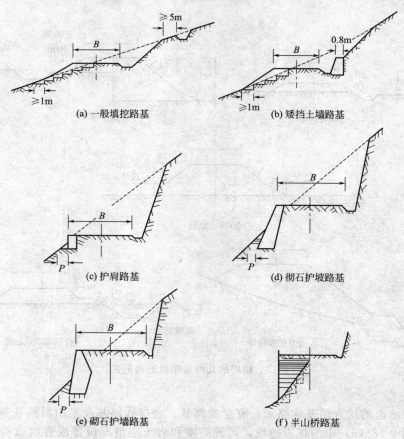

图 9-19 半填半挖路基的几种常用横断面形式

填方部分的局部路段，若原地面遇到短缺口，可采用砌石护肩。如果填方量较大，也可就近利用石方砌筑护坡或护墙，石砌护坡和护墙相当于简易式挡土墙，确保路基稳定，进一步压缩用地宽度。如果填方部分悬空而纵向又有适当基岩时，则可以沿路基纵向建成半山桥路基。

二、土石方计算

1. 路基横断面填、挖面积的计算

路基横断面图上原地面线与路基设计线所包围的面积，即为填或挖面积，可用求积仪法、方格法等分别量出，然后将求出的数据填写在横断面图上，以便计算土石方量。

2. 土石方量的计算

园路土石方量的计算采用平均断面积法，即首先分别求算相邻两中桩填、挖断面积的平均值，然后再各自乘以这两个中桩之间的距离，便得到该段桩距之间的填、挖土石方数量。其近似公式为

$$V = \frac{1}{2}(A_1 + A_2)L \tag{9-14}$$

式中，V 为两相邻中桩间填或挖的土石方量；A_1、A_2 分别为两相邻中桩路基的填方或挖方断面积；L 为两相邻中桩之间的距离。

【例 9-6】 已知 $K0+000$、$K0+020$ 两个中桩的填方断面积分别为 $9.78m^2$ 和 $16.82m^2$，挖方断面积分别为 $3.64m^2$ 和 $5.21m^2$，试求算两桩距间的填、挖土石方量各为多少？

解：根据公式（9-14），填、挖土石方量分别为

$$V_{填} = \frac{1}{2} \times (9.78m^2 + 16.82m^2) \times 20m = 266.00m^3$$

$$V_{挖} = \frac{1}{2} \times (3.64m^2 + 5.21m^2) \times 20m = 88.50m^3$$

同理，可计算出园路中线上其他相邻两个中桩间的填、挖土石方量，最终得到整条园路的土石方量数据，如表 9-7 所示。

表 9-7 园路土石方量计算表

桩号	断面积/m² 填	断面积/m² 挖	平均断面积/m² 填	平均断面积/m² 挖	桩距/m	土石方量/m³ 填	土石方量/m³ 挖	本段利用方/m³	本段余方/m³	本段缺方/m³
$K0+000$	9.78	3.64								
			13.300	4.425	20	266.00	88.50	88.50	0	177.50
$0+020$	16.82	5.21								
			12.250	9.780	20	245.00	195.60	195.60	0	49.40
$0+040$	7.68	14.35								
			5.410	12.800	20	108.20	256.00	108.20	147.80	0
$0+060$	3.14	11.25								
			4.905	10.555	20	98.10	211.10	98.10	113.00	0
$0+080$	6.67	9.86								
			5.430	10.090	20	108.60	201.80	108.60	93.20	0
$0+100$	4.19	10.32								
			4.395	11.350	20.03	88.03	227.34	88.03	139.31	0
$0+120.03$	4.60	12.38								
……	…	…								
Σ						…	…			

第五节 园林道路路基测设

一、路基边桩的测设

路基边桩测设就是把设计路基的边坡线与原地面线相交的点测设出来，并在地面上钉设木桩，以此作为路基施工的依据。

（一）平坦地区的边桩测设

路基边桩的位置由其至中桩的距离来确定，当园路中线两侧地面平坦或路基挖方较小时，可直接在路基设计图上量取或计算中桩至边桩的水平距离，然后到实地沿横断面方向由中桩向边桩进行丈量，并打木桩标定位置即可。

图 9-20（a）为填方路堤，图 9-20（b）所示为挖方路堑，其边桩 P、Q 和 P'、Q' 至中桩的距离 D 分别为

$$\left. \begin{aligned} D &= \frac{B}{2} + mH \\ D &= \frac{B}{2} + S + mH \end{aligned} \right\} \tag{9-15}$$

式中，B 为路基设计宽度；m 为边坡率（1∶m 为坡度）；H 为填、挖高度；S 为路堑边沟顶部宽度。

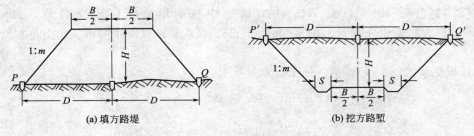

图 9-20 平坦地区边桩测设

（二）倾斜地段的边桩测设

1. 路堑边桩测设

图 9-21 所示为路堑，路基边坡与排水沟边坡均为 1∶m，其坡上边桩和坡下边桩至中桩的距离 $D_上$、$D_下$ 各为

$$\left. \begin{array}{l} D_上 = \dfrac{B}{2} + S + m(H+h_上) \\ D_下 = \dfrac{B}{2} + S + m(H-h_下) \end{array} \right\} \quad (9\text{-}16)$$

式中，B 为路基设计宽度；S 为路堑边沟顶部宽度；m 为边坡率（1∶m 为坡度）；H 为中桩挖土深度；$h_上$、$h_下$ 分别为上、下边桩地面与中桩地面的高差。

由公式（9-16）可知，当 B、S、H 和 m 为已知时，$D_上$、$D_下$ 将随着 $h_上$、$h_下$ 的变化而变化，但在测设之前，边桩在地面的位置尚未被确定，$h_上$、$h_下$ 又均为未知数，因此，实际测设时应采用"逐渐趋近法"。如图 9-21 所示，首先根据中桩的挖土深度 H 和地面边坡中 m 的大小，假定中桩到边桩的距离为 $D'_下$，并在地面上从中桩向左侧用钢尺丈量此距离得 A 点，即估计出边桩的位置。然后，用水准仪实测出 A 点与中桩地面的高差 $h'_下$，代入公式（9-16）计算 $D_下$，将结果与 $D'_下$ 进行比较，若 $D_下 = D'_下$，说明 A 点即为边桩位置；若 $D_下$ 大于 $D'_下$，说明假定边桩 A 离中桩太近，而 $D_下$ 小于 $D'_下$ 则说明假定边桩 A 离中桩太远，此时，必须重新"估计边桩位置"和"实测高差"，直至得到边桩的正确位置为止。

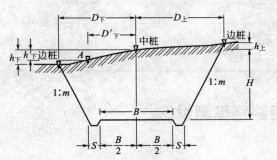

图 9-21 倾斜地段路堑边桩测设

2. 路堤边桩测设

图 9-22 所示为路堤，路基边坡与排水沟边坡亦均为 1∶m，其坡上、坡下边桩至中桩的距离 $D_上$、$D_下$ 分别为

$$\left. \begin{array}{l} D_上 = \dfrac{B}{2} + m(H-h_上) \\ D_下 = \dfrac{B}{2} + m(H+h_下) \end{array} \right\} \quad (9\text{-}17)$$

式中，B 为路基设计宽度；m 为边坡率（1∶m 为坡度）；H 为中桩填土高度；$h_上$、$h_下$ 分别为上、下边桩地面与中桩地面的高差。

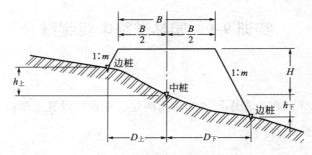

图 9-22 倾斜地段路堤边桩测设

在图上量取或利用公式（9-17）计算中桩至边桩的水平距离 $D_上$、$D_下$，然后到实地沿横断面方向从中桩向边桩进行钢尺丈量，并打上木桩标定出路基边桩的位置。

二、路基边坡的测设

（一）用竹竿、绳索测设边坡

在测设出边桩后，为保证填、挖的边坡达到设计要求，还应把设计的边坡在实地标定出来以便施工。如图 9-23（a）所示，O 为中桩，A、B 为边桩，CD 为路基宽度；测设时，在 C、D 处竖立竹杆，并在高度等于中桩填土高度 H 的 C'、D' 处用绳索连接，同时由 C'、D' 用绳索连接到边桩 A、B 上。当路堤填土较高时，可分层挂线，如图 9-23（b）所示。

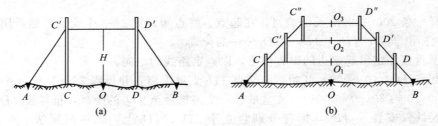

图 9-23 竹竿、绳索测设边坡

（二）用边坡样板测设边坡

1. 用活动边坡尺测设边坡

如图 9-24（a）所示，在路基坡脚处放置活动的边坡尺，边坡尺为三角板，其中一个角与路基设计边坡相同，并在三角板的一条边上放置水平尺。当水平尺的水准气泡居中时，边坡尺的斜边所指示的坡度即为设计坡度，可依此指示与检核路堤的填筑或路堑的开挖。

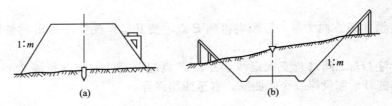

图 9-24 边坡样板测设边坡

2. 用固定边坡样板测设边坡

如图 9-24（b）所示，在路堑的开挖过程中，于坡顶外侧按设计坡度设置固定边坡样板，施工时可随时指示并检核开挖和修整情况。

实训 9-1　园林道路中线测量

一、实训目的

了解园林道路选线的作业程序，掌握转角测量、里程桩设置、圆曲线主点测设和详细测设的方法。

二、实训内容

1. 踏勘选线、钉设交点桩。
2. 测量园路中线的转角，标定出分角线方向。
3. 求算圆曲线的元素，进行圆曲线主点测设和详细测设。

三、仪器及工具

按 5~6 人为一组，每组配备：DJ_6 光学经纬仪 1 台，罗盘仪 1 台，标杆 3 根，钢尺 1 副，木桩 4~5 个，斧头 1 把，记录板 1 块（含相关记录表格），绘图纸 1 张，三棱比例尺 1 把，圆规 1 个，三角板 1 副，量角器 1 个，红油漆 1 小桶；自备铅笔、小刀、计算器等。

四、方法提示

1. 选择一条 200~300m 长的线路，在起点、终点间设置 2~3 个交点，然后用木桩或红油漆在实地标出 JD_0、JD_1、JD_2、JD_3……的位置。
2. 用罗盘仪测定出起始边的磁方位角，以确定路线的走向。
3. 自起点 JD_0（0+000）开始，向交点 JD_1 丈量距离，并每隔 20m 钉设一个中桩，依次为 0+000，0+020，0+040……丈量最后一个整桩号至 JD_1 的距离，推算出 JD_1 的桩号。
4. 将经纬仪安置于 JD_1，标杆分别竖立于 JD_0、JD_2 上，采用测回法一个测回观测 JD_1 处的右角，当上、下半测回较差在 $\pm 40''$ 之内时，取平均值，然后算出路线的转角，并注明左转或右转。
5. 在经纬仪盘右状态下，求算并标定出路线右角的角分线方向。
6. 根据选定的半径，结合转角计算圆曲线测设元素 T、L、E、D。
7. 根据圆曲线测设元素，在实地测设圆曲线的三主点，并求算出三主点的里程，钉设里程桩。
8. 在圆曲线上，每逢 5m 的整数倍加桩，利用偏角法计算细部点的数据后，进行圆曲线的详细测设。
9. 自 YZ_1 沿 JD_2 方向丈量一段距离得到 P 点，使其里程桩号为 20m 的整数倍，钉设木桩并写出桩号。
10. 在 P 与 JD_2 之间进行直线定线，并自 P 点起，沿 JD_2 方向每隔 20m 钉一里程桩；推算出 JD_2 的桩号，测设第二个圆曲线，直至线路终点。

五、注意事项

1. 相邻交点桩间最好通视，角分线方向始终在前、后视线所夹小于 180° 的水平角之间。
2. 偏角法详细测设中，首个加桩细部点与曲线起点 ZY 之间以及最末一个细部点与曲线终点 YZ 之间，桩距多不为整弧，而为分弧。

六、实训报告

每小组上交中线测量记录、偏角法详细测设计算各一份,具体格式见表9-8与表9-9所示。

表 9-8　中线测量记录(实训)

组号_____观测者_____记录者_____日期_____

$JD_____$			点号	里程桩号	桩号计算手稿
右角观测与转角计算/(°′″)		分角线盘右度盘读数 $C=\dfrac{a+b}{2}$ =	$ZY\_$		JD_-T
			$QZ\_$		
盘左	后视		$YZ\_$		ZY_+L
	前视	$JD_1 \sim JD_2$ 边磁方位角:	$JD\_$		
	右角(β)	$JD\_\sim JD\_$ 实测距离:			$YZ\_-L/2$
盘右	后视	$JD\_\sim JD\_$ 实测距离:	直线段桩以及圆曲线起点与终点桩		
	前视	$JD\_$ 里程桩号:			
	右角(β)	示意图:			$QZ\_+D/2$
β平均值					
转角(α)	左		附记	在园路中线上,$JD\_\sim JD\_$ 之间的夹直线长度为:	$JD\_$(检核)
	右				
$R=$　$\dfrac{L}{2}=$ $T=$　$D=$ $L=$　$E=$					

表 9-9　偏角法计算(实训)

组号_____观测者_____记录者_____日期_____

桩号	偏角值 Δ_i/(°′″)	弦长 C_i/m	测设示意图 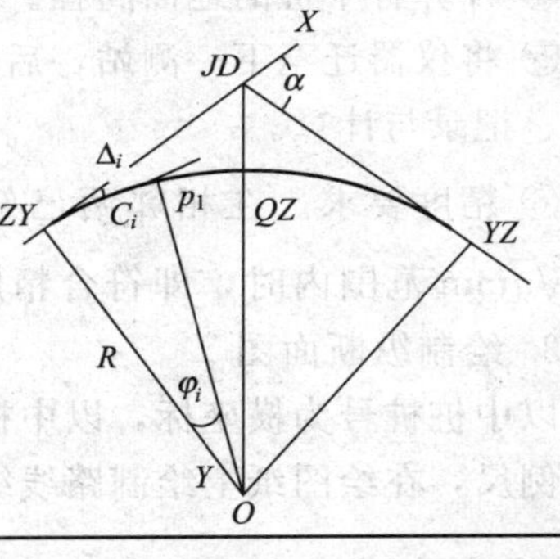

实训 9-2　园林道路纵断面测量

一、实训目的

掌握测量线路纵断面以及绘制纵断面图的方法。

二、实训内容

1. 首先进行基平测量，然后对园路中桩实施中平测量，求算出各桩号的地面高程。
2. 根据有关要求，在绘图纸上绘制路线纵断面图。

三、仪器及工具

按 5～6 人为一组，每组配备：DS_3 水准仪 1 台，水准尺 2 根，尺垫 2 个，木桩 4～5 个，斧头 1 把，红油漆 1 小桶，记录板 1 块（含相关记录表格），绘图纸 1 张，三棱比例尺 1 把，三角板 1 副；自备铅笔、橡皮、小刀、计算器等。

四、方法提示

1. 基平测量

① 布设水准点。在所选 200～300m 长线路的左侧或右侧，且距中线 20m 以外的地方，每隔 80m 左右布设一个水准点，然后钉设木桩并用红油漆标记，分别以 BM_1、BM_2……进行编号。

② 获得起点高程。假定起始水准点的高程为 150.000m，由此推算出其他水准点的高程。

③ 施测高程。用 DS_3 水准仪在相邻两个水准点间往、返各测量一次，若两次所测高差误差不大于 $\pm 10\sqrt{n}$ mm 或 $\pm 40\sqrt{L}$ mm 时，取其平均值作为两水准点间的高差。

2. 中平测量

① 以相邻两已知水准点为一个测段，在路线和水准点附近安置水准仪；后视水准点（如 BM_1），前视转点（如 ZD_1），分别读取后视、前视读数至毫米并记录。

② 计算水准仪的视线高程。仪器视线高程＝后视点高程＋后视读数。

③ 按园路中线走向，依次在各中桩的地面上立水准尺，然后分别用水准仪读取间视读数至厘米，并在对应的中桩桩号处记录读数。

④ 计算各中桩的地面高程。中桩高程＝仪器视线高程－间视读数。

⑤ 将仪器迁至下一测站；后视转点（如 ZD_1），前视另一水准点（如 BM_2），同理进行观测、记录与计算。

⑥ 精度要求。在相邻两已知水准点之间的测段中，若高差闭合差在 $\pm 50\sqrt{L}$ mm 或 $\pm 12\sqrt{n}$ mm 范围内时，即符合精度要求，中桩高程无需平差。

3. 绘制纵断面图

以中桩桩号为横坐标，以中桩地面高程为纵坐标，按纵、横分别为 1∶100 和 1∶1000 的比例尺，在绘图纸上绘制路线纵断面图。

五、注意事项

1. 路线上的中桩较多，施测前需抄写各中桩桩号，中平测量时要防止重测或漏测。
2. 水准尺应紧靠中桩立于地面上，而不能立在桩顶，在水准点和中桩处均不得放置尺垫。
3. 在进行每一测段的中平测量时，都必须从国家水准点或基平测量后的水准点开始起测。

六、实训报告

每小组上交基平测量数据一份、中平测量记录与计算一份,中平测量格式见表 9-10 所示;每人必须上交路线纵断面图一份。

表 9-10　中平测量记录与计算（实训）

仪器型号＿＿＿＿　组号＿＿＿＿　观测者＿＿＿＿　记录者＿＿＿＿　日期＿＿＿＿

测点及桩号	水准尺读数/m			视线高程/m	高程/m	备 注
	后视	间视	前视			

实训 9-3　园林道路横断面测量

一、实训目的

掌握测量线路横断面以及绘制横断面图的方法。

二、实训内容

用标杆钢尺法进行横断面测量,并在毫米方格纸上绘制各中桩的横断面图。

三、仪器及工具

按 5~6 人为一组,每组配备:方向架及求心方向架各 1 个,标杆 4 根,钢尺 1 副,记录板 1 块（含记录表格）,30cm×30cm 毫米方格纸 1 张,三棱比例尺 1 把,三角板 1 副;自备铅笔、小刀、计算器等。

四、方法提示

1. 用方向架及求心方向架确定出线路中桩的横断面方向。
2. 沿横断面方向,在中桩左、右两侧各 20m 范围内,用钢尺配合标杆量取中桩至邻近变坡点、一变坡点至相邻另一变坡点之间的水平距和高差,读数均至厘米。
3. 根据横断面测量记录,按纵、横均为 1∶200 的比例尺在毫米方格纸上绘制各中桩的横断面图。

五、注意事项

1. 测量横断面时,中桩每侧水平距离总和应不小于要求的施测范围。
2. 横断面测量与绘图应注意区别左、右侧和高差的正、负。
3. 每小组可视学时多少,实测 10 个以上中桩的横断面。

六、实训报告

每小组上交中桩横断面测量外业记录一份，具体格式见表 9-11 所示；要求每人上交一份绘制好的横断面图。

表 9-11 中桩横断面测量外业记录（实训）

组号_____观测者_____记录者_____日期_____

左侧 $\dfrac{高差}{平距差}$/m	桩号	右侧 $\dfrac{高差}{平距差}$/m

复习思考题

1. 简述园林道路选线的原则与步骤。
2. 根据表 9-12 所提供的内容，完成该表中有关数据的填写与计算，并绘制圆曲线设置示意图。

表 9-12 中线测量记录（习题）

JD_{12} $K1+252.600$			点号	里程桩号	切线支距		桩号计算手稿
					X/m	Y/m	
右角观测与转角计算				ZY_{12}			$JD_{12} - T_{12}$
盘左	后视	152°15′30″	分角线盘右度盘读数 $C=$	P_1	1+210		
	前视	292°03′00″		P_2	1+240		$ZY_{12} + L_{12}$
	右角			QZ_{12}			
盘右	后视	332°16′00″	JD_{12}至JD_{13}实测距离：91.855m JD_{13}里程桩号为：	P_3	1+270		
	前视	112°03′30″		P_4	1+300		$YZ_{12} - L_{12}/2$
	右角			YZ_{12}			
右角(β)平均值				JD_{13}			
转角(α)	左		示意图：	直线段桩与圆曲线起点和终点桩	1+152.168		$QZ_{12} + D_{12}/2$
	右				1+180	附记：①在园路中线上，JD_{11}至JD_{12}间有 45.527m 长的直线段；②整桩之间的距离为 30m	JD_{12}
$R_{12}=150$m $\dfrac{L_{12}}{2}=$ $T_{12}=$ $D_{12}=$ $L_{12}=$ $E_{12}=$							（校核）

3. 根据表 9-13 所提供的数据，计算园路各中桩的地面高程。
4. 已知某园路第一个圆曲线的 $ZY_1 = K0+130.5$，$QZ_1 = K0+141.1$，$YZ_1 = K0+151.7$，$R_1 = 40$、$T_1 = 10.86$，$L_1 = 21.20$，$\alpha_{左1} = 30°22′$；第二个圆曲线的 $ZY_2 = K0+234.0$，$QZ_2 = K0+252.8$，$YZ_2 = K0+271.6$，$R_2 = 125$，$T_2 = 18.94$，$L_2 = 37.60$，$\alpha_{左2} = 17°14′$。试根据图 9-25 所给内容，完成如下任务（长度单位为 m）：

① 选择合适的比例尺，绘制园路纵断面图；
② 在纵坡不大于 6‰时，合理进行纵向设计；
③ 根据具体情况设计竖曲线，并对有关桩号的设计高程进行改正调整；
④ 完成图 9-25 中有关数据、符号的标注。

表 9-13 中平测量记录、计算表（习题）

测站	桩号	水准尺读数/m			视线高程/m	地面高程/m	备 注
		后视	间视	前视			
1	BM_A	1.864				144.760	BM_A 已知高程
	K0+000			1.414			144.760m
2	K0+000	1.546					
	0+025		0.760				
	0+061.5		1.060				
	0+100			1.852			
3	0+100	1.474					
	0+141.2		2.260				
	0+180		1.790				
	0+200			1.779			
4	0+200	1.354					
	0+260.1		1.000				
	0+300			1.779			
5	0+300	1.485					
	0+380.9		1.340				
	0+400			1.742			
6	0+400	1.472					
	0+500			1.905			
7	0+500	1.568					
	0+600			1.834			
8	0+600	1.476					
	0+658		1.370				
	0+700			1.574			
9	0+700	1.827					
	0+728		1.600				
	0+800			1.341			
10	0+800	1.713					
	0+849		1.700				
	0+900			1.205			
11	0+900	1.431					
	K1+000			1.819			
12	K1+000	1.546					
	BM'_B			1.345			BM_B 已知高程
	BM_B					143.948	143.948m
校核计算	$\Delta h_{测}=$ $\Delta h_{理}=$ $f_{h测}=$ $f_{h容}=\pm 12\sqrt{n}$ mm $=$						

坡度/%																															
坡长/m																															
挖深																															
填高																															
设计高程																															
地面高程	198.38	198.78	196.96	196.13	197.97	199.20	200.38	201.57	202.45	200.96	200.39	200.88	201.57	205.08	206.16	207.55	207.74	208.77	209.63	210.96	214.18	215.92	215.19	215.42	215.99	219.06	218.17	217.80	215.05	214.50	214.14	213.43	211.60	210.76
桩号	0+000	0+020	0+040	0+060	0+080	0+100	0+115	0+130.5	0+141.1	0+151.7	0+160	0+180	0+200	0+220	0+234	0+252.8	0+271.6	0+290	0+300	0+320	0+340	0+360	0+380	0+400	0+420	0+440	0+455	0+470	0+488	0+500	0+520	0+540	0+570	0+580
线路平面																																		

图 9-25　纵断面图绘制与纵向设计（习题）

第十章 园林工程施工测量

知识目标
1. 掌握水平距离、水平角、高程、坡度和平面点位的测设方法。
2. 掌握施工场地平面控制网和高程控制网的布设方法。

技能目标
1. 掌握拟建园林建筑主轴线定位的方法步骤，能够对建筑物的内部轴线进行测设和引测，并能进行基础施工测量和墙体施工测量。
2. 能够进行挖湖工程与堆山工程施工测量。
3. 能够利用方格网法将园林场地平整成水平地面或平整成具有坡度的地面。
4. 能够对园林绿化工程中的花坛和园林绿地进行测设。

第一节 施工测量的基本工作

根据设计图中园林建筑物、园林小品等工程与已知点位之间的距离、角度、高差关系，利用测量仪器和工具，可将各类园林工程的平面位置和高程测设到地面上，以作为施工的依据。

一、水平角的测设

水平角的测设，就是在角的顶点根据一已知边的方向，将设计水平角的另一边方向在地面上标定出来。

1. 正倒镜分中法

当水平角测设精度要求不高时，可采用正倒镜（盘左盘右）分中法。如图10-1所示，若直线OA的方向已知，可在O点安置经纬仪，在A点上竖立一根标杆，用经纬仪盘左位置照准A点后，将水平度盘读数调为$0°00'00''$，然后顺时针转动照准部，使水平度盘读数为设计角度β，并在此方向线上标定出一个点B_1；为了检核盘左测设成果，再用经纬仪盘右位置重新瞄准A点，读取水平度盘读数为x，随即顺时针转动照准部，使水平度盘读数为"$x+\beta$"，同法在该视线方向上标定出一个点B_2，并使$OB_1=OB_2$；因为有误差存在，一般B_1点和B_2点不重合，此时将B_1、B_2连接并取它的中点B，则$\angle AOB$即为需要测设的β角。

2. 多测回修正法

当水平角测设的精度要求较高时，可采用多测回修正法。如图10-2所示，直线OA为已知方向，首先用正倒镜分中法测设已知水平角β，得到一个点B'，然后再用测回法观测$\angle AOB'$，一般进行2~3个测回，则可得出所测角度的平均值β'；用钢尺量取OB'的水平距离，并从B'点起，在垂直于OB'的方向上量取$B'B=OB'\times\tan\Delta\beta$，标定出$B$点，则$\angle AOB$就是需要测设的$\beta$角。当$\Delta\beta<0$时，应由$B'$向角度外侧量距；若$\Delta\beta<0$，则应由$B'$点向内侧量距。

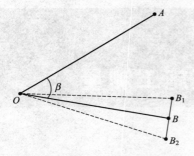
图 10-1 正倒镜分中法测设水平角

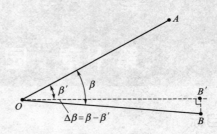
图 10-2 多测回修正法测设水平角

二、水平距离的测设

水平距离的测设，就是在已知方向上将设计的水平长度标定于地面。如图 10-3 所示，根据设计的水平距离 D_{AB}，从 A 点开始沿已知方向用钢尺进行丈量，在地面得到一个点位 C；为了检验校核，再从 C 点向 A 点返测距离，并将其结果与 D_{AC} 进行比较，若相对误差在限差范围以内，则取往返丈量的平均值 D' 作为测设长度。调整端点 C 至正确位置 B 点，此时 $\delta = D_{AB} - D'$，当 $\delta > 0$ 时，C 点应向外侧移动；反之，C 则向内侧移动。当量距精度要求较高时，必须对测设距离进行尺长、温度和倾斜改正。

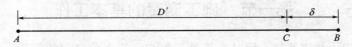
图 10-3 钢尺量距法测设距离

假若测设的水平距离较长，也可以在全站仪的距离测量模式下进行放样，即安置仪器于 A 点，输入待测设的水平距离，并在已知方向上前后移动反射棱镜，直到屏幕显示的实测距离与设计距离之差值为零时，便可定出 B 点。

三、高程的测设

高程的测设，就是根据实地已知水准点的高程，将设计高程标定到地面上的工作。如图 10-4 所示，水准点 BM_A 的高程 H_A 已知，欲在 B 点的木桩上测设出设计高程 H_B，应首先在水准点 BM_A 与待测设点 B 之间安置水准仪，并在两点上分别竖立水准尺，当仪器粗平后，瞄准后视点 BM_A 的水准尺，精确整平后读出后视读数 a，由此求出仪器的视线高 $H_i = H_A + a$；然后再根据 B 点的设计高程 H_B，计算出前视点 B 的前视读数应为 $b = H_i - H_B$。用水准仪照准前视点 B 上的水准尺并精确整平，将水准尺紧贴 B 点木桩的侧面上下挪动，当望远镜的十字丝横丝正好对准应读前视读数 b 时，沿水准尺的尺底在木桩侧面画一条短横线，则该短横线位置的高程即为设计高程。为了检核，可改变仪器的高度，测量 B 点木桩侧面所画短横线处的高程，然后与设计高程进行比较，当符合要求时，该短横线即可作为测设的高程标志线。

四、坡度线的测设

1. 水平视线法

如图 10-5 所示，根据 A 点的设计高程 H_A 以及 A、B 两点间的水平距离 D_{AB} 和设计坡度 i_{AB}，计算出 B 点的设计高程 $H_B = H_A + i_{AB} D_{AB}$，然后由附近已知水准点 C，按照高程的

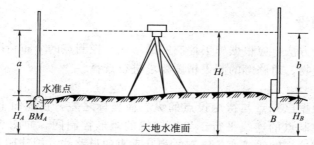

图 10-4 高程的测设

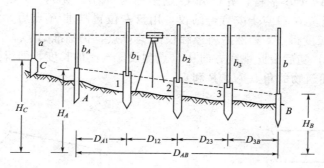

图 10-5 水平视线法

测设方法,将 A、B 两点的设计高程测设到地面上。当测设坡度线时,可在 A、B 间每隔一定距离钉立木桩 1、2、3,并使其处于 AB 的方向线上,则 1、2、3 点的设计高程各为 $H_1=H_A+i_{AB}D_{A1}$、$H_2=H_1+i_{AB}D_{12}$、$H_3=H_2+i_{AB}D_{23}$。

在 A、B 两点间安置水准仪,后视水准点 C,读取后视读数为 a,那么,1、2、3 各桩点应该读取的前视读数分别为 $b_1=H_C+a-H_1$、$b_2=H_C+a-H_2$、$b_3=H_C+a-H_3$。将水准尺分别靠立在 1、2、3 点的木桩侧面,并上、下慢慢地移动水准尺,直至水准尺上的读数分别为 b_1、b_2、b_3 时,便可沿水准尺的尺底面画一条短横线,把各条短横线和 A、B 点连接起来,即得到设计坡度线。

2. 倾斜视线法

如图 10-6 所示,根据 A 点的高程 H_A、水平距离 D_{AB} 以及设计坡度 i_{AB},求出 B 点的设计高程 H_B,然后按测设高程的方法标出 B 点。安置水准仪于 A 点,使基座的一个脚螺旋处在 AB 方向线上,其余两个脚螺旋的连线与 AB 方向垂直,量取仪器高 i;转动微倾螺旋和 AB 方向线上的脚螺旋,用望远镜瞄准 B 点上的水准尺,并使十字丝的中丝读数等于仪器高 i,则仪器的视线与设计坡度线平行。在 AB 方向上的 1、2、3、4 各点钉立木桩,于侧面竖立水准尺,并上、下移动,直至尺上读数等于仪器高 i 时,沿水准尺的尺底在木桩上画横线,各桩横线和 A、B 点的连线便是设计坡度线。

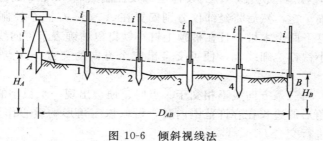

图 10-6 倾斜视线法

五、平面点位的测设

平面点位的测设方法，应根据施工控制网的形式、控制点的分布情况、现场条件以及待建园林建筑物、构筑物、道路等的测设精度要求进行选择。

1. 直角坐标法

直角坐标法是根据已知点与待测设点的纵、横坐标之差，在地面上标定出点的平面位置，适用于相邻两控制点的连线平行于坐标轴线的矩形控制网。如图10-7所示，OA、OB分别为两条相互垂直的主轴线或两条已有的相互垂直的道路线，拟建园林建筑物的两条轴线MQ、PQ分别与OA、OB平行，并已知O点坐标为(x_O, y_O)，M点的坐标为(x, y)。测设平面点位时，首先在O点上安置经纬仪，用盘左位置瞄准A点后，沿OA方向从O点向A测设$y - y_O$的长度得点C；然后将经纬仪搬至C点，仍瞄准A点，逆时针旋转照准部，测设出$90°$的水平角，随后沿此视线方向从C点测设$x - x_O$的长度，即得到M点位置。同法可测设出拟建园林建筑物的角点N、P和Q。

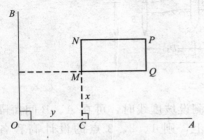
图10-7 直角坐标法测设点位

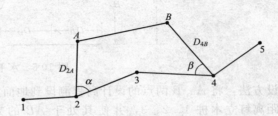
图10-8 极坐标法测设点位

2. 极坐标法

极坐标法是根据已知水平角和已知水平距离测设点的平面位置，适用于测设距离较短，且便于量距的情况。如图10-8所示，A、B是拟建园林建筑物轴线的两个端点，其附近有已知测量控制点1、2、3、4、5，且点位测设之前已使用三棱比例尺、量角器在设计图上量得测设数据α、β和D_{2A}、D_{4B}，因此，测设点位时，应在2点安置经纬仪，首先根据已知方向2—3测设出水平角α，然后在2—A方向上用钢尺测设出水平距离D_{2A}，即得到A点。搬迁仪器至4点，同法可测设出B点。最后再丈量A、B间的距离并与设计的长度相比较，以作检核。当测设精度要求较高时，测设数据应通过坐标反算法进行计算。

3. 角度交会法

角度交会法是分别在两个控制点上用经纬仪测设方向线，其交点即为待测设点的平面位置，此法适合于待测设点远离控制点或不便量距的情况。

如图10-9所示，根据待测设点P的设计坐标及控制点A、B、C的已知坐标，首先算出测设数据α_1、α_2和β_1、β_2，然后将经纬仪分别安置在A、B、C三个控制点上测设各角，并分别沿各自方向线打下两个木桩，且在桩顶上钉小铁钉以精确表示方向线的位置。分别沿各自方向线上的两个小铁钉拉细线绳，便可交会出三个方向的交点，此点即为P点在地面的位置。

由于测设误差，当三条方向线不相交于一点时，便会出现一个很小的三角形，称为误差三角形。当误差三角形的边长在容许范围内时，可取该三角形的重心作为需要测设的点位；如超限，则应重新进行交会。

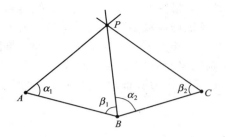
图 10-9　角度交会法测设点位

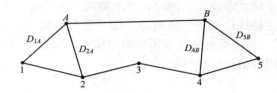
图 10-10　距离交会法测设点位

4. 距离交会法

距离交会法是根据两段已知距离交会出点的平面位置,若园林场地平坦、便于量距,且控制点距离测设点不超过一整尺的长度时,采用此法比较适宜。如图 10-10 所示,设 A、B 是拟建园林建筑小品的两个转折点,在设计图上分别求得 A、B 两点距离附近已知控制点 1、2、3、4 的距离,即 D_{1A}、D_{2A} 和 D_{4B}、D_{5B}。测设点位时,用钢尺分别从控制点 1、2 拉出水平距离 D_{1A}、D_{2A},其交点便为 A 点的地面位置。同法从控制点 4、5 拉出水平距离 D_{4B}、D_{5B},可定出 B 点。为了检核,还应测量 AB 的长度与设计长度进行比较,其误差应在容许范围之内。

第二节　园林建筑工程施工测量

一、施工控制测量

施工控制测量与测图控制测量相比,具有控制范围小、控制点密度大、测量精度要求高以及使用频繁等特点。施工控制网亦分为平面控制网和高程控制网两种。

(一) 施工场地平面控制网的布设

根据施工场地地形情况,平面控制网可以布设为建筑方格网和建筑基线等形式。

1. 布设建筑方格网

(1) 施工坐标与测量坐标的转换　在设计和施工中,常采用施工坐标系(也称建筑坐标系),它往往与测量坐标系不一致,在建筑方格网测设之前,需要进行坐标系的转换,以便求算测设数据。如图 10-11 所示,测量坐标系为 XOY,施工坐标系为 $X'O'Y'$,施工坐标系的原点 O' 在测量坐标系中的纵横坐标值为 x_o、y_o,α 为施工坐标系的纵轴 X' 在测量坐标系中的坐标方位角,那么,当 P 点的施工坐标为 (x'_p, y'_p) 时,则其测量坐标 (x_p, y_p) 为

$$\left.\begin{array}{l} x_p = x_o + x'_p \cos\alpha - y'_p \sin\alpha \\ y_p = y_o + x'_p \sin\alpha + y'_p \cos\alpha \end{array}\right\} \quad (10\text{-}1)$$

施工坐标系的 X' 轴和 Y' 轴应与园林场地内的主要建筑物、主要道路以及管线方向平行,施工坐标系的原点 O' 应设在总平面图的西南角,以使所有建筑物的设计坐标均为正值。

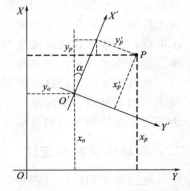
图 10-11　坐标系的转换

(2) 建筑方格网的布设　由正方形或矩形组成的施工平面控制网,称为建筑方格网,如图 10-12 所示。建筑方格网适用于按矩形布置的建筑群或大型建筑场地,可根据设计总平面图上的建筑物分布、管线布设

以及现场地形等情况进行拟定。当园林建筑场地较大时，方格网通常分为二级，首级可采用十字形、口字形或田字形，然后再对格网进行加密；当建筑场地较小时，应尽量布置成全面方格网。布设方格网时，要求格网的各边通视条件良好，边长大小一般为100～200m，格网的主轴线位于整个场地的中部，并与拟建建筑物的主轴线平行；方格网的网线间夹角应为90°，方格网点的点位还应埋设标石。如图10-12中，A、O、B为所布设方格网的主轴线点，可用极坐标法进行测设。

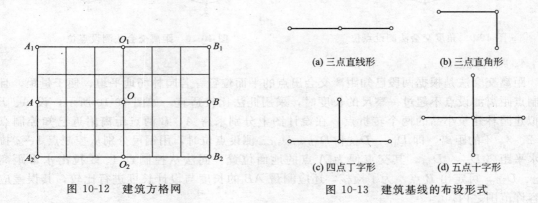

图 10-12　建筑方格网　　　　　图 10-13　建筑基线的布设形式

2. 布设建筑基线

对于地势平坦的小型施工场地，且园林建筑工程较简单时，可采用建筑基线。建筑基线应尽可能靠近建筑物，并使其与建筑物的主要轴线平行，以便使用直角坐标法进行定位。为便于相互检核，建筑基线上的基线点应不少于三个，其点位应选在通视条件良好和不易被破坏的地方，且要埋设永久性的混凝土桩。建筑基线常用的布设形式有四种，即"三点直线"形、"三点直角"形、"四点丁字"形和"五点十字"形，如图10-13所示。

建筑基线点测设时，应首先根据建筑物的设计坐标和附近已有的测量控制点，在图上选定建筑基线的位置，并求算出测设数据，然后采用极坐标法在实地进行测设。测设后，要求基线的转折角为90°，容许误差为±40″，基线的边长与设计长度相比，其不符值应小于1/5000；否则，应进行点位的调整。

（二）施工场地高程控制网的布设

高程控制网分为首级网和加密网两级，即布满整个工程测区的基本控制网和直接用于高程测设的加密控制网，相应的水准点分别称为基本水准点和施工水准点。基本水准点应布设在土质坚实、不受施工影响、无震动和便于实测的地点，并埋设永久性标志；而加密的施工水准点，一般选在已经浇筑的混凝土上。水准点的数量应满足施工测量的要求，当布设的水准点密度不足时，建筑基线点、建筑方格网点也可兼作高程控制点。

建筑施工场地的高程控制测量一般采用三、四等水准测量法，并根据场地附近的国家或城市已知水准点，测定施工场地基本水准点和施工水准点的高程，以便纳入国家高程系统。为了便于检核和提高测量精度，施工场地高程控制网应布设成闭合或附合路线。

二、园林建筑物的定位

在园林规划设计过程中，若规划范围内已有建筑物或道路，一般应在设计图上予以反映，并给出其与拟建建筑的位置关系，因此，测设新建筑物的主轴线可依此关系进行。主轴线测设完成后，均应作检验校核，当精度符合要求时，可根据现场情况加以调整，并用白石灰撒出拟建建筑的平面轮廓线，同时用木桩或石桩标定出定位点；若定位误差超限，则应重新进行测设。

（一）利用原有建筑物定位

1. 延长线法

如图 10-14 所示，首先等距离延长原有建筑物的山墙 CA、DB，在地面上确定 A_1、B_1 点，并使 $AA_1=BB_1$，由此定出 AB 的平行线 A_1B_1；然后安置经纬仪于 A_1 点，照准 B_1 点，然后沿该视线方向作 A_1B_1 的延长线，在此延长线上依据设计给定的距离关系测设出 M_1、N_1。分别在 M_1、N_1 点上安置经纬仪，并分别以 M_1N_1、N_1M_1 为零方向，测设出 90°角，定出两条垂线，并按设计给定尺寸测设出 M、P 和 N、Q，从而得到了新建筑的主轴线 MN 和 PQ。此法适用于新旧建筑物短边平行的情况。

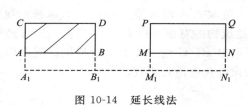

图 10-14 延长线法　　　　　图 10-15 平行线法

2. 平行线法

如图 10-15 所示，首先等距离延长原有建筑物的山墙 CA、DB 两直线，定出 AB 的平行线 A_1B_1；然后分别在 A_1、B_1 点上安置经纬仪，以 A_1B_1、B_1A_1 为起始方向，测设出 90°角，并按设计图给定尺寸在 AA_1 方向上测设出 M、P 两点，在 BB_1 方向上定出 N、Q 点，从而得到了拟建园林建筑的主轴线。此法适用于新旧建筑物长边平行的情况。

3. 垂直线法

如图 10-16 所示，等距离延长原有建筑物的山墙 CA、DB 两直线，定出 AB 的平行线 A_1B_1；安置经纬仪于 A_1 点，作 A_1B_1 的延长线，丈量出 y 值，定出 P' 点。将经纬仪搬迁至 P' 点安置，以 B_1A_1 为零方向，沿逆时针方向测设出 90°角，并按设计的尺寸测设出 P、Q 点。分别在 P、Q 点上安置经纬仪，测设出 M、N 点，即得到主轴线 PQ 和 MN。此法适用于新旧建筑物长边平行于短边的情况。

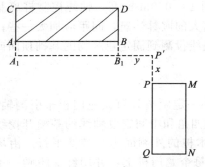

图 10-16 垂直线法

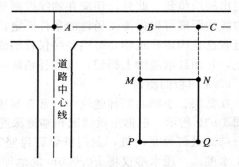

图 10-17 利用原有道路中线定位

（二）利用原有道路中线定位

如图 10-17 所示，拟建园林建筑物的主轴线与原有道路中心线 BC 平行，此时，首先拉钢尺找出道路中心线，然后在道路中线的 B、C 两点上安置经纬仪，根据设计图上给定的各项尺寸关系，测设出拟建建筑的主轴线 MN、PQ。

（三）利用建筑方格网定位

在建筑场地上，若已建立建筑方格网，且拟建园林建筑物的主轴线与方格网边线平行或垂直，则可根据设计的建筑物拐角点和附近方格网点的坐标，用直角坐标法在现场测设。如图 10-18 所示，由 A、B、C、D 点的坐标值可算出建筑物的长度 $AB=a$、宽度 $AD=b$，并可算出 MA'、$B'N$、AA' 和 BB' 的长度。测设建筑物定位点 A、B、C、D 时，首先将经纬仪安置在方格网点 M 上，照准 N 点，沿视线方向自 M 点用钢尺量取 MA'，得到 A' 点，量取 $A'B'=a$ 得 B' 点，然后由 B' 点继续沿视线方向量取 $B'N$ 的长度以作校核。再安置经纬仪于 A' 点，照准 N 点，按逆时针方向测设 90°角，并在该视线上量取 $A'A$ 得 A 点，再由 A 点继续沿视线方向量取设计建筑物的宽度 b 得 D 点。同理，安置经纬仪于 B' 点，可定出 B、C 点。为了检验校核，测设后应丈量 AB、CD 及 BC、AD 的长度，并与建筑物的设计长度进行比较。

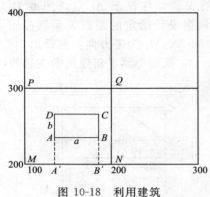

图 10-18 利用建筑方格网定位（单位：m）

三、园林建筑物的测设

建筑物的测设是指根据已定位的外墙主轴线角桩及建筑物平面图，详细测设出建筑物内部其他各轴线交点的位置，在交点处打木桩，并在桩顶钉小铁钉用于准确定位，称为中心桩；然后再根据中心桩的位置、基础详图上的基槽宽度和上口放坡尺寸，用白石灰撒出基槽开挖边界线，以便进行开挖施工。

在开挖基槽过程中，由于各个角桩和中心桩将被挖掉，所以，在挖槽前应采用设置控制桩法或龙门板法，将各轴线延长引测到基槽外安全地点，并做好标志，以便于在施工中恢复各轴线的位置。

1. 轴线控制桩的测设

轴线控制桩又称为引桩，在多层建筑物的施工中，引桩是向上层投测轴线的依据。如图 10-19 所示，将经纬仪安置在角桩或中心桩上，瞄准另一个对应的角桩或中心桩，沿视线方向用钢尺向基槽外侧量取 2～4m，便得到轴线控制桩，打下木桩并在桩顶钉上铁钉，以准确标定出轴线位置。此外，还应在轴线控制桩上画线标明 ±0.000m 标高。轴线控制桩离基槽外边线的距离可根据施工场地的条件而定，如果是较高大的园林建筑，间距应加大一些；如附近有已建固定建筑物，可用经纬仪将轴线延长，把轴线投测到固定建筑物的基础顶面或墙壁上，并用红油漆涂上标记，以代替轴线控制桩。

2. 龙门板的测设

在低层、小型的园林建筑中，常在基槽开挖线以外一定距离处钉设龙门板来引测轴线。如图 10-19 所示，根据土质情况和基槽深度，在建筑物四角和中间定位轴线的基槽开挖线外 1.5～3m 处钉设龙门桩，龙门桩要钉得竖直、牢固，木桩的外侧面应与基槽平行。由场地施工水准点，用水准仪将 ±0.000m 的地坪标高测设在每个龙门桩上，并用红油漆画一条横线；沿龙门桩上测设的 ±0.000m 标高线钉设龙门板，使板的上边缘高程恰好为 ±0.000m；若遇现场条件不许可时，也可测设比 ±0.000m 高或低一定数值的标高线，测设龙门板高程的容许误差为 ±5mm。对于同一建筑物最好只选用一个标高，如地形起伏较大，必须选用

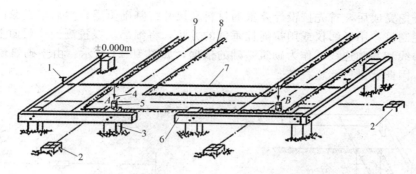

图 10-19 轴线控制桩与龙门板的测设
1—轴线钉；2—轴线控制桩；3—龙门桩；4—垂球；5—角桩或中心桩；
6—龙门板；7—线绳；8—槽边线；9—轴线

两个标高时，一定要标注清楚，以免使用时发生错误。

在图 10-19 中，将经纬仪安置在角桩 A 上，瞄准另一个对应的角桩 B，沿视线方向在 B 点附近的龙门板上定出一点，并钉设轴线钉；倒转望远镜，沿视线在 A 点附近的龙门板上定出一点，也钉上轴线钉。同法可用经纬仪将建筑物墙、柱等各轴线都引测到各相应的龙门板顶面上，并钉上轴线钉；在对应轴线钉之间拉紧细线绳，可吊垂球随时恢复角桩或中心桩位置。用钢尺沿龙门板顶面检查两轴线钉的间距，其相对误差不应超过 1/3000；经检核合格后，以轴线钉为准，将墙边线、基础边线、基槽开挖边线等标定在龙门板上；最后根据设计的基础宽度、深度以及边坡，用白石灰撒出基槽开挖边界。

四、基础施工测量

（一）基槽抄平

在施工过程中，基槽或基坑是根据基槽灰线破土开挖的，为了控制基槽开挖深度，当基槽开挖接近槽底时，应在基槽壁上自拐角开始，每隔 3～5m 测设一根比槽底设计高程高 0.3～0.5m 的水平桩，作为挖槽深度、修平槽底和打基础垫层的依据，此过程称为基槽抄平。根据施工现场已测设的 ±0.000m 标志或龙门板顶面高程，用水准仪测设水平桩，高程测量容许误差为 ±10mm。

如图 10-20 所示，槽底设计高程为 −1.700m（即比 ±0.000m 低 1.700m），若测设比槽底设计高程高 0.500m 的水平桩，首先应在地面适当位置安置水准仪，立水准尺于 ±0.000m 标志上或龙门板顶面，精确整平水准仪，读取后视读数为 0.774m，求得测设水平桩的应读前视读数为 0.774m＋1.700m−0.500m＝1.974m；然后紧贴槽壁立另一水准尺并上下移动，直至水准仪的视线读数为 1.974m 时，沿尺子底面在槽壁上打入一个小木桩，即为要测设的水平桩。沿水平桩的上表面拉上线绳，以便于开挖基槽、清理槽底和打基础垫层。为砌筑建筑物基础所挖基槽呈深坑状的叫基坑，若基坑过深，用一般方法不能直接测定坑底标高时，可用悬挂的钢尺来代替水准尺将地面高程传递到深坑内。

（二）在垫层上投测墙身中心线

1. 垫层中线的测设

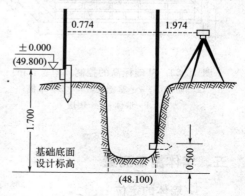

图 10-20 基槽抄平（单位：m）

基槽开挖完成后，首先按设计要求的材料和尺寸打基础垫层，然后根据龙门板上的轴线钉或轴线控制桩，用经纬仪或用拉绳挂垂球的方法，将细部轴线投测到垫层面上，并用墨线弹出墙中心线和基础边线，作为砌筑基础的依据，如图 10-21 所示。由于砌筑墙身时均以此线为基准，因此要进行严格校核。

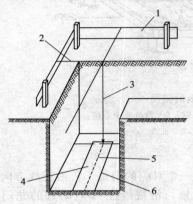

图 10-21　垫层中线的测设
1—龙门板；2—细线绳；3—垂球；
4—垫层；5—墙中心线；6—基础边线

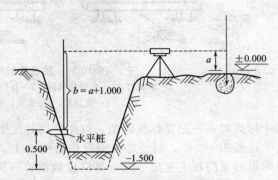

图 10-22　垫层面标高的测设（单位：m）

2. 垫层面标高的测设

如图 10-22 所示，垫层面标高的测设是以水平桩为依据在槽壁上弹线，或者在槽底打入小木桩进行控制；如果垫层需要支架模板，也可直接在模板上弹出标高控制线。

（三）基础标高的控制

当墙中心线投测到垫层上，并用水准仪检测各墙角垫层面标高后，即可开始基础墙（±0.000m 以下的墙）的砌筑，建筑物基础墙的高度是用基础皮数杆来控制的。基础皮数杆是用一根木杆制成，在杆上事先按照设计尺寸，将每皮砖和灰缝的厚度一一画出，每五皮砖注上皮数（基础皮数杆的层数从 ±0.000m 向下注记），并标明 ±0.000m 和防潮层等的标高位置，如图 10-23 所示。

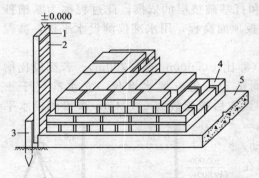

图 10-23　基础标高的控制（单位：m）
1—防潮层；2—基础皮数杆；3—木桩；
4—墙体；5—垫层

立皮数杆时，可先在立杆处打一根木桩，用水准仪在木桩侧面定出一条高于垫层标高某一数值（如 10cm）的水平线，然后将皮数杆上标高等于该数值的刻划线与木桩上的水平线对齐，并用铁钉将皮数杆与木桩钉在一起，作为基础墙砌筑的标高依据。

基础施工结束后，要对龙门板或控制桩的位置进行核对，并应检查基础面的标高是否符合设计要求。可用水准仪测出基础面上若干点的高程，并与设计高程相比较，容许误差为 ±10mm。

五、墙体施工测量

1. 墙体的定位

基础墙砌筑到防潮层后，利用轴线控制桩或龙门板上的轴线和墙边线标志，用经纬仪或用拉细线绳挂垂球的方法，将轴线投测到基础面或防潮层上，然后用墨线弹出墙中线和墙边线。检查外墙轴线交角是否等于90°，符合要求后，将墙轴线延伸到基础墙的侧面上画出标志，用于向上层投测轴线，如图10-24所示。同时，也把门、窗和其他洞口的边线在外墙基础面上画出标志。

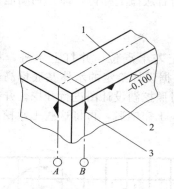
图 10-24 墙体的定位（单位：m）
1—墙中心线；2—外墙基础；3—轴线标志

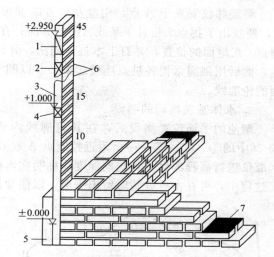
图 10-25 墙体各部位标高控制（单位：m）
1—二层地面楼板；2—窗口过架；3—窗口；4—窗口出砖；
5—木桩；6—墙身皮数杆；7—防潮层

2. 墙体各部位标高控制

园林建筑的墙体各部位标高常用墙身皮数杆来控制，如图10-25所示。在砌筑墙体时，先在基础上根据定位桩或龙门板上的轴线，弹出墙的边线和门洞的位置，然后在建筑物的拐角和内墙处竖立墙身皮数杆，且每隔10～15m立一根。在墙身皮数杆上，根据设计尺寸，按砖和灰缝的厚度画线，同时标明墙体上门、窗、过梁、雨篷、楼板等构件的标高位置；竖立墙身皮数杆时，要用水准仪测定皮数杆的标高，使皮数杆的±0.000m标高与室内地坪标高相吻合，皮数杆上注记从±0.000m向上增加。为了便于施工，当采用里脚手架时，皮数杆应立在墙外边；采用外脚手架时，皮数杆应立在墙里边。墙体的竖直则可用垂球进行校正。

当墙砌到窗台时，要在内墙面上高出室内地坪15～30cm的地方，用水准仪标定出一条标高线，并用墨线在内墙面的周围弹出标高线的位置。这样在安装楼板时，可以用这条标高线来检查楼板底面的标高，使得底层的墙面标高都等于楼板的底面标高之后再安装楼板。同时，标高线还可以作为室内地坪和安装门窗等标高位置的依据。当楼板安装好以后，二层楼的墙体轴线是根据底层的轴线用垂球引测的。在砌筑二层楼的墙时，要重新在二层楼的墙角处竖立皮数杆，皮数杆上的楼面标高位置要与楼面的标高一致，这时可以把水准仪放在楼板面上进行检查。同样，当墙砌到二层楼的窗台时，要用水准仪在二层楼的墙面上测定出一条高于二层楼面15～30cm的标高线，以控制二层楼面的标高。

第三节 挖湖与堆山工程施工测量

一、挖湖施工测量

1. 湖池平面位置的测设

在园林工程中，开挖人工湖的测设通常采用极坐标法。如图10-26所示，在挖湖工程设计图上，依次标注出人工湖外轮廓线上的拐点i（$i=1,2,3\cdots$），并分别用比例尺量算出这些拐点到附近已知控制点A的实地距离D_i；分别作A点与各拐点的连线，然后用量角器量出每一连线与基线AB间的水平夹角β_i。

将经纬仪安置于A点，用盘左位置瞄准控制点B，把水平度盘调零后，测设出水平角β_i，便找出了拐点i相对于基线AB的方向；在此方向上用钢尺量出水平距离D_i，即可得到拐点i在地面的位置，并钉上木桩。同法，分别将设计图上人工湖边界的拐点全部测设在实地，然后用细绳索把各桩点连接起来，并以圆滑的曲线用白石灰撒上标记，即得到湖池在地面的轮廓线。

2. 水体基底高程的测设

湖池的平面位置测设后，在其轮廓线内适当位置设定若干点位，并打上木桩，如图10-26中的①、②、③……由附近控制点A或B的高程，根据设计给定的水体基底标高，用水准仪进行高程测设，将挖湖深度线标明在木桩上；然后对照挖湖设计图进行开挖。开挖施工过程中，可在木桩处暂时留出土墩，以便掌握挖深，待施工完毕后，再将这些土墩挖掉。

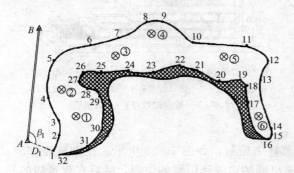

图10-26 挖湖的测设

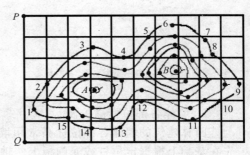

图10-27 堆山的测设

3. 水体边坡的测设

根据工程设计图，在湖池的边坡转折处定出上、下边坡点，打入边桩，然后按照设计坡度制成边坡样板并置于边桩处，以控制与检查各边坡的坡度；待挖湖测设的各项任务完成以后，还要依据设计图进行逐一核对。

二、堆山施工测量

1. 假山平面位置的测设

在假山的施工测量中，通常采用方格网法进行测设。如图10-27所示，在假山工程设计图上，选择具有定位作用的明显地物或地貌点P、Q，并以此为测量控制点；根据P、Q点与假山的位置关系以及假山设计体量等情况，按一定边长在等高线图上画出方格网。依次标注出假山等高线外轮廓上的拐点1、2、3等点，然后根据设计比例尺，分别求算出每个拐点在各自方格中的实地纵、横长度。

在实地确定P、Q点的位置，并按照实际尺寸在地面上测设出施工方格网，然后依据设计图上等高线各拐点在格网中的位置，在地面相应方格中找出1、2、3等点的点位，并钉入木桩。参照设计图中的等高线形状，用细绳索把高程相等的相邻桩点连接起来，最后顺着线绳以圆滑的曲线用白石灰撒上标记，便得到假山底部在地面上的轮廓线。

2. 各桩点高程的测设

平面位置测设后，分别在桩点1、2、3……上插立细竹竿，其长度依该点堆山设计高度而定，为了提高测设精度，有时还需在同一等高线的相邻两拐点间沿石灰线加插竹竿。根据控制点 P、Q 或附近水准点的高程以及假山设计资料，利用水准仪测设出桩点 1、2、3……的各个堆土层的设计高程；当所堆山高度小于 5m 时，可在相应的竹竿上用不同颜色一次性画出高度标记，作为假山堆土时的依据，如图 10-28（a）所示。根据测设出的平面位置和各桩点不同土层的设计高程标记，便可进行填土堆山，在堆山过程中，还应随时用边坡样板控制山体的坡度。

当所堆山体较高时，堆山的施工应采用分层测设、分层堆叠法，即第一层堆土完成后，再使用水准仪测设出第二层的堆土高度标记，然后实施第二层的填土堆山；第二层堆土完成后，再进行第三层，如此施工与测量，直至山顶，如图 10-28（b）所示。

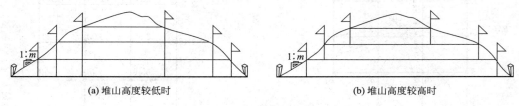

(a) 堆山高度较低时　　　　　　(b) 堆山高度较高时

图 10-28　堆山高度标记

第四节　场地平整工程施工测量

在园林工程建设过程中，除挖湖与堆山外，有时还需对一些园林场地进行平整。场地平整是将原来高低起伏不平的地形，按照设计要求改造为平坦或具有一定坡度的地面，以用于广场、停车场、运动场、苗圃地、草坪用地、建筑用地等。

一、平整成水平地面

1. 布设方格网

方格网法适用于平整地貌起伏不大或地貌变化比较有规律的场地，其首要工作是在待平整的园林场地上布设方格网。方格的边长取决于地形的复杂程度和土石方量要求估算的精度，地面起伏程度越大，布设的方格越小；为了便于计算，方格的边长一般取 10m、20m 或 50m。

如图 10-29 所示，测设方格网时，通常先在待平整园林场地的边缘选择一点 A，安置经纬仪于 A 点，并沿地块边缘方向确定一条基线 Ax；然后从 A 点开始，按基线方向进行钢尺量距，且在地面每隔一定距离（如 20m）钉立一个木桩，依次编号为 B、C、D、E。将经纬仪照准部向右水平转动 $90°$ 得视线 Ay，并沿该视线方向每隔一定距离（如 20m）钉一木桩，依次编号为 A_1、A_2。同法，将经纬仪分别安置于 B、C、D、E 点，并均以 Ax 为基线，在其垂直方向上每隔 20m 钉立木桩，得 B_1、B_2、B_3、…、E_1、E_2、E_3 各点，这样便组成了方格网。

在布设的方格网中，四周只有一个方格的方格点称为角点，如图 10-29 中的 A、E、E_3、B_3、A_2 点；四周有两个方格的方格点称为边点，如图 10-29 中的 B、C、D、E_1、E_2、D_3、C_3、A_1 点；四周有三个方格的方格点称为拐点，如图 10-29 中的 B_2 点；

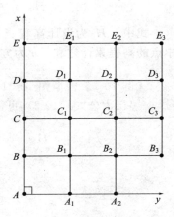

图 10-29　布设场地平整方格网

四周有四个方格的方格点称为中点，如图 10-29 中的 D_1、D_2、C_1、C_2、B_1 点。

2. 测量各方格网点的高程

如图 10-30 所示，在待平整场地中的 O 点安置水准仪，后视已知水准点 BM_1，前视转点 TP_1（为防止施工时受到破坏，转点应选在需平整园林场地之外），利用水准测量观测两者之间的高差，计算出 TP_1 点的高程；然后将各方格网点作为"间视点"，分别读取其点位上的水准尺读数（读数至厘米即可），并按视线高程法计算出各方格网点的地面高程。

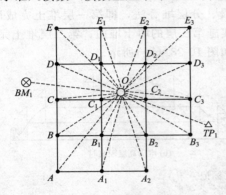

图 10-30　测量各方格网点的高程

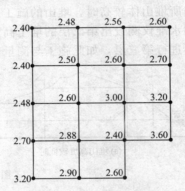

图 10-31　各方格网点的高程值（单位：m）

3. 计算设计高程

在园林场地平整中，设计高程虽然可以人为规定，但考虑到整个工程填、挖土方量的平衡，通常用地面平均高程代之，即每一方格的平均高程等于该方格四个方格点的高程相加再除以 4，设计高程等于各方格平均高程的算术平均值。

如图 10-31 所示，方格网上所标注的数据为测量后各方格点的地面高程（为举例计算方便，所标高程数值较小，单位为米），那么，在图 10-30 中，方格 EE_1D_1D 的平均高程为

$$\overline{H}_1 = \frac{E + E_1 + D_1 + D}{4} = \frac{2.40\text{m} + 2.48\text{m} + 2.50\text{m} + 2.40\text{m}}{4} = 2.45\text{m}$$

经分析可知，在设计高程的计算中，角点的高程数据只被采用一次，边点的高程数据被采用两次，拐点的高程数据被采用三次，而中点的高程数据则被采用四次，因此，设计高程计算公式为

$$\overline{H}_0 = \frac{\sum H_{角} + 2\sum H_{边} + 3\sum H_{拐} + 4\sum H_{中}}{4n} \tag{10-2}$$

式中，$\overline{H}_0$ 为设计高程；$\sum H_{角}$、$\sum H_{边}$、$\sum H_{拐}$、$\sum H_{中}$ 分别为各角点、边点、拐点、中点的高程累计之和；n 为方格总数。

【例 10-1】 根据图 10-31 中所标注的高程数据，求算平整场地的设计高程。

解：由公式（10-2）可得

$$\begin{aligned}
H_{设} &= \frac{\sum H_{角} + 2\sum H_{边} + 3\sum H_{拐} + 4\sum H_{中}}{4n} \\
&= \frac{1}{4 \times 11} \times [(3.20 + 2.40 + 2.60 + 3.60 + 2.60) + 2 \times (2.70 + \\
&\quad 2.48 + 2.40 + 2.48 + 2.56 + 2.70 + 3.20 + 2.90) + 3 \times 2.40 + \\
&\quad 4 \times (2.50 + 2.60 + 2.60 + 3.00 + 2.88)] \\
&= 2.70(\text{m})
\end{aligned}$$

4. 计算填高或挖深

各方格网点的填高或挖深数量等于设计高程减去该方格点的地面高程,即

$$h = H_设 - H_地 \tag{10-3}$$

式中，h 为填高或挖深数量，当 $h>0$ 时表示填高，当 $h<0$ 表示挖深；$H_设$ 为平整场地的设计高程；$H_地$ 为各方格网点的地面高程。

将平整场地的设计高程、各方格网点的地面高程以及填高或挖深数量标注在一起，可得到图 10-32。

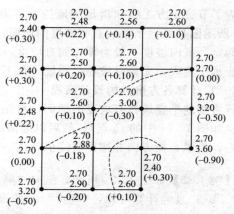

图 10-32　填高或挖深结果（单位：m）　　图 10-33　决定开挖线的位置（单位：m）

5. 计算土方量

在园林场地平整中，填、挖土方工程量可按下式计算

$$\left.\begin{array}{l} V_挖 = \dfrac{S}{4} \times (\sum H_{角挖} + 2\sum H_{边挖} + 3\sum H_{拐挖} + 4\sum H_{中挖}) \\ V_填 = \dfrac{S}{4} \times (\sum H_{角填} + 2\sum H_{边填} + 3\sum H_{拐填} + 4\sum H_{中填}) \end{array}\right\} \tag{10-4}$$

式中，S 为在方格网中一个方格的面积；$\sum H_{角挖}$、$\sum H_{边挖}$、$\sum H_{拐挖}$、$\sum H_{中挖}$ 分别为各角点、边点、拐点、中点的挖深累计之和；$\sum H_{角填}$、$\sum H_{边填}$、$\sum H_{拐填}$、$\sum H_{中填}$ 分别为各角点、边点、拐点、中点的填高累计之和。

【例 10-2】 在图 10-32 中，已知各方格的边长为 20m，各方格网点的填高或挖深数据已标注于图中括号内，试求算平整场地中需要填、挖的土方量。

解：由公式（10-4）可得

$$V_挖 = \dfrac{20m \times 20m}{4} \times [(0.50+0.90)+2\times(0.50+0.20)+4\times(0.30+0.18)]m = 472m^3$$

$$V_填 = \dfrac{20m \times 20m}{4} \times [(0.30+0.10+0.10)+2\times(0.22+0.30+0.22+0.14)+3\times$$
$$0.30+4\times(0.20+0.10+0.10)]m = 476m^3$$

计算结果表明，填、挖土方工程量基本平衡。

6. 决定开挖边界线

在园林场地中，填方区与挖方区的分界线一般在地面高程等于设计高程之处，即填高或挖深为零的位置（零点），将这些填、挖为零的各点连接起来便是开挖边界线，如图 10-33

中的虚线。为便于开挖施工，还应在开挖边界线上撒白石灰进行标记。

填高或挖深为零的位置常采用图解法、目估法确定，也可按比例计算求出，其公式为

$$x = \frac{|h_{挖}|}{|h_{挖}| + |h_{填}|} \times a \tag{10-5}$$

式中，x 为某一方格边的零点离挖方点的距离；$|h_{填}|$、$|h_{挖}|$ 为某一方格中，相邻两方格点填高、挖深的绝对值；a 为在方格网中，一个方格的边长。

二、平整成具有坡度的地面

为了节省土方工程和满足场地排水等需要，在填、挖土方平衡的原则下，往往要将图 10-31 所示园林场地平整成具有坡度的地面。在平整工作中，坡度大小应视灌溉方式和土质情况而定，横向坡度一般为零，如有坡度，以不超过纵坡（水流方向）的一半为宜；另外，为防止水土流失，无论纵坡还是横坡，都不宜超过 0.5%。

（一）计算各方格点的设计高程

若将场地平整成具有坡度的地面，首先应选择"零点"，其位置一般选在场地中央的桩点上（如图 10-34 中的 C_1 点）；然后以地面的平均高程作为"零点"的设计高程，并以该点为中心，沿纵、横方向并按照坡降值，逐一计算出各方格点的设计高程。

【例 10-3】如图 10-34 所示，纵向坡降为 0.2%、横向坡降为 0.1%，每个方格的边长均为 20m；且经计算可知，"零点" C_1 的设计高程为 2.70m，试根据图中所标注的地面高程等数据，求算 B_1、D_1、C、C_2 点以及其他各方格点的设计高程。

解：由题意，并根据图 10-34 中所标注的有关数据可得

纵向每 20m 长的坡降值为 20m×0.2%＝0.04m

横向每 20m 长的坡降值为 20m×0.1%＝0.02m。

因此，B_1 点的设计高程为 2.70m＋0.04m＝2.74m

D_1 点的设计高程为 2.70m－0.04m＝2.66m

C 点的设计高程为 2.70m－0.02m＝2.68m

C_2 点的设计高程为 2.70m＋0.02m＝2.72m

同理，可计算出其他各个方格点的设计高程，一并标注于图 10-34 中。

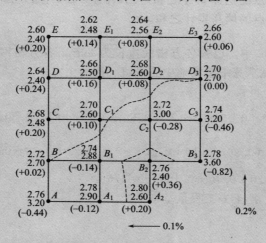

图 10-34 平整成具有坡度的地面（单位：m）

（二）计算各方格点的填高或挖深

在图 10-34 中，根据公式（10-3），"零点" C_1 的填高为 0.10m（即 2.70m－2.60m＝＋0.10m）；同理，可计算出其他各个方格点的填高或挖深数据。

（三）计算土方量，标明开挖线

1. 计算填、挖土方量

在平整园林场地中，当总填方量与总挖方量相差较多，并超过填、挖方量绝对值平均数的 10% 时，需要对设计高程进行修正，直至填、挖土方量基本平衡为止。如图 10-34 所示，各方格网点的填高或挖深数据已标注于括号内，又知各方格的边长均为 20m，此时，根据公式（10-4）可计算出填土量为 426m³，挖土量为 410m³；经分析，填土量比挖土量多 16m³，该数值为填、挖方量绝对值平均数的 3.83%，因此无需调整设计高程。

2. 标明开挖线

在图 10-34 上找出开挖边界线位置，然后在待平整园林场地上进行标明，作为施工时的填、挖边界。

第五节　园林绿化工程施工测量

在园林绿化种植设计图中，通常标明了植物的种植形式、植物名称、栽植株数与规格、种植点位和范围等，因此，绿化工程施工测量主要是各类花坛、绿地、植物的定点放线。

一、花坛的测设

定点放线是将设计方案中花坛及花坛群落实到地面上的首道工序，常用的仪器和工具为经纬仪、钢尺、绳子、木桩等。

（一）花坛群的定位

对施工现场进行清理后，首先根据设计图和地面坐标系统的对应关系，用测量仪器和工具将花坛群中心点（即中央花坛或主花坛的中心点）的坐标测设到地面上；然后再把纵、横中轴线上的其他次中心点的坐标测出来，将各中心点连线，便在地面上测设出花坛群的纵轴线和横轴线。依据纵、横轴线，量出各处个体花坛的中心点，并在其上钉一个木桩，随后把所有花坛的边线位置在地面上确定下来。

（二）个体花坛的测设

个体花坛的测设，就是将其边线放样到地面上的工作。对于正方形花坛、长方形花坛、三角形花坛、圆形或扇形花坛，只要在地面量出花坛的边长、夹角和半径等，就能很容易地测设出其边线来；而对于正多边形花坛（如正五边形花坛）、椭圆形花坛的放线，测设的方法则要复杂一些。

1. 正五边形花坛的测设

如图 10-35 所示，在指定的园林场地内，根据设计的数据和要求，用经纬仪、钢尺等测设出正五边形花坛的一条边 AB；分别以 A、B 为圆心，并各以 AB、BA 为半径，在地面上先后用拉绳子的方法作圆，交于 C、D 点；再以 C 点为圆心，以 CA 长为半径，在地面拉绳子作弧，分别与以 A、B 为圆心的两圆交于 E、F 点，与 CD 交于 G 点。拉绳子连接 EG、FG 并各作延长线，又分别与以 A、B 为圆心的两圆交于 Q、P 点；最后，分别以 P、Q 为圆心，以 AB 长为半径，在地面上用绳子作弧，交于 M 点。用白石灰连接 AB、AP、BQ、PM、QM，并分别在 A、P、M、Q、B 上钉立木桩，便得到正五边形花坛的外轮廓。

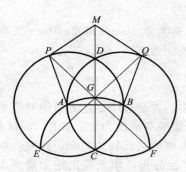
图 10-35 正五边形花坛

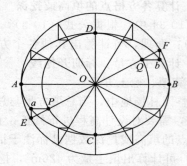
图 10-36 椭圆形花坛

2. 椭圆形花坛的测设

如图 10-36 所示，根据园林绿化设计要求，在场地内用经纬仪、钢尺等测设出椭圆形花坛相互垂直的长轴 AB 和短轴 CD，且两轴平分并交于 O 点；然后，以 O 点为圆心，分别以 AB、CD 的长度为直径，在地面用拉绳子的方法作出两个同心圆。过 O 点用绳子拉出任意一条直线交大圆于 E、F 点，交小圆于 P、Q 点，再用经纬仪分别过 E、F 点作 AB 的垂线，过 P、Q 点作 AB 的平行线，获得的交点 a、b 即为待测设椭圆形花坛轮廓上的点，随即在点位上钉立木桩；同法可测设出椭圆上一系列的点位，最后，将这些点位用白石灰圆滑地连接起来，便得到椭圆形花坛的外轮廓。

二、园林绿地的测设

（一）规则式绿地、连续或重复图案绿地的测设

图案简单的规则式绿地，根据设计图纸直接用钢尺量好实际距离，并用石灰线作出明显标记即可。对于图案整齐、线条规则的小块模纹绿地，因对图案的线条要求较高，故测设时可用较粗的铁丝或铅丝按设计图案的式样编好图案轮廓模型，检查无误后，在绿地上轻轻压出清楚的线条痕迹轮廓；当图案较大时，可分为若干节组装。有些绿地的图案是连续和重复布置的，为保证图案的准确性、连续性，可采用较厚的纸板或围帐布、大帆布等（不用时可卷起来便于携带运输），按设计图剪好图案模型，线条处留 5cm 左右宽度，然后覆盖在地面上，并在其边缘特征点位置钉木桩、撒石灰连线；同法测设下一段图案。

（二）图案复杂的模纹绿地的测设

对于地形较为开阔平坦、通视条件良好的大面积绿地，大多设计为图案复杂的模纹图案。由于面积较大，设计图上一般已画好方格线，测设时只需要在地面布设方格网，然后按照比例放大到地面上即可。图案上的关键点必须用木桩标记，模纹线要用铁锹、木棍划出线痕，然后再撒上白石灰，并将灰线踏实，以免雨水冲刷等造成丢失。

（三）自然式配置乔木、灌木绿地的测设

自然式种植乔、灌木的绿地有孤植与群植两种形式。孤植是在草坪、人工岛上或山坡上等地的一定范围内只孤独地种植一株树木，其种植位置多表现在设计图上；而群植则是将几株、十几株甚至几十株乔木或灌木配置在一起，树种一般在两种以上，在设计图上只标出了种植范围而未确定每株种植位置。乔、灌木种植位置的定点放样，可根据绿地情况采用直角坐标法、极坐标法等。

1. 坐标定点法测设

根据植物配置的疏密程度，首先按一定的比例分别在设计图上和实地打出方格网，并在图上量算出树木在各自方格中的纵、横坐标尺寸，然后在现场用钢尺将其测设于相应的方

格内。

2. 利用仪器测设

在测量基准点较准确、种植范围较大的绿地，利用经纬仪并采取极坐标法，依据地面原有基准点或建筑物、道路等，将群植型或孤植型树木按照设计图，在实地依次测设出每株树木的种植位置，然后标明树种名称。

3. 目测法测设

在考虑生态要求以及美观的基础上，对于设计图上无固定点的绿化种植，如灌木丛等，应先用坐标定点法或仪器测设法定出栽植范围，然后根据设计要求采用目测法确定树木的位置；种植点位确定后，随即用白石灰打点或打木桩，并写出树种、栽植数量、坑径等。

（四）行列式种植绿地的测设

对于行列式种植的绿地，一般根据现地情况，首先采用距离交会法测设出种植范围的起止点和转折点，然后再依照设计的株距大小定出每株树木的种植位置，并钉立木桩进行标记。

园路主干道两侧的行道树，一般要求对称、株距相等且栽植位置较准确，可按道路设计断面定点。在有路牙的道路上，应根据路牙进行定植点测设，无路牙则应找出道路中线再定点；测设种植点位时，利用钢尺量出设计的行距和株距，并每隔10株钉一个木桩，作为定位和栽植的依据，如遇电杆、管道、涵洞、变压器等障碍物时，应调整设计尺寸予以避让。

（五）等距弧线种植绿地的测设

若树木栽植为一条弧线，如街道转弯处的行道树，测设时可从弧的起点到末点以路牙或路中心线为准，每隔一定距离分别画出与路牙垂直的直线；在这些所画直线上，按照树与路牙的设计距离定点，并将确定好的点连接起来成为近似道路弧度的弧线，最后在此弧线上便可按株距要求定出各个种植点。

第六节 园林工程竣工测量

一、竣工测量

在每个单项园林工程竣工后，施工单位都必须进行竣工测量，以便为编绘竣工总平面图提供依据。在竣工测量施测过程中，一般利用施工时使用过的平面控制点和水准点，当原有控制点数量不足时，也可补测控制点。竣工测量时，需要测定园林建筑物的坐标与几何尺寸、各种管线进出口的位置与高程、室内地坪及房角标高，并附注房屋结构层数、面积和竣工时间；测定园林道路的起止点、转折点和交叉点的坐标，并测量出路面、人行道、绿化带的界线；测定园林小品的外形与四角坐标或中心坐标，以及基础面标高；测定绿化种植区域植物的数量、规格、种植方式等。

二、编绘竣工总平面图

（一）编绘的目的

在园林工程施工过程中，有时不得不对设计图进行局部变更，而这种变更设计的问题必须测绘到竣工总平面图上，即竣工总平面图是设计总平面图在工程施工后实际情况的全面反映。因此，编绘竣工总平面图，将便于竣工后的营运管理和日后进行各种设施的维修，特别是地下管道等隐蔽工程的检查和维修工作；也为工程的改建或扩建提供了原有各种测量控制点的坐标、高程等可靠资料。

（二）编绘的依据

主要资料有设计总平面图、系统工程平面图、纵横断面图、设计变更资料、施工放样资料、施工检查测量和竣工测量资料、有关部门和建设单位的具体要求等。

（三）编绘前的准备工作

1. 确定竣工总平面图的比例尺

编绘园林建筑物、构筑物的竣工总平面图，将在设计总平面图的基础上进行，比例尺一般用 1：1000 或 1：500。

2. 编绘图纸的选用

为了能长期保存竣工资料，竣工总平面图应采用质量较好的图纸，如聚酯薄膜、优质绘图纸等。

3. 绘制底图坐标方格网

编绘竣工总平面图，需要在图纸上精确地绘出坐标方格网。坐标格网绘好后，应进行严格检查，一般采用直尺检查有关的交叉点是否在同一直线上，用比例直尺量出正方形的边长和对角线长，看其是否与应有的长度相等。

4. 展绘控制点

以绘出的坐标方格网为依据，将施工控制网点按坐标展绘在图纸上。

（四）竣工总平面图的编绘

1. 展绘设计总平面图

根据坐标格网，将设计总平面图的图面内容按其设计坐标，用铅笔展绘于图纸上，以此作为底图，并用红色数字在图上表示出设计数据。

2. 室外实测

当每一个单项园林工程完成后，施工单位应根据控制点并采用极坐标法或直角坐标法，到实地测量园林建筑物、园林小品、绿化树木等的竣工位置，实测时必须在现场绘出草图。进行竣工测量后，提出该工程的竣工测量成果，且用黑色绘出该工程的实际形状，将其坐标和高程注在图上。随着施工的进展，逐渐在底图上将铅笔线都绘成黑色线。

3. 展绘竣工总平面图

根据实测成果、草图以及收集的各种相关资料，在室内展绘并经过整饰和清绘，成为完整的竣工总平面图。在图上按坐标展绘工程竣工位置时，与在底图上展绘控制点的要求一样，均以坐标格网为依据进行展绘。

（五）编绘竣工图的要求

① 通常采用边竣工边编绘的方法来编绘竣工总平面图，对于完全按施工图施工的，可将原施工图作为竣工图；凡更改设计的地方均要实测，没有变动的地方可用原图及设计图进行编绘。

② 施工中对设计图进行一般性变更，且能在原图上作修改补充的，可由施工单位在原施工图上作修改、说明；若对总平面布置、结构型式等作重大改变，且图面变更面积超过35％时，必须重新绘制竣工图；竣工图应由施工单位逐张加盖竣工图章。

③ 对于较复杂的大型园林工程，如果将所有的园林建筑物、道路、绿化和各种地上和地下管线均绘制在一张图上，会使图面的线条过于密集，内容过多，不容易辨认。为了使图面清晰醒目，且便于使用，通常进行分类检查验收，并根据工程的复杂程度，按照工程的性质分类编绘竣工总平面图，如给排水管线竣工总平面图、道路竣工总平面图等。

④ 竣工总平面图的符号应与原设计图的符号一致；原设计图上没有的图例符号，可以使用新的符号，但应符合现行总平面设计的有关规定。

三、竣工总平面图的附件

为了全面反映竣工成果，便于管理、维修和日后的扩建或改建，凡与竣工总平面图有关的一切资料，都应分类装订成册，作为竣工总平面图的附件加以保存。如各种园林工程及其附近的测量控制点布置图、建筑物或构筑物沉降及变形观测资料、地下管线竣工纵断面图、工程定位及检查的资料、设计变更文件、建设场地原始地形图等。

实训 水平角、水平距离和高程的测设

一、实训目的

掌握水平角、水平距离和高程测设的基本方法。

二、实训内容

1. 在地面上测设水平角（$\beta = 60°30'00''$）。
2. 在地面上测设水平距离（$D_{AB} = 45.50 \text{m}$）。
3. 在地面上测设高程（$H_B = 150.500 \text{m}$）。

三、仪器及工具

按 5~6 人为一组，每组配备：DJ_6 经纬仪 1 台，DS_3 水准仪 1 台，标杆 2 根，水准尺 2 根，钢尺 1 副，木桩及小铁钉各 6~8 个，斧头 1 把，记录板 1 块（含有关记录表格）；自备铅笔、小刀、计算器等。

四、方法提示

1. 水平角的测设

① 在较平坦地面选择一条 40~50m 的线段，然后分别在 A、B 两端点上钉立木桩，并在木桩的顶部钉上点位钉。

② 将经纬仪安置于地面点 A，用盘左位置照准 B 点，并调整水平度盘读数至 $0°00'00''$；顺时针转动照准部，使水平度盘读数为 $60°30'00''$，然后在该视线方向上标出一个点 C_1。

③ 用盘右位置瞄准 A 点，读取水平度盘读数为 x；再顺时针转动照准部，使水平度盘读数为 $60°30'00'' + x$，同法在照准的方向线上标出一个点 C_2，并使 $AC_1 = AC_2$。

④ 在地面上取 C_1、C_2 连线的中点 C，则 $\angle BAC$ 即为待测设的水平角 $\beta = 60°30'00''$。

2. 水平距离的测设

① 在较平坦的地面上选择一点 A，从 A 点起沿已知方向进行直线定线，然后用钢尺丈量出 45.50m 的设计长度，标定出 C 点。

② 用钢尺返测出 CA 的长度，当往、返测距离的相对误差在限差范围以内时，取其平均值 D' 作为 AC 的距离。

③ 求出 $\delta = 45.50\text{m} - D'$，将 C 点位置调整至 B 点，若 $\delta > 0$，C 点往前移动；反之，C 点应往后移动。

3. 高程的测设

① 在有一定起伏的地面上选择 A、B 两点，其间距为 40~60m，并在点位处钉立木桩，同时，假设 A 点的高程 $H_A = 150.000\text{m}$。

② 在距 A、B 大约等距离处安置水准仪，后视 A 点，得水准尺读数为 a。

③ 紧贴 B 点的木桩竖立水准尺，并使其慢慢上下移动，当水准仪的前视读数恰为 $b=150.000\text{m}+a-150.500\text{m}$ 时，则水准尺尺底的高程即为 150.500m。

五、注意事项

1. 角度测设的限差应不大于 $\pm 40''$，距离测设的相对误差 $K\leqslant 1/3000$，高程测设的限差不大于 $\pm 10\text{mm}$。

2. 在坡度大于 $3°$ 的地面测设水平距离时，需要将设计的水平距离改算成倾斜长度。

六、实训报告

每小组上交水平角测设、水平距离测设、高程测设的操作过程记录一份。

复习思考题

1. 测设平面点位的常用方法有哪几种？各适用于什么场合？

2. 如图 10-37 所示，$ABCD$ 为某园林设计图中一正方形水池，A、P 为已知控制点，现又知该水池的设计边长为 35m，且 AB 边与 AP 的水平夹角为 $30°$，试问，如何在平坦地面上测设出水池的外轮廓？

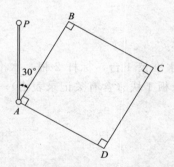

图 10-37 距离与角度的测设（习题）

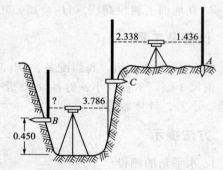

图 10-38 水平桩的测试（习题）（单位：m）

3. 园林建筑物定位的方法有哪几种？

4. 如图 10-38 所示，已知 A 点的高程为 149.826m，基坑底设计高程为 143.632m，欲在距离坑底高 0.450m 处设置水平桩 B，首先在基坑边选择一转点 C，将水准仪安置在 A、C 两点之间，后视读数为 1.436m，前视读数为 2.338m；然后再将水准仪搬入基坑内设站，在转点 C 上悬挂钢尺，并使钢尺的 "0m" 刻划与 C 桩的上表面齐平，后视钢尺，其读数为 3.786m。试求算 B 点水准尺的前视读数应为多大时，尺底处才是待测设水平桩的上表面位置？

5. 如图 10-39 所示，在某一待平整园林场地上布设 20m×20m 的方格网，方格点上钉立木桩 1,2,3,…,15，然后测量出各方格点的地面高程，并将测量结果标注于各自的木桩上（单位为米）；现欲将该场地平整成纵向坡降为 0.4%、横向坡降为 0.2% 的倾斜地面，在不考虑土质影响等情况下，试根据图中所给数据，完成如下任务：

① 确定"零点"位置，并计算出"零点"和各方格点的设计高程；

② 计算填、挖土方量，并分析是否需要调整设计高程；

③ 在图上绘出开挖线。

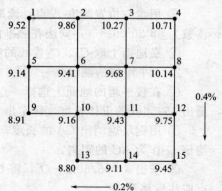

图 10-39 平整成具有坡度的地面（习题）（单位：m）

参 考 文 献

[1] 武汉测绘科技大学《测量学》编写组编著．测量学．第 3 版．北京：测绘出版社，1991．
[2] GB 12898—91 国家三四等水准测量规范．北京：中国标准出版社，1992．
[3] 《测量学》编写组编．测量学．第 2 版．北京：中国林业出版社，1993．
[4] 汤浚淇主编．测量学．北京：中央广播电视大学出版社，1994．
[5] 合肥工业大学等编．测量学．第 4 版．北京：中国建筑工业出版社，1995．
[6] 张培冀主编．园林测量学．北京：中国建筑工业出版社，1999．
[7] GB 50026—93 工程测量规范．北京：中国计划出版社，2001．
[8] 全国科学技术名词审定委员会．测绘学名词．第 2 版．北京：科学出版社，2002．
[9] 李生平主编．建筑工程测量．北京：高等教育出版社，2002．
[10] 李仕东主编．工程测量．北京：人民交通出版社，2002．
[11] 卞正富主编．测量学．北京：中国农业出版社，2002．
[12] 徐绍铨等编著．GPS 测量原理及应用．修订版．武汉：武汉大学出版社，2003．
[13] 陈学平主编．测量学．北京：中国建材工业出版社，2004．
[14] 郑金兴主编．园林测量．北京：高等教育出版社，2005．
[15] 赵泽平编著．建筑施工测量．郑州：黄河水利出版社，2005．
[16] 付开隆主编．现代公路测量技术．北京：科学出版社，2005．
[17] 高玉艳主编．园林测量．重庆：重庆大学出版社，2006．
[18] 金为民主编．测量学．北京：中国农业出版社，2006．
[19] 李秀江主编．测量学．第 2 版．北京：中国林业出版社，2007．
[20] GB/T 20257.1—2007 1∶500、1∶1000、1∶2000 地形图图式．北京：中国标准出版社，2008．